水电工
识图与施工视频教程

国 勇 / 主编

刘 堃 白润峰 / 副主编

化学工业出版社

· 北京 ·

内容简介

本书结合水电工现场工作实际，从电工、建筑施工图识读到各类型水电装接，以实例与视频讲解结合的方式，全面介绍水电工涉及的各项知识与现场操作技能。尤其是对水电工涉及的电工、建筑施工图，通过丰富的实例，结合视频进行了全方位解说，使读者会看图、看懂图。同时，对强电、弱电照明以及智能家居各类型装接，改水改电、地暖敷设等，结合现场操作视频进行了重点说明，读者可以直观学习，轻松掌握。

本书可供从事装修水电施工的现场工人、技术人员学习，也可供一般的装修业主、物业水电工以及水电工自学者阅读。

图书在版编目（CIP）数据

水电工识图与施工视频教程 / 国勇主编. —北京：
化学工业出版社，2023.2
ISBN 978-7-122-42713-7

Ⅰ.①水… Ⅱ.①国… Ⅲ.①房屋建筑设备–给排水系统–建筑施工–教材②房屋建筑设备–电气设备–建筑施工–教材 Ⅳ.①TU821②TU85

中国国家版本馆CIP数据核字（2023）第016189号

责任编辑：刘丽宏　　　　　　　　　文字编辑：陈　锦　陈小滔
责任校对：宋　夏　　　　　　　　　装帧设计：刘丽华

出版发行：化学工业出版社（北京市东城区青年湖南街 13 号　邮政编码 100011）
印　　装：北京缤索印刷有限公司
787mm×1092mm　1/16　印张 17　字数 408 千字　2024 年 5 月北京第 1 版第 1 次印刷

购书咨询：010-64518888　　　　　　　　售后服务：010-64518899
网　　址：http://www.cip.com.cn
凡购买本书，如有缺损质量问题，本社销售中心负责调换。

定　　价：99.00元

前言

随着国家城镇化建设的快速发展，装修市场对施工人员的需求日益强烈，水电施工从业人员的就业前景十分广阔。水电工是水工（管工）和电工的总称。看懂图纸是水电工开展施工工作的基础和难点，因此，水电工需要从专业角度全面学习水、电、暖从设计、图纸识读到安装、施工等多方面的知识和技能。为了帮助从事装修水电施工的现场工人、技术人员，以及一般的装修业主、物业水电工等人员全面学习水电工识图与施工的相关知识与技能，编写了本书。

本书采用彩色图解与视频教学结合的形式，全方位解读水电工开始施工前各类型图纸的识读方法与技巧，帮助读者有针对性地、准确开展管线预埋、水电改造、地暖敷设等工作，做好室内外给排水管线布局与施工，掌握水、电、暖等装修细节，做好强电、弱电照明以及智能家居的各类型装接。

全书内容具有如下特点：

1 超全面的知识和技能：涵盖了现代水电工应掌握的各项实用技能和知识。

2 图文并茂，视频讲解：彩色图解与视频教学相结合，读者可以轻松上手，解决水电工现场各类问题。

3 图例丰富，注重实用：面对复杂的图纸，帮助读者会看图、看懂图，做好水电工现场施工各环节的质量把控，解决水、电、暖管线预埋等施工细节和难题。

本书由国勇主编，刘堃、白润峰副主编，参加编写的还有张振文、曹振华、赵书芬、张伯龙、张胤涵、张校珩、张书敏、孔凡桂、焦凤敏、张校铭、张伯虎等。本书的编写得到许多单位与同志的大力支持，在此表示诚挚的谢意！

由于编者水平有限，书中不足之处难免，恳请广大读者与同行不吝指教（欢迎关注下方公众号交流）。

编者

"一起学电工电子"

▶ 目录

第一章 建筑工程施工图识读 ‖ ▶▶

第一节 认识房屋的建筑构造·······················**1**
　一、建筑物的基本构造 ·····························1
　二、地基与基础 ·································1
　三、墙体 ·····································2
　四、楼面与地面 ·································3
第二节 建筑施工图识图·························**3**
　一、总平面图 ··································3
　二、建设平面图 ·································6
　三、建筑立面图 ·································12

第二章 建筑电气系统图识读 ‖ ▶▶

第一节 建筑电气施工图基础知识···············**15**
　一、快速识别电气线路图的方法 ···················15
　二、识图基本步骤 ·······························16
　三、电气施工图的基本规定 ·······················17
　四、电气施工图图形符号与文字符号 ···············19
　五、电气设备布线识图实例一 ·····················24
　六、电气设备布线识图实例二 ·····················30

七、电气设备布线识图实例三·······················37
第二节 建筑电气系统图的全面识读 ···········**39**
　一、图例解读 ··································39
　二、配电柜系统图的识读 ·························39
　三、有线电视与通信系统图的识读 ·················41
　四、综合布线系统图的识读 ·······················44
　五、照明系统图的识读 ···························45
　六、跃层照明平面图的识读 ·······················45
　七、电气防雷接地系统图的识读 ···················50
　八、强电供电工程系统图的识读 ···················50
　九、弱电系统图的识读 ···························50
　十、门禁系统图的识读 ···························59
　十一、整体建筑电气图识读实例 ···················60
　十二、智能住宅电气系统图的识读 ·················75

第三章 建筑电气系统预制件施工 ‖ ▶▶

第一节 建筑电气管道支架的制作与安装 ·········**80**
　一、管道施工与安装 ·····························80
　二、建筑中孔洞的预留 ···························82
　三、预埋件的预埋 ·······························83
　四、管道的支架形式 ·····························84
　五、管道支架的安装方法·························86

第二节　建筑电气预埋件的安装 …………………… 90
　　一、预埋件安装准备 ………………………… 90
　　二、预埋件安装要求 ………………………… 90
　　三、电源线路管的预埋 ……………………… 92
　　四、PVC 插座盒及管路预埋施工工艺 ……… 95
　　五、照明手动开关盒的预埋 ………………… 101
　　六、照明开关箱和维修开关箱的预埋 ……… 103
　　七、灯盒的预埋 …………………………… 104

第四章　建筑电工施工

第一节　材料选用 ………………………………… 107
　　一、配电箱 ………………………………… 107
　　二、弱电箱 ………………………………… 107
　　三、断路器 ………………………………… 108
　　四、电能表 ………………………………… 109
　　五、家装电线管的选用 ……………………… 109
　　六、强电线材的选用 ………………………… 111
　　七、弱电线材的选用 ………………………… 114
第二节　电路线材的安装操作 …………………… 114
　　一、导线的剖削 …………………………… 114
　　二、导线的连接操作 ……………………… 115
　　三、导线绝缘处理操作 ……………………… 135
　　四、家庭线路保护要求 ……………………… 138
第三节　室内配电装置安装 ……………………… 139
　　一、单开单控面板开关控制一盏灯接线 …… 139
　　二、二开单控面板开关控制两盏灯接线 …… 139
　　三、单开双控面板开关控制一盏灯接线 …… 140

　　四、声光控延时开关接线 …………………… 140
　　五、家庭暗装配电箱接线 …………………… 141
　　六、单相电能表与漏电保护器的接线电路 … 147
　　七、三相四线制交流电能表的接线电路 …… 148
　　八、三相三线制交流电能表的接线电路 …… 149
　　九、几种常用室内配线实物图解 …………… 150
第四节　电源插头、插座的选用与安装 ………… 152
　　一、电源插头、插座的选用 ………………… 152
　　二、插座的安装 …………………………… 153
　　三、插头的安装 …………………………… 159
第五节　家装电工改电的操作过程 ……………… 160
　　一、电路定位 ……………………………… 160
　　二、开槽 …………………………………… 160
　　三、布管、布线 …………………………… 161
　　四、弯管 …………………………………… 165
　　五、穿线 …………………………………… 165
　　六、电路规范走线 ………………………… 167
　　七、房间配电设置参考实例 ………………… 169
　　八、通用照明开关和智能开关的安装 ……… 170
　　九、浴霸的安装 …………………………… 182
　　十、储水式电热水器的安装 ………………… 185

第五章　水暖施工基础识图

第一节　管道工程图 ……………………………… 187
　　一、管道线条图 …………………………… 187
　　二、管道施工图中的交叉重叠表示法 ……… 190
　　三、管道剖面图表示方法 …………………… 192

四、管道轴测图表示方法 ················· 193

第二节　给排水施工图表示方法 ··········· **195**
一、建筑给水排水施工图的内容 ··········· 195
二、给水排水施工图的识读 ············· 196

第三节　暖通系统施工图表示方法 ········· **204**
一、建筑采暖系统施工图的内容 ··········· 204
二、建筑采暖系统施工图的识读 ··········· 205

第六章　**给排水系统安装制备工艺**　‖ ▶▶

第一节　给排水管道预埋件制备与安装 ······ **208**
一、施工方案 ·················· 208
二、预埋件制作过程 ··············· 209
三、管道安装流程 ················ 210

第二节　室内给排水管道及附件安装 ······· **212**
一、给水管道布置与敷设 ············· 212
二、室内排水系统安装 ·············· 219

第三节　室内消防系统的安装 ··········· **225**
一、消防管道的安装 ··············· 225
二、消防设施的安装 ··············· 227

第四节　钢管（道）的制备工艺与安装 ······ **232**
一、钢管的调直、弯曲方法 ············ 232
二、钢管的切断 ················· 236
三、钢管套丝 ·················· 237
四、塑料管的制备 ················ 239
五、UPVC 管连接 ················ 241
六、铝塑复合管连接 ··············· 242
七、PPR 管连接 ················· 243
八、管道支架和吊架的安装 ············ 244

第七章　**水工操作技能**　‖ ▶▶

第一节　给水系统操作技能 ············· **246**
一、水路走顶和走地的优缺点 ··········· 246
二、水路改造的具体注意事项 ··········· 247
三、水管改造敷设的操作技能 ··········· 249
四、下水管道的安装 ··············· 251

第二节　地暖的敷设技能 ·············· **252**
一、绘制地暖敷设施工图及敷设前的准备工作 ··· 252
二、保温板反射膜及地暖管的敷设 ········· 252
三、墙地交接贴保温层 ·············· 256
四、安装分集水器、连接地暖管 ·········· 257
五、管路水压测试 ················ 258
六、回填与抹平 ················· 258
七、安装壁挂炉与地暖验收 ············ 259

第三节　水龙头面盆和花洒的安装 ········· **259**
一、面盆龙头的安装 ··············· 259
二、花洒的安装 ················· 263

附录　‖ ▶▶

一、智能家居设备布线、安装与应用 ········ 266
二、电工常用进制换算与定义、公式 ········ 266
三、电工常用图形符号与文字符号 ········· 266

参考文献　‖ ▶▶

第一章　建筑工程施工图识读

第一节　认识房屋的建筑构造

一、建筑物的基本构造

　　房屋是为了满足人们各种不同的生活和工作需要而建造的，人们不同的需求就会决定房屋是什么样的建筑构造，也就决定了房屋的构造原理和构造方案。然而各类建筑，虽然它们的使用要求、外形设计、空间构造、结构形式及规模大小各不相同，但是其基本构成大致相似，都有基础、墙体、楼面、楼梯、屋面和门窗等。此外，一般还有台阶、雨篷、阳台、雨水管、天沟、明沟或散水等其他配构件及室内外墙面装饰等。房屋的构造组成如图1-1所示。

二、地基与基础

　　基础是建筑最下部的承重构件，它承受建筑物全部荷载，并将荷

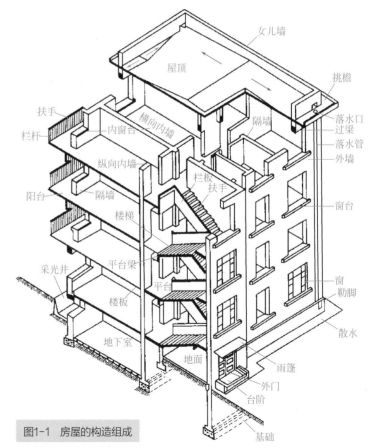

图1-1　房屋的构造组成

女儿墙
屋顶
挑檐
落水口
过梁
落水管
外墙
扶手
栏杆
内窗台
横向内墙
隔墙
纵向内墙
栏板
扶手
窗台
阳台
隔墙
楼梯
平台梁
采光井
平台
窗
勒脚
楼板
地下室
散水
地面
雨篷
外门
台阶
基础

载传给地基。基础底面承受基础荷载的土壤层称为地基。基础质量的好坏，关系着建筑物的安全问题。如图1-2。

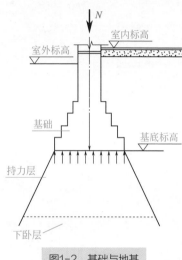

图1-2 基础与地基

在建筑工程中，建筑物与土层直接接触的部分称为基础；支承建筑物重量的土层称为地基。基础是建筑物的组成部分，它承受着建筑物的全部荷载，并将其传给地基。而地基则不是建筑物的组成部分，它只是承受建筑物荷载的土壤层。其中，具有一定的地耐力，直接支承基础，持有一定承载能力的土层称为持力层；持力层以下的土层称为下卧层。

基础的类型很多，从基础材料及材料受力来划分，可分为刚性基础和柔性基础；从基础的构造形式来划分，可分为条形基础、独立基础、筏形基础、箱形基础、桩基础等。

三、墙体

墙体是房屋的竖向承重和围护构件。外墙起着抵御自然界各种因素对室内侵袭的作用，内墙起着分隔房间的作用。按受力情况分析，墙体可分为承重墙和非承重墙，承重墙除承受自身的重量外，还起着将屋面、各层楼面传来的荷载等传递给基础的作用；非承重墙只起分隔围护作用。当房屋内部空间较大时，有时用梁、柱来承重上部荷载。如图1-3。

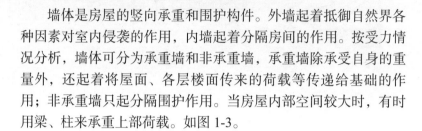

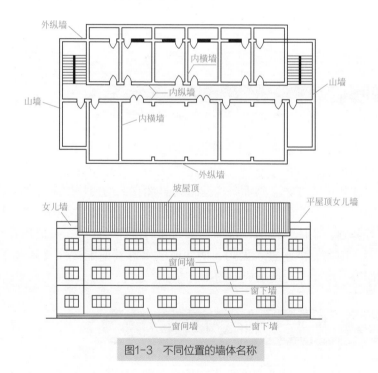

图1-3 不同位置的墙体名称

墙体的细部构造包括防潮层、勒脚、散水、明沟、踢脚、墙裙、窗台以及过梁等。

四、楼面与地面

楼面和地面是建筑物的承重和水平方向的围护构件。用楼面分隔建筑物上下空间，承受家具、设备、人体、隔墙等荷载以及自重，并将其传给墙或柱；同时，还对墙或柱起着水平支承的作用。地面位于房屋的底层，它直接将底层房间的荷载传下去。墙体按所处位置可以分为外墙和内墙，按布置方向又可分为纵墙和横墙。沿建筑物长轴方向布置的墙称为纵墙，沿建筑物短轴方向布置的墙称为横墙，外横墙俗称山墙。根据墙体与门窗的位置关系，平面上窗洞口之间的墙体可以称为窗间墙，立面上窗洞口之间的墙体称窗下墙。

① 楼地面的构造组成：底层地面的基本构造层次为面层、垫层和地基；楼层地面的基本构造层次为面层、填充层和楼板。当底层地面和楼层地面的基本构造层次不能满足使用或构造要求时，可增设结合层、隔离层、填充层，找平钢筋混凝土楼板的构造。

② 钢筋混凝土楼板：在施工现场支模、扎钢筋、浇筑混凝土而成型的楼板结构，整体性好，特别适用于有抗震设防要求的多层房屋和对整体性要求较高的其他建筑。对有管道穿过导致平面形状不规整的房间、尺度不符合模数要求的房间和防水要求较高的房间，都适合采用现浇钢筋混凝土楼板。它分为单向板、双向板和单面支承的悬挑板。

③ 楼梯：楼梯是房屋的垂直交通设施，供人们上下楼和疏散时使用。它由屋面板、隔热层、防水层等组成，起防水、保温、隔热等作用。

④ 门窗：门和窗是安装在墙上的建筑配件，不承重。门的主要作用是水平交通出入口，分隔和联系室内外空间，有时兼起采光和通风作用。窗的作用主要是采光、通风和供人眺望。门的类型包括平开门、弹簧门、推拉门、折叠门、转门、上翻门、升降门、卷帘门等，窗的类型包括平开窗、推拉窗、旋窗、立转窗、百叶窗、固定窗等。

第二节　建筑施工图识图

一、总平面图

总平面图是将新建房屋及其周围建筑、地形地物状况，用水平投影方法和相应的图例画出的图样。它表明新建房屋及其周围建筑的平面形状、位置、朝向、相互间距以及与周围环境的关系，是新建房屋的施工定位、土方施工及施工总平面设计的重要依据。

总平面图表示的范围比较大，一般采用1∶500、1∶1000、1∶2000的比例绘制。图中标注的尺寸以 m 为单位。

图中各种地物均用《总图制图标准》中规定的图例表示，总平面图中常用图例见表1-1。若用到一些《总图制图标准》中没有规定的图例，则应在图中另加图例说明，如图1-4所示。

3

表1-1　总平面图中常用图例　　　　　　　　　　　　　　　　　　　　　　　　　　　　续表

名称	图例	说明
新建的建筑物	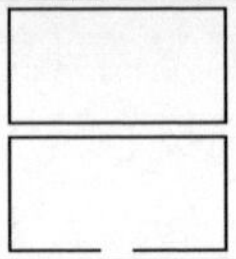	（1）上图为不画出入口的图例，下图为画出入口的图例 （2）需要时，可在图形内右上角以点数或数字（高层宜用数字）表示层数 （3）用粗实线表示
原有的建筑物	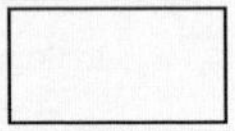	（1）应注明拟利用者 （2）用细实线表示
计划扩建的预留地或建筑物		用中虚线表示
拆除的建筑物	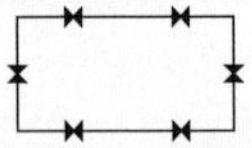	用细实线表示
围墙及大门	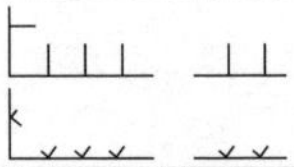	（1）上图为砖石、混凝土或金属材料的围墙，下图为镀锌铁丝网、篱笆等围墙 （2）如仅表示围墙时不画大门
坐标	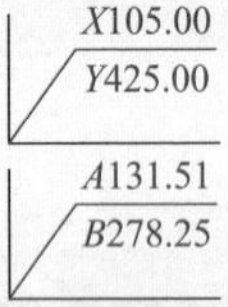 $X105.00$ $Y425.00$ $A131.51$ $B278.25$	上图表示测量坐标 下图表示施工坐标
填挖边坡	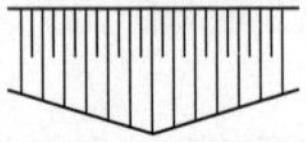	坡较长时，可在一端或两端局部表示
阔叶灌木	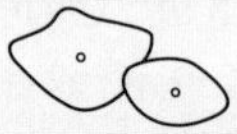	
修剪的树篱	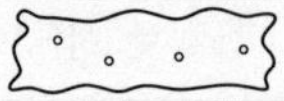	
护坡	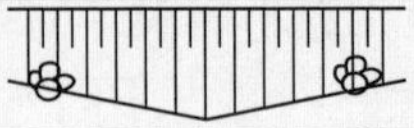	坡较长时，可在一端或两端局部表示
新建的道路	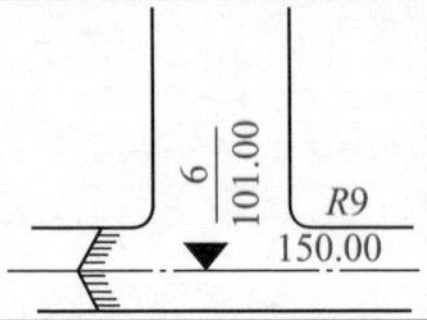 6　101.00　$R9$　150.00	（1）$R9$ 表示道路转弯半径为9m，150.00为路面中心标高，6表示6%，为纵向坡高，101.00表示变坡点间距离 （2）图中斜线为道路断面示意，根据实际需要绘制

名称	图例	说明
原有的道路	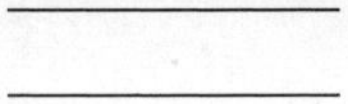	用细实线表示
计划扩建的道路		用中虚线表示
人行道	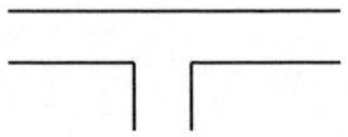	用细实线表示
拆除的道路	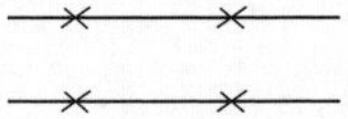	用细实线表示
公路桥	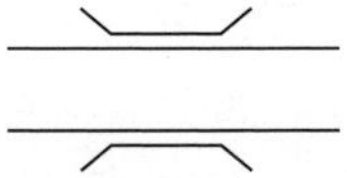	用于旱桥时应注明
敞棚或敞廊	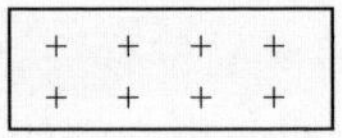	
铺砌场地	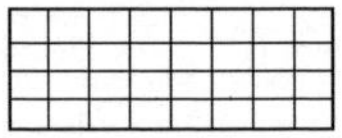	
针叶乔木		
阔叶乔木		
针叶灌木		
草地	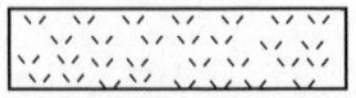	
花坛	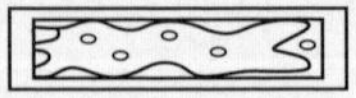	

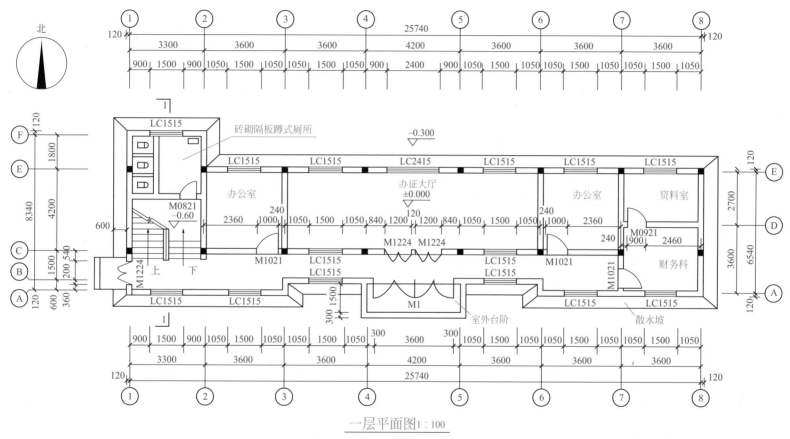

一层平面图 1:100

说明：本工程所有窗均为跨中设置，所有门垛均为240。

图1-4 一层平面图

二、建设平面图

　　用一个假想的水平剖切平面沿略高于窗台的位置剖切房间，移去上面部分，将剩余部分向水平面作正投影，所得的水平剖面图，称为建筑平面图，简称平面图。

　　建筑平面图反映新建建筑的平面形状，房间的位置、大小、相互关系，墙体的位置、厚度、材料，柱的截面形状与尺寸大小，门窗位置及类型情况。它是施工时放线、砌墙、安装门窗、室内外装修及编制工程预算的重要依据，是建筑施工中的重要图样。

　　建筑平面图实际上是房屋各层的水平剖面图，但按习惯不必标注其剖切位置，也不称为剖面图。一般房屋有几层，就应画几个平面图，并在图的下方注写相应的图名，如底层（或一层）平面图、二层平面图等。但有些建筑中间各层的构造、布置情况都一样时，可用同一个平面图表示，称为中间层（标准层）平面图。因此，多层建筑的平面图一般由底层平面图、标准层平面图、顶层平面图组成。此外，还有屋顶平面图。

　　建筑平面图是用图例符号表示的，因此应熟悉常用的图例符号。表 1-2 为常见构造及配件图例。

　　下面以图 1-4 为例，说明建筑平面图的识读步骤。

表1-2　常见构造及配件图例

名称	图例	说明
墙体	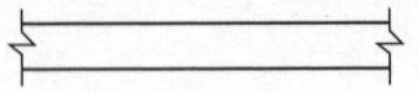	应加注文字或填充图例表示墙体材料，在项目设计图纸说明中列材料图例表给予说明
隔断		（1）包括板条抹灰、木制、石膏板及金属材料等隔断 （2）适用于到顶与不到顶隔断

续表

名称	图例	说明
栏杆		
楼梯	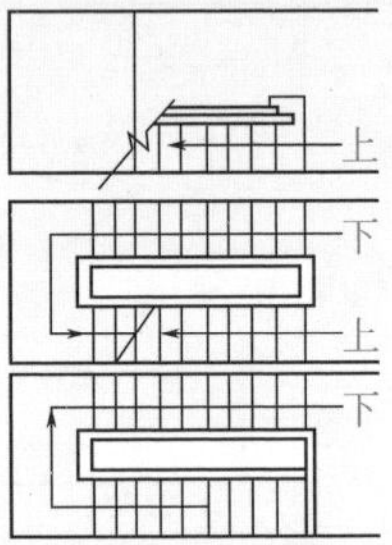	上图为底层楼梯平面，中图为中间层楼梯平面，下图为顶层楼梯平面。楼梯及栏杆扶手的形式和梯段踏步数应按实际情况绘制
坡道	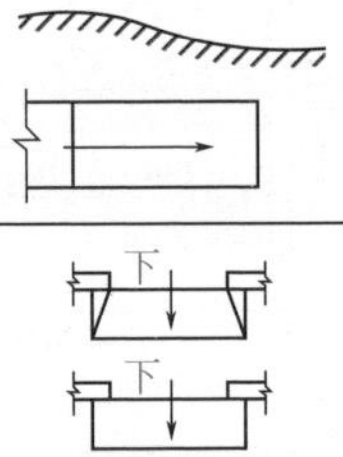	上图为长坡道，下图为门口坡道
检查孔	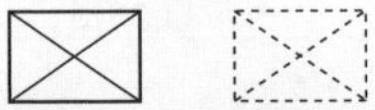	左图为可见检查孔，右图为不可见检查孔
孔洞	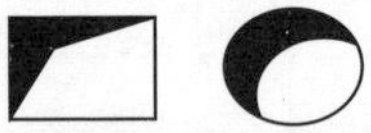	
坑槽	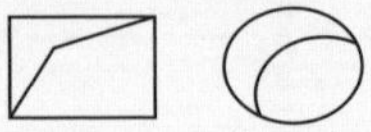	
墙顶留洞	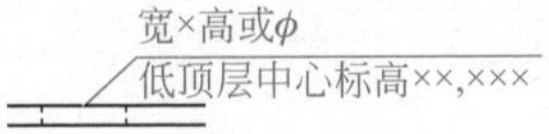 宽×高或φ / 低顶层中心标高××.×××	
桥式起重机	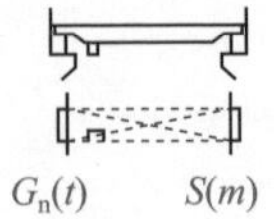 $G_n(t)$　　$S(m)$	

续表

名称	图例	说明
梁式悬挂起重机	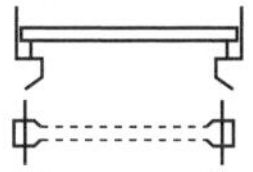	（1）上图表示立面（或剖面） （2）下图表示平面 （3）起重机的图例应按比例绘制。有无操纵室，可按实际情况绘制 （4）需要时可注明起重机的名称、行驶的轴线范围及工作级别 （5）本图例的符号说明：G_n 为起重机起重量，以 t 计算；S 为起重机的跨度或臂长，以 m 计算
梁式起重机	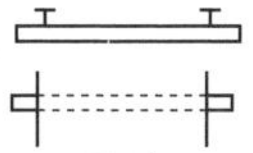 $G_n(t)$ $S(m)$	
电梯	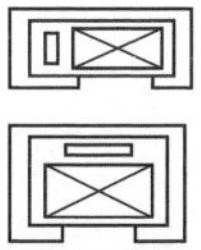	（1）电梯应注明类型，并绘出门和平衡锤的实际位置 （2）观景电梯等特殊类型电梯应参照本图例按实际情况绘制
自动扶梯	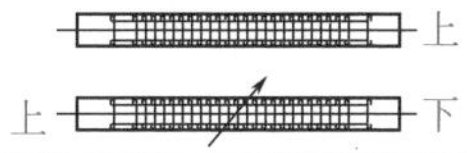 上　下	
平面高差	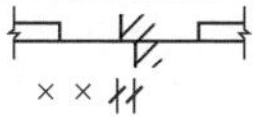 ××	适用于高差小于 100mm 的两个地面或楼面搭接处
空门洞	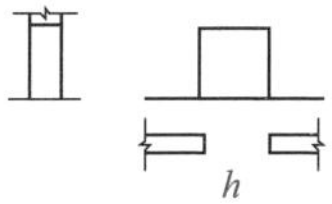 h	h 为门洞高度
单扇门（包括平开或单面弹簧）	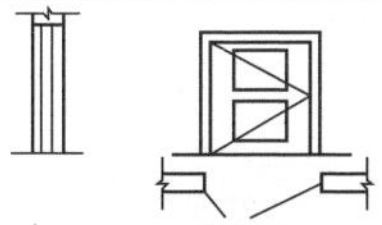	（1）门的名称代号用 M 表示 （2）剖面图上左为外，右为内，平面图是下为外，上为内 （3）立面图上开启方向线交角的一侧为安装合页的一侧，实线为外开，虚线为内开 （4）平面图上门线应成 90° 或 45° 开启，开启弧线宜绘出 （5）立面图上的开启线在一般设计图中可不表示，在详图及室内设计图上应表示 （6）立面图形式应按实际情况绘制
双扇门（包括平开或单面弹簧）	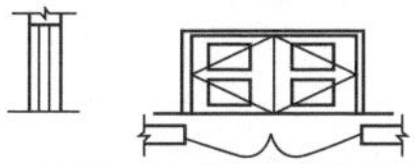	
单扇双面弹簧门	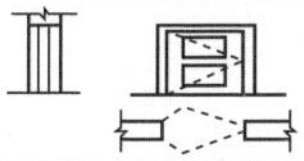	
双扇双面弹簧门	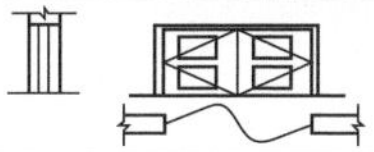	

续表

名称	图例	说明
转门	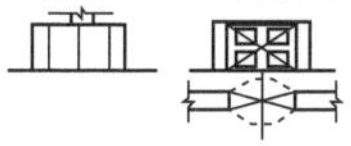	
单层固定窗	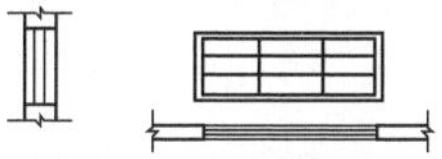	
单层外开上悬窗	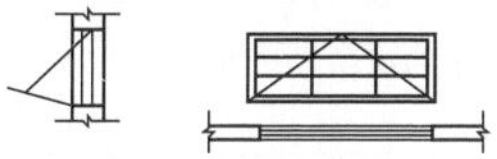	（1）窗的名称代号用 C 表示 （2）立面图中的斜线表示窗的开关方向，实线为外开，虚线为内开，开启方向线交角的一侧为安装合页的一侧，一般设计图中可不表示 （3）剖面图上左为外，右为内，平面图是下为外，上为内 （4）平、剖面图上的虚线仅说明开关方式，在设计图中不需要表示 （5）窗的立面形式应按实际情况绘制 （6）小比例绘图时平、剖面的窗线可用单粗实线表示
单层中悬窗	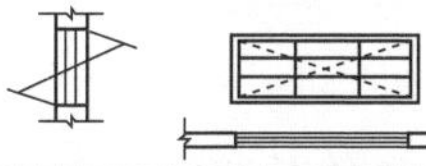	
立转窗	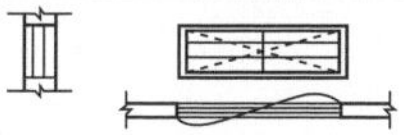	
单层外开平开窗	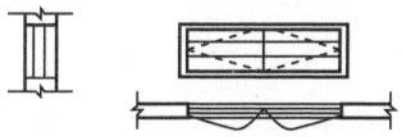	
单层内开平开窗	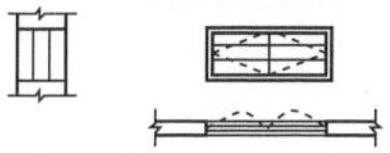	
推拉窗	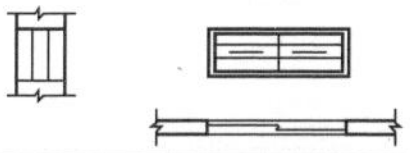	
高窗	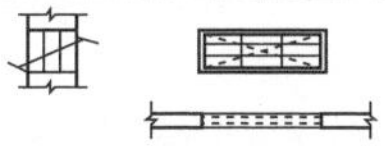	
竖向卷帘门	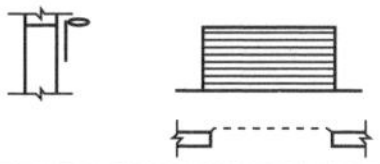	（1）门的名称代号用 M 表示 （2）剖面图上左为外，右为内，平面图是下为外，上为内 （3）立面形式应按实际情况绘制
推拉门	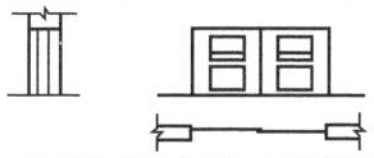	

（1）底层平面图的识读

❶ 读图名、识形状、看朝向。先从图名了解该平面属于一层

平面图，图的比例是 1：100。平面形状基本为长方形。通过看图左上角的指北针，可知平面的下方为房屋的南向，即房屋为坐北朝南。

② 读名称、懂布局及组合。从墙（或柱）的位置、房间的名称，了解各房间的用途、数量及其相互间的组合情况。

该建筑有办证大厅、办公室、资料室、财务科等房间，采用走廊将其连接起来。一个出入口在房屋南面的中部，楼梯在走廊的左端。

③ 根据轴线定位置。根据定位轴线的编号及其间距，了解各承重构件的位置和房间的大小。定位轴线是指墙、柱和屋架等构件的轴线，可取墙柱中心线或根据需要取偏离中心线为轴线，以便于施工时定位放线和查阅图纸。

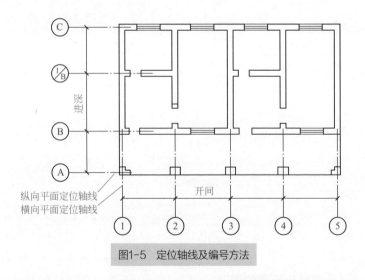

图1-5　定位轴线及编号方法

如图 1-5 所示，根据国家标准规定，定位轴线采用细单点长画

线表示，此线应伸入墙内 10～15mm。轴线编号的圆圈用细实线，直径为 8mm，在圆圈内写上编号。

水平方向的编号采用阿拉伯数字，从左到右依次编写，一般称为横向轴线。

垂直方向的编号采用大写拉丁字母，自下而上顺次编写，通常称为纵向轴线，拉丁字母中 I、O、Z 三个字母不得用为轴线编号，以免与数字 1、0、2 混淆，如字母数量不够使用，可增加双字母或单字母加数字注脚，如 AA、BA 或 A1、B1 等。

在对称的房屋中，轴线编号一般注在平面图的左方和下方，当前后、左右不对称时，则平面图的上下、左右均需标注轴线。有时为了使开间、进深尺寸清楚，可将一种进深的纵向轴线尺寸注在左方，另一种进深尺寸注在右方，使看图时不必再加或减而直接知道此房间的开间和进深尺寸。

对于次要的墙或承重构件，其轴线可采用附加的轴线，用分数表示编号。这时分母表示前一轴线的编号，分子表示附加轴线，编号宜用阿拉伯数字顺序编号（图 1-6）。在画详图时，如一个详图适用于几个轴线时应同时将各有关轴线的编号注明（图 1-7）。

图1-6　附加轴线的编号

用于两根轴线时　　用于三根或三根以上轴线时　　用于三根以上连续编号的轴线时

图1-7 详图的轴线编号

④ 看尺寸，识开间，知进深。建筑平面图上标注的尺寸均为未经装饰的结构表面尺寸，其所标注的尺寸以 mm 为单位。平面图上注有外部和内部尺寸。内部尺寸说明房间的净空间大小和室内的门窗洞、孔洞、墙厚和固定设备（如厕所、盥洗室、工作台、搁板等）的大小与位置，如办证大厅的门宽 2400mm。

外部尺寸为了便于施工读图，平面图下方及左侧应注写三道尺寸，如有不同时，其他方向也应标注。这三道尺寸从里向外分别如下。

第一道尺寸表示建筑物外墙、门窗、洞口等细部位置及大小。如Ⓐ轴线墙上①、②轴线间 LC1515 的窗洞宽 1500mm，窗洞左边与①轴线的距离为 900mm；⑧轴线墙上门洞的宽度为 3600mm；门洞左边与④轴线的距离为 300mm。在底层平面图中，台阶或坡道、花池及散水等细部尺寸，可单独标注。

第二道尺寸表示定位轴线之间的距离，称为轴线尺寸，用以说明房间的开间和进深的尺寸。相邻横向定位轴线之间的尺寸称为开间，相邻纵向定位轴线之间的尺寸称为进深。图 1-4 中总长为 25740mm，总宽为 8340mm，通过这道尺寸可计算出本幢房屋的占地面积。

⑤ 了解建筑中各组成部分的标高情况。在平面图中，对于建筑物各组成部分，如地面、楼面、楼梯平台面、室外台阶面、阳台地面等处，应分别注明标高，这些标高均采用相对标高，即对标高零点（注写为 ±0.000）的相对高度。建筑施工图中的标高数字表示其装饰面的数值，如标高数字前有"−"号的，表示该处的标高低于零点标高，如数字前没有符号，则表示高于零点标高。建筑物室内地面标高为 ±0.000，室外地坪标高为 −0.300，表明了室内外地面的高度差值为 0.3m。地面如有坡度时，应注明坡度方向和坡度值。

⑥ 看图例，识细部，认门窗代号。了解房屋其他细部如室外的台阶、花池、散水、明沟等的平面形状、大小和位置。

从图 1-4 中的门窗图例及其编号，可了解门窗的类型、数量及其位置。门的代号是 M，窗的代号是 C，在代号后面写上编号以便区分。在读图时注意每个类型门窗的位置、形式、大小和编号，并与门窗表对应，了解门窗采用标准图集的代号、门窗型号是否有备注。如图 1-4 中 LC2415，"LC"表示铝合金窗，"2415"表示窗宽 2400mm，窗高 1500mm；M1021，"M"表示门，"1021"表示门宽 1000mm，门高 2100mm。

⑦ 了解建筑剖面图的剖切位置、索引标志。在底层平面图中的适当位置画有剖切符号，以表示剖面图的剖切位置、剖视方向。如图 1-4 中①、②轴线间的 1—1 剖切符号，表示了建筑剖面图的剖切位置，剖视方向向左，为全剖面图。

在图样中的某一局部或构件，如需另见详图时，常常用索引符号注明画出详图的位置、详图的编号以及详图所在的图纸编号。

⑧ 了解各专业设备的布置情况。建筑物内的设备如卫生间的便池、盥洗池等，读图时注意其位置、形式及相应尺寸。

（2）中间层（标准层）平面图和顶层平面图的识读 标准层平面图和顶层平面图的形成与底层平面图的形成相同。为了简化作图，已在底层平面图上表示过的内容，在标准层平面图和顶层平面图上不再表示，如不再画散水、明沟、室外台阶等；顶层平面图上不再画二层平面图上表示过的雨篷等。识读标准层平面图和顶层平面图重点是与底层平面图对照异同，如平面布置如何变化、墙体厚度有无变化、楼面标高的变化，楼梯图例的变化等。如图1-8所示，可见该建筑物平面布置有些变化，楼层标高为3.600m。二层平面图中有雨篷，雨篷中的排水坡度为1%，楼梯图例发生变化。

（3）屋顶平面图的识读 屋顶平面图是用来表达房屋屋顶的形状、女儿墙位置、屋面排水方式、坡度、落水管位置等的图形。如图1-9所示，该屋顶为有组织的双坡挑檐排水方式，屋面排水坡度为2%，中间有分水线，水从屋面向檐沟汇集，檐沟排水坡度为1%，有八个雨水管。

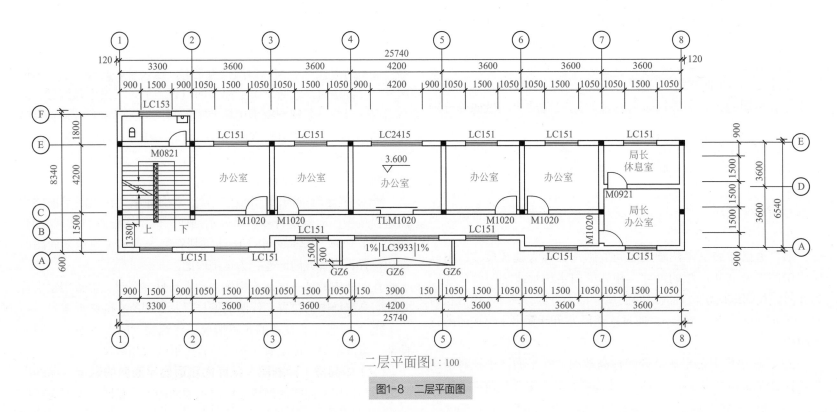

二层平面图 1：100

图1-8 二层平面图

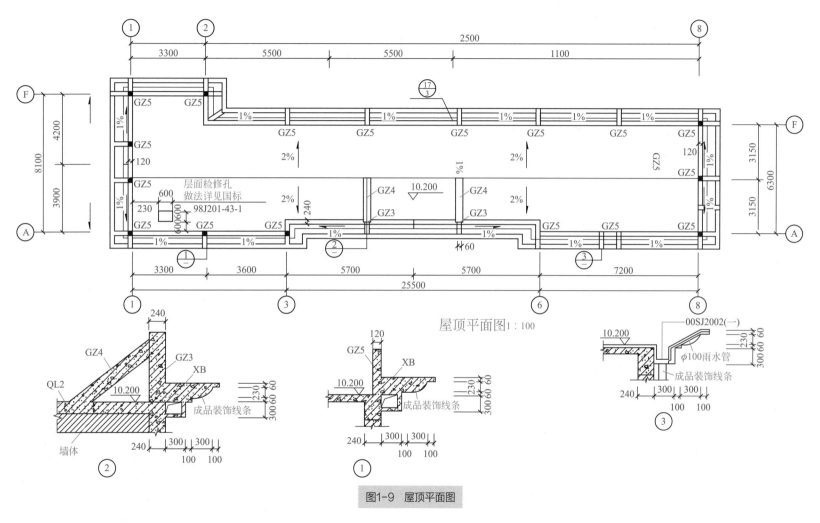

图1-9 屋顶平面图

　　一般在屋顶平面图附近配以檐口、女儿墙泛水、变形缝、雨水口、高低屋面泛水等构造详图，以配合屋顶平面图的阅读。如图1-9所示，屋顶平面图上有四个索引符号，其中三个索引详图就画在屋顶平面图下方。

三、建筑立面图

1. 概述

建筑立面图是平行于建筑物各方向外表立面的正投影图，简称立面图。

一座建筑物是否美观，在于它对主要立面的艺术处理、造型与装修是否优美。立面图就是用来表示建筑物的体型和外貌，并标明外墙面装饰要求等的图样。

房屋有多个立面，立面图的名称通常有以下三种叫法：

按立面的主次来命名，把房屋的主要出入口或反映房屋外貌主要特征的立面图称为正立面图，而把其他立面图分别称之为背立面图、左侧立面图和右侧立面图等；按照房屋的朝向来命名时，又可把房屋的各个立面图分别称为南立面图、北立面图、东立面图和西立面图等；按立面图两端的轴线编号来命名，又可把房屋的立面图分别称为如①～⑧轴立面图，Ⓔ～Ⓐ轴立面图等，如图1-10～图1-12所示。

2. 建筑立面图的识读

① 看图名和比例，了解是房屋哪一立面的投影，绘图比例是

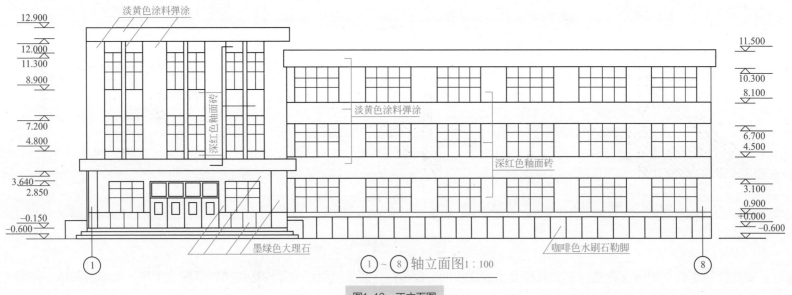

①～⑧ 轴立面图 1：100

图1-10　正立面图

多少，以便与平面图对照阅读。

②看房屋立面的外形，以及门窗、屋檐、台阶、阳台、烟囱、雨水管等的形状及位置。

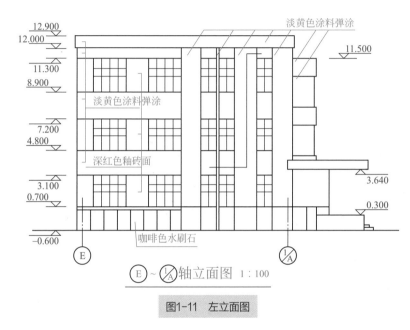

图1-11　左立面图

③看立面图中的标高尺寸。通常立面图中注有室外地坪、出入口地面、勒脚、窗口、大门口及檐口等处标高。

④看房屋外墙表面装修的做法和分格形式等。通常用指引线和文字来说明粉刷材料的类型、配合比和颜色等。

⑤查看图上的索引符号。有时在图上用索引符号表示局部剖

面的位置。

建筑立面图读图举例：以某研究所办公楼的立面图（图1-10～图1-12）为例，识读如下。

①通览全图可知这是房屋三个立面的投影，用轴线标注着立面图的名称，亦可把它分别看成是房屋的正立面、左侧立面、背立面，三个立面图，图的比例为1：100。图中表明该房屋有三层楼，平顶屋面。

②①～⑧轴立面图，是办公楼主要出入口一侧的正立面图，与Ⓔ～①/Ⓐ立面图对照可看到入口大门的式样、台阶、雨篷和台阶两边的花池等式样。

③⑧～①轴立面图，可看到楼梯间出入口的室外台阶雨篷的位置和外形。

④通过三个立面图可看到整个楼房各立面门窗的分布和式样，还能看到女儿墙、勒脚、墙面的分格、装修的材料和颜色。如勒脚全是咖啡色水刷石，女儿墙全是淡黄色涂料弹涂，正立面（①～⑧轴立面）墙用淡黄色涂料弹涂和深红色釉面砖两种材料装修，大门入口处贴墨绿色大理石等。其他立面装修，读者可以看图自读，不再赘述。

⑤看立面图的标高尺寸（它与剖面图相一致）可知房屋室外地坪为 -0.600m，大门入口处台阶面为 -0.150m，①～⑧轴立面图中②～⑧轴（②轴没标注）这段各层窗口标高分别为 0.900m、3.100m……女儿墙顶面标高为 11.500m。Ⓔ～①/Ⓐ轴立面，各层窗口标高分别为 0.700m、3.100m，女儿墙顶面标高为 12.900m。

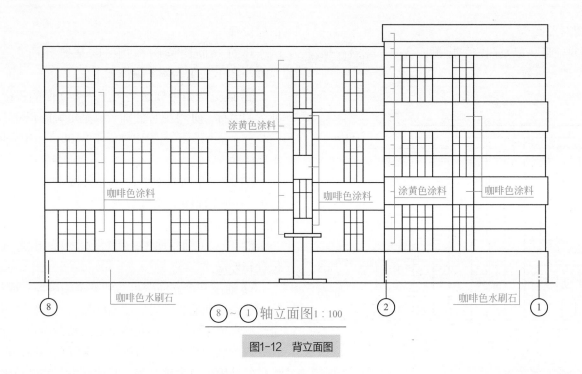

⑧ ~ ① 轴立面图1 : 100

图1-12 背立面图

第二章 建筑电气系统图识读

第一节 建筑电气施工图基础知识

一、快速识别电气线路图的方法

（1）结合电工、电子技术的基础知识　由于各种输变配电、电力拖动、配电检测用仪器仪表、照明、家用电器等的电路或电路连接关系都是依据它们的工作原理，按一定的规律合理地连接在一起的，而这种合理的连接都是建立在电工与电子技术理论基础上的，因此，要想迅速、无误地读懂电气图，具备一定的电工、电子技术的基础知识是十分必要的。例如，电力拖动常用的三相笼型异步电动机的双向控制（即正反转控制），就是基于电动机的旋转方向是由三相电源的相序来决定的原理，采用两个交流接触器或倒顺开关来实现的，它是通过改变提供给电动机电源的相序，来达到正反转控制目的的。

（2）结合典型应用电路　所谓典型应用电路，也就是其典型应用时的基础电路，这种电路的最大特点是既可以单独应用，也可以进行扩展后应用。电气线路的许多电路都是由若干个典型应用电路组合而成的。常见的典型应用电路有电动机启动、制动、正反转控制、过载保护、时间控制、顺序控制及行程控制等电路。

熟悉了各种典型应用电路，在识读电气图时，就可以将复杂的电气图划分为一个一个单元的典型应用图，由此就能有效、迅速地分清主次环节，抓住主要矛盾，从而可以读懂任何复杂的电路图。

（3）**结合电气元器件的结构和工作原理** 电气电路都是由各种电气元器件和配线组合而成的，如配电电路中的熔断器、断路器、互感器、负荷开关及电能表等，电力拖动电路中常用的各种控制开关、接触器和继电器等。在识读电气图时，如果了解了这些电气元器件的性能、结构、工作原理、相互控制关系及其在整个电路中的地位和作用，对于尽快读懂电气图很有帮助。

（4）**结合绘图规则** 识读集中式、展开式电路图要本着先看一次电路，再看二次电路，先交流后直流的顺序，由上而下、由左至右逐步顺序渐进的原则，看各个回路，并对各回路设备元件的状况及对主要电路的控制进行全面分析，从而了解整个电气系统的工作原理。

（5）**结合有关图纸说明** 图纸说明表述了该电气图的所有电气设备的名称及其数码代号，通过阅读图纸说明可以初步了解该图有哪些电气设备。然后通过电气设备的数码代号在电路图中找出该电气设备，再进一步找出相互连线、控制关系，就可以既尽快读懂该图，又可以了解到所识读电路的特点和构成。

（6）**结合电气图形符号、标记符号** 电气图是利用电气图形符号来表示其构成和工作原理的。因此，结合上面介绍的电气图形符号、标记符号读图，就可以顺利地读懂任何电气图。

二、识图基本步骤

要想尽快读懂电气图，识读电气图的步骤也很重要。通常可参考以下步骤进行。

（1）**先阅读设备说明书** 阅读设备说明书是为了了解设备的机械结构、电气传动方式，对电气控制有什么要求；电动机和电气元器件的分布情况及设备的使用操作方法；各种按钮、开关、熔断器等的作用。

（2）**认真读几遍图纸说明** 识读电气图时，可先读几遍图纸说明，其目的是了解设计的内容和施工中有什么具体要求，由此就可以了解图纸的大体情况，以便于抓住读图的重点。电气图纸说明通常包括图纸目录、技术说明、元器件明细表和施工说明等，对它们都要认真仔细地阅读几遍。

（3）**读几遍主题栏** 在认真读几遍图纸说明的基础上，进一步再读几遍主题栏中的内容，其目的是了解该电气图的名称及标题栏中的相关内容，以便于对该电气图的类型、性质及作用等有明确的认识，同时也可以大致了解该电气图的内容。

（4）**读几遍概略图（系统图或框图）** 在读完几遍图纸说明和主题栏并对该图有了一个大概的认识以后，进一步就要识读概略图了。概略图反映的是电气图整个系统或分系统的概况，也就是它们的基本组成、相互关系及其主要特征。因此，读懂了电气概略图就可为下一步理解系统或分系统的工作原理打下一定的基础，也为下一步理解电路图、接线图做好准备。

（5）**识读电路图** 电路图是电气图的核心，看图难度较大。但要理解系统或分系统的工作原理，就必须读懂电路图。对于较复杂的电路图，可先看懂相关的逻辑图和功能图，这对迅速读懂电路图很有帮助。

① 划分各个单元或功能电路。在识读电路图时，首先必须掌握组成电路的各个电气元器件的基本功能和电气特性。在大概掌握整图的基本原理基础上，再把一个个单独的功能电路框出来（或画出来），这样就容易抓住每一部分的主要功能及特性。

在上述识图的基础上，再分清哪些是主电路和控制电路，哪些是交流电路和直流电路。进一步识读图时，按照先看主电路，再看控制电路的顺序进行。

● 看主电路通常是从下往上看，即从用电设备开始，经控制元器件，顺次往电源看。

● 看控制电路应自上而下、从左至右识读图纸，即先看电源，再顺次看各条回路，分析各回路元器件的工作状况及其对主电路的控制。

② 各个分电路的读图：

● 通过对主电路图部分的识读，主要要搞清用电设备是怎样从电源获得供电的，电源是经过哪些元器件和线路送到负载的。

● 通过对控制电路图部分的识读，一定要弄清其控制回路是怎样构成的，各元器件之间的连接关系（如是顺序还是互锁等）、控制关系及在什么情况下回路能够成为通路状态或开路状态，进而就可搞清整个系统的控制原理。

（6）识读接线图　接线图是以电路图为依据画得的，因此对照电路图来识读接线图十分方便。识读接线图时，也是要先识读主电路，再看控制电路。

① 看接线图时，可以依据端子标记、回路标号，从电源端顺次看下去，主要是搞清线路的走向和电路的连接方法，即搞清每个元器件是怎样通过连线构成闭合回路的。

② 看主电路时，从电源输入端看起，顺次经控制元器件和线路到用电设备，与看电路图有所不同。

③ 看控制电路时，可从电源的一端看起到电源的另一端，可按元器件的顺序对每个回路进行分析。

④ 看连接导线时，由于接线图中的线号是电气元器件间导线连接的标号，通常线号相同的导线原则上都是接在一起的。接线图多采用单线表示，故对导线的走向应注意辨别，对端子板内外电路的连接也要识读清楚。

⑤ 识读安装接线图要对照电气原理图，按先一次回路，再二次回路的顺序识读。识读安装接线图要结合电路原理图详细了解其端子标志意义、回路符号。对一次电路要从电源端顺序识读，了解线路连接和走向，直至用电设备端。对二次回路要从电源一端识读直至电源另一端。接线图中所有相同线号的导线，原则上都可以连接在一起。

三、电气施工图的基本规定

1. 图纸构成

（1）基本知识

① 比例：图纸所画的尺寸比实物小，称为缩小比例。如 1：100，图纸的尺寸是实物尺寸的 1/100。图纸所画的尺寸比实物大，称为放大比例。如 10：1，图纸的尺寸是实物的 10 倍。

② 标高：安装高度通常用标高表示，图 2-1（a）用于室内平面、剖面图上，表示高于某一基准面 3.000m；图 2-1（b）用于总平面图上的室外地面，表示高出室外某一基准面 4.000m。

③ 定位轴线：确定电气设备安装位置和线管敷设位置。定位轴线的编号原则是：在水平方向，从左至右用顺序的阿拉伯数字；在垂直方向采用拉丁字母，由下向上编号；数字和字母分别用点画线引出，如图 2-2 所示。

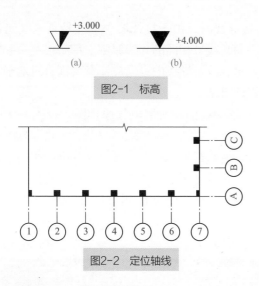

图2-1 标高

图2-2 定位轴线

（2）图纸组成

① 首页：图纸目录、图例——电器型号规格说明与电气工程总的设备、材料清单配合表示。

施工说明——作用是对图纸中不能用符号表明的与施工有关的或对工程有特殊技术要求的补充。部分在图纸上无法表达的施工要求，可通过施工说明，用文字补充写出来，施工前，除看懂和掌握图纸上的设计要求外，还必须认真看懂和了解施工说明写的内容。

② 电气外线：总平面图——以建筑总平面图为依据，绘出架空线路或地下电缆的位置，并注明有关施工方法。还注明了各幢建筑的面积及分类负荷数据（照明、动力、电热等设备的安装容量），注明总建筑面积，总用电设备容量，总需要系数，总计算容量等。对于建筑面积较小、外线工程简单或只是做电源引入线的工程，就

没有外线总平面图。

③ 电气系统图：表示供电系统的组成及其连接方式。在系统图上通常不标明电气设备的具体安装位置，但通过系统图可以清楚地看到整个建筑物内配电系统的情况与配电线路所用导线的型号与截面规格、穿管的管径以及总的设备容量等，可以了解整个工程的供电全貌和接线关系。

④ 各层电气平面图：包括动力平面图、照明平面图、弱电（电话、广播）平面图等。主要表明电源进户线的位置、规格、穿线管径，配电盘（箱）的位置、配电线路的走向及敷设方式，配电线的规格、根数、穿线管径，各种电器的位置，各支路的编号及要求等。并通过图形符号，将某些系统图无法表达的设计意图表达出来，用来具体指导施工。

⑤ 原理接线图：表示出一次系统的接线及二次系统中的控制部分、测量部分、信号部分以及保护回路的动作原理。

⑥ 安装图：表示电气设备和电气元件的具体安装方法。对于某些电气设备或电气元件在安装过程中有特殊要求或无标准安装图时，设计者绘制了专门的构件大样图或安装大样图，并详细地标明施工方法、尺寸和具体要求，指导设备制作和施工。

2. 建筑电气图识图要求及过程

（1）建筑电气安装工程图识读要求

① 看图上的方字说明，文字说明的主要内容包括施工图图纸目录、设备材料表和施工说明三部分，比较简单的工程只有几张施工图纸，往往不单独编制施工说明，一般将文字说明内容表示在平面图、剖面图或系统图上。

② 看清图上电源从何而来，采用什么供配电方式，使用多大截面的导线，配电使用哪些电气设备，供电给哪些用电设备。

③看比较复杂的电气图时，首先看系统图，了解图上由哪些设备组成，有多少个回路，每个回路的作用和原理；然后再看安装图、平面图，了解各个元件和设备的具体安装位置，如何连接，采用什么敷设方式，如何安装等。

④熟悉建筑物外貌、结构特点、设计功能，结合电气施工图和施工说明，研究施工方法。

（2）根据电气图掌握施工中与其他专业的施工配合识图的一般过程

①目录：根据目录查找出所要阅读的图纸。

②设计说明、图例符号：了解工程概况、设计内容，了解纸中未能表达清楚的各有关事项。如供电电源的来源、电压等级，架设或敷设距离及方式，设备安装高度及安装方式，配电设备外形尺寸，接地装置所用材料规格、种类及要求等。

③系统图：代表整个建筑物供电系统情况，了解系统的组成和原理及它们的规格、型号、数量等。

④电气原理图的接线图：了解系统中用电设备的电气自动控制原理，用来指导设备的接线和调试工作。

⑤平面布置图：表示设备安装位置，线路敷设部位，敷设方法及所用导线型号、规格、数量、管径规格、材质等，是安装施工、编制施工图预算、施工预算的主要依据，必须全面理解。

⑥安装大样图：用来详细表示设备安装方法的图纸，也是用来指导施工和计算材料工程量的图纸，安装大样图应采用通用电气装置标准图集（按照机械图方法绘制）。

⑦设备材料表：提供了该工程所使用的设备、材料的型号、规格和数量，是编制购置主要设备、材料计划的重要依据之一。

四、电气施工图图形符号与文字符号

电气图常用图例符号、文字符号及文字标注格式（见表2-1～表2-3）。

表2-1 常用图例符号

图形符号	说明	标准	图形符号	说明	标准
	屏、台、箱、柜一般符号	IEC		等电位	IEC
	动力或动力照明配电箱	GB		单相插座（明装）	IEC
	照明配电箱（屏）	GB		单相插座（暗装）	GB
	事故照明配电箱（屏）	GB		密闭（防水）单相插座	GB
	电源自动切换箱（屏）	GB		防爆型单相插座	GB
	多种电源配电箱			带接地插孔的单相插座（明装）	IEC
	直流电源配电箱（屏）	GB		带接地插孔的单相插座（暗装）	IEC
	交流电源配电箱（屏）	GB		带接地插孔的密闭（防水）单相插座	IEC
	落地交接箱	GB		带接地插孔的防爆型单相插座	IEC
	电话分线箱（壁龛交接箱）	GB		带接地插孔的三相插座（明装）	GB
	电话分线盒	GB		带接地插孔的三相插座（暗装）	GB
	单极限时开关（明装）	IEC		防水防尘灯	GB
	单极限时开关（暗装、新增）	GB		球形灯	GB
	双控开关（单极三线、明装）	IEC		局部照明灯	GB

续表

图形符号	说明	标准	图形符号	说明	标准
	双控开关(单极三线、暗装)	GB		矿山灯	GB
	双联双控开关(暗装)	GB		安全灯	GB
	具有指示灯的开关	IEC		隔爆灯	GB
	调光开关、风扇电阻开关	IEC		天棚灯	GB
	电视插座	IEC		自耦变压器式启动器	IEC
	带熔断器的插座	GB		有线广播台、站	IEC
	开关一般符号	IEC		电信机房的屏、盘、架一般符号	GB
	单极开关(明装)	GB		室内消火栓	GB
	单极开关(暗装)	GB		灯的一般符号	IEC
	单极密闭(防水)开关	GB		闪光信号灯	IEC
	单极开关(防爆)	GB		荧光灯一般符号	IEC
	双极开关(明装)	IEC		双管荧光灯	IEC
	双极开关(暗装)	IEC		三管荧光灯	IEC
	双极密闭(防水)开关	IEC		五管荧光灯	IEC
	双极开关(防爆)	IEC		防爆荧光灯	GB
	三极开关(明装) 注: 多极开关现有四、六极	GB		在专用电路上的事故照明灯	IEC
	三极开关(暗装) 注: 多极开关现有四、六极	GB		自带电源的事故照明灯装置(应急灯)	IEC

续表

图形符号	说明	标准	图形符号	说明	标准
	三极密闭(防水)开关	GB		气体放电灯的辅助设备(用于与光源不在一起)	IEC
	三极开关(防爆)	GB		投光灯一般符号	IEC
	单极拉线开关(明装)	IEC		聚光灯	IEC
	单极拉线开关(暗装)	GB		泛光灯	IEC
	单极双控拉线开关(明装)	GB		深照型灯	GB
	单极双控拉线开关(暗装)	GB		广照(配照)型灯	GB
	断路器	IEC		电机一般符号	IEC
	隔离开关	IEC		双绕组变压器	IEC
	具有中间断开位置的双向隔离开关	IEC		三绕组变压器	IEC
	负荷开关(负荷隔离开关)	IEC		电抗器	IEC
	具有自动释放的负荷开关	IEC		星形－三角形连接的三相变压器	IEC
	熔断器一般符号	IEC		星形－三角形连接的有载调压三相变压器	IEC
	跌落式熔断器	GB		电流互感器、脉冲变压器	IEC
	熔断器式开关	IEC		在一个铁芯上有两个次级绕组的电流互感器	IEC
	熔断器式隔离开关	IEC		具有两个铁芯和两个次级绕组的电流互感器	IEC

续表

图形符号	说明	标准	图形符号	说明	标准
	熔断器式负荷开关	IEC		频敏变阻器	GB
	方向耦合器	IEC		桥式全波整流器	IEC
	用户分支器（示出一路分支）	IEC		逆变器	IEC
	系统出线端	IEC		整流器	IEC
	环路系统出线端、串联出线端（串接单元）	IEC		原电池或蓄电池	IEC
	混合器	IEC		蓄（原）电池组	IEC
	固定衰减器	IEC		开关一般符号、动合（常开）触点	IEC
	天线的一般符号	IEC		开关一般符号、动断（常闭）触点	IEC
	信号箱（板）	GB		带接地插孔的三相密闭（防水）插座	GB
	接地一般符号	IEC		带接地插孔的三相防爆插座	GB
	无噪声接地（抗干扰接地）	IEC		插座箱（板）	GB
	保护接地	IEC		具有防护板的插座	IEC
	接机壳或接地板	IEC		具有单极开关的插座	IEC
	具有隔离变压器的插座（如电动剃刀插座）	IEC		电动机启动器的一般符号	IEC
	电信插座的一般符号	IEC		带自动释放的启动器	IEC
	电缆直通接线盒（示出带三根导线）单线表示	IEC		地下线路	IEC

续表

图形符号	说明	标准	图形符号	说明	标准
	电缆连接盒，电缆分线盒（示出带三根导线 T 形连接）单线表示	IEC		水下（海底）线路	IEC
F T V S F	电话、电报和数据传输视频通路（电视）、声道（电视或无线电广播）	IEC		架空线路	IEC
	滑触线	IEC		沿建筑物明敷设通信线路	IEC
	中性线	IEC		保护线	IEC
	保护和中性共用线	IEC		电缆铺砖保护	IEC
	具有保护线和中性线的三相配线	IEC		电缆穿管保护 注：可加注文字符号表示其规格数量	IEC
	向上、下配线	IEC		电缆预留母线伸缩接头	IEC
	垂直通过配线	IEC		接地装置（1）有接地极（2）无接地极	IEC
	电话插座	IEC		星－三角形启动器	IEC
	开口三角形连接的三相绕组	IEC		当操作件被吸合时延时闭合的动合触点	IEC
○ AB C	电杆的一般符号（单杆、中间杆）表示注：可加注文字符号表示：A—杆材或所属部门；B—杆长；C—杆号	GB	$a\frac{b}{c}Ad$	带照明灯的电杆（1）一般画法 a—编号；b—杆型；c—杆高；d—容量；A—连接相序（2）需表示出灯具的投照方向时	IEC

续表

图形符号	说明	标准	图形符号	说明	标准
	带撑杆的电杆 带撑拉杆的电杆	GB		装有投光灯的架空线电杆 一般画法 a—编号；b—投光灯型号；c—容量；d—投光灯安装高度；α—俯角；A—连接相序；θ—偏角 注：投照方向偏角的基准线可以是坐标轴线或其他基准线	IEC
	有高桩拉线的电杆	GB		拉线一般符号（示出单方向拉线）	IEC
	三角形连接的三相绕组	IEC		中间断开的双向触点	IEC
	按钮一般符号	IEC		壁灯	GB
	按钮盒（单钮）多钮时按钮数绘制	GB		压力开关、动断触点	GB
	密闭型按钮	GB		三端水银（液位）开关	GB
	防爆型按钮盒	GB		多极开关一般符号（单线表示）	GB
	带指示灯的按钮	IEC		多极开关（多线表示）	GB
	限制接近的按钮（玻璃罩等）	IEC		接触器（在非动作位置触点断开）	IEC
	具有自动释放的接触器	IEC		星形连接的三相绕组	IEC
	接触器（在非动作位置触点闭合）	IEC		中性点引出的星形连接的三相绕组	IEC
	火灾报警器一般符号，框内注字母：Q为区域报警器、J为集中报警器、TB为火灾探测			先断后合的转换触点	IEC

表2-2　常用文字符号

电气设备及电力干线文字符号					
符号	文字说明	符号	文字说明	符号	文字说明
AA	交流配电屏	BQ	位置变换器	WL	照明干线
AH	高压开关柜	BT	温度、速度变换器	WE	事故照明干线
AP	动力配电箱	YO	合闸线圈	WT	滑触线
AL	照明配电箱	YR	跳闸线圈	WPS	插接式母线
AEL	事故照明配电箱	PV	电压表	TM	电力变压器
AK	刀开关箱	SQ	限位开关、行程开关	TC	控制变压器
HR	红灯	MD	直流电动机	TU	升压变压器
HG	绿灯	MA	交流电动机	TD	降压变压器
GS	同步发电机	MA	异步电动机	TA	自耦变压器
GA	异步发电机	MS	同步电动机	TR	整流变压器
GD	直流发电机	MC	笼型异步电动机	TF	电炉变压器
GE	励磁机	SB	按钮开关	TS	稳压器
GB	电池	SE	终点开关	TA	电流互感器
QF	断路器	SS	微动开关	TV	电压互感器
QS	隔离开关	SF	脚踏开关	L	电感、电抗器、电感线圈
QA	自动开关	SP	接近开关	LS	启动电抗器
QC	转换开关	YA	电磁铁	W	电线、电缆、天线
QK	刀开关	YB	制动电磁铁	WB	母线
QL	负荷开关	YT	牵引电磁铁	F, FA	避雷器
KM, KA	交流接触器	YL	起重电磁铁	FU	熔断器
KD	直流接触器	YC	电磁离合器	FL	避雷针
KV	电压继电器	YV	电磁阀	FR	热保护继电器
KA	电流继电器	R	电阻	X	接线柱
KF	频率继电器	RP	电位器	XB	连接片
KM	中间继电器	RS	启动电阻	XP	插头
KT	时间继电器	RB	制动电阻	XS	插座

续表

电气设备及电力干线文字符号					
符号	文字说明	符号	文字说明	符号	文字说明
KS	信号继电器	RF	频敏电阻	XT	端子排
KE	接地继电器	RA	附加电阻	PA	电流表
KT	温度继电器	HL	信号灯	PJ	电能表
KP	压力继电器	HE	电警笛	PC	计数器
KG	气体继电器	HA	电铃	PW	功率表
C	电容、可调电容	HH	电喇叭	PT	计时器
V	晶体管	HZ	蜂鸣器	PS	记录仪器
VE	电子管	EL	照明灯	PV	电压表
B	送话器、受话器	EH	发热器件	EV	空调器
B	扬声器、耳机	WB	母线		
BP	压力变换器	WP	电力干线		

光源类					
符号	文字说明	符号	文字说明	符号	文字说明
PZ	普通照明白炽灯泡	YZS	三基色荧光灯管	GGY	荧光高压汞灯泡
YZ	直管荧光灯	SLB	双曲形荧光灯管	LZG	卤钨灯泡
YJ	环形荧光灯管	NG	高压钠灯泡	DDG	镝灯泡
YU	U形荧光灯管	ND	低压钠灯泡		

标注安装方式的文字符号					
导线敷设方式的标注		导线敷设部位的标注		灯具安装方式	
SC	穿焊接钢管敷设	SR	沿钢索敷设	CP	线吊式
TC	穿电线管敷设	BE	沿屋架或跨屋架敷设	CP1	固定线吊式
PC	穿硬塑料管敷设	CLE	沿柱或跨柱敷设	CP2	防水线吊式
FPC	穿阻燃半硬塑料管敷设	WE	沿墙明敷设	CP3	吊线器式
CT	用电缆桥架敷设	CE	沿棚明敷设	ch	链吊式
PL	用瓷夹敷设	ACE	在能进人的吊顶内敷设	W	壁装式

续表

标注安装方式的文字符号					
导线敷设方式的标注		导线敷设部位的标注		灯具安装方式	
PCL	用塑料夹敷设	BC	梁内暗设	S	吸顶式
CP	穿金属软管敷设	CLC	柱内暗设	R	嵌入式（嵌入不可进人的顶棚）
		WC	墙内暗设	HM	座装
		FC	沿地暗设	CL	柱上安装
		CC	暗设在屋面或顶板内	SP	支架上安装
		ACC	暗设在不能进人的吊顶内	T	台上安装

表2-3　常用文字标注格式

名称	标注格式	说明
电设备	a/b 或 $\dfrac{a}{b}\bigg|\dfrac{c}{d}$	a—设备编号；b—额定功率（kW）；c—线路首端熔断片或自动开关释放器的电流（A）；d—安装标高（m）
电力和照明配电箱 当需要标注引入线的规格时	$a\dfrac{b}{c}$ 或 $a-b-c$ $a\dfrac{b-c}{d(e×f)-g}$	a—设备编号；b—设备型号；c—设备功率；d—导线型号；e—导线根数；f—导线截面（mm²）；g—导线敷设方式及部位
开关及熔断器 当需要标注引入线的规格时	$a\dfrac{b}{c/i}$ 或 $a-b-c/i$ $a\dfrac{b-c/i}{d(e×f)-g}$	a—设备编号；b—设备型号；c—额定电流（A）；i—整定电流（A）；d—导线型号；e—导线根数；f—导线截面（mm²）；g—导线敷设方式
照明变压器	$a/b-c$	a——一次电压（V）；b—二次电压（V）；c—额定容量（V·A）
照明灯具 当灯具安装方式为吸顶安装时	$a-b\dfrac{c×d×l}{e}f$ $a-b\dfrac{c×d×l}{—}$	a—灯具数量；b—灯具的型号或编号；c—每盏照明灯具的灯泡数；d—每个灯泡的容量（W）；e—灯泡安装高度（m）；f—灯具安装方式；l—光源的种类

五、电气设备布线识图实例一

1. 单回路照明配电（图 2-3）

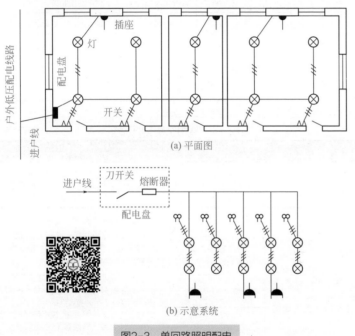

图2-3 单回路照明配电

对平房有少数电灯和插座的办公室、宿舍的照明供电，可由户外低压配电线路直接引线至室内配电箱（盘）对用电设备供电。

2. 多回路照明配电（图 2-4）

对用电量较大的建筑物，需要多回路供电，以保证供电可靠和便于维护和检修。多回路供电方式一般由户外低压配电线路引至总开关，然后再经分支回路供电给各用电设备。总开关和分路开关装在配电箱（盘）内。

3. 楼房建筑配电（图 2-5）

楼房建筑各层之间的干线配线有下列几种方式。

（1）树干式 图 2-5（a）的供电方式称为树干式。某一分配电盘（箱）内故障会影响其他分配电盘（箱）供电，但耗用线材等较少，投资较低。

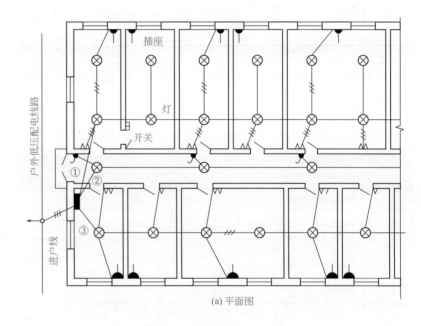

(a) 平面图

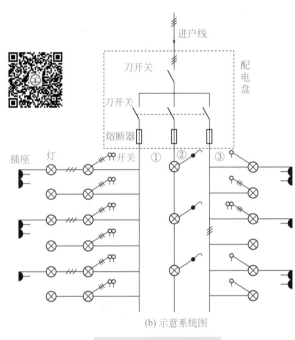

(b) 示意系统图

图2-4　多回路照明配电

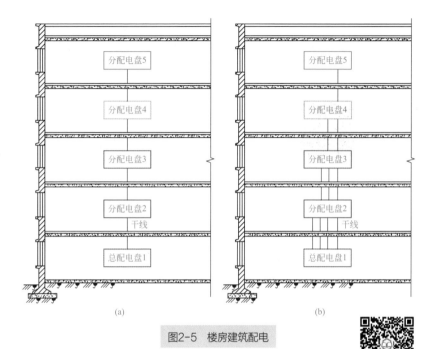

(a)　　　　　　　　　　　　　　(b)

图2-5　楼房建筑配电

（2）放射式　图2-5（b）所示为建筑物内各层的分配电盘（箱）分别与总配电盘连接的供电方式，这种供电方式称为放射式。其优点是某一分配电盘（箱）内设备发生故障不会影响到其余各层分配电盘（箱）的供电，但这种供电方式耗用导线和管线、设备较多，投资较大。

在考虑选用哪种供电方式时，要根据建筑物的性质、重要性、层数及每层面积等决定。也可两种供电方式结合，混合布线，以达到供电可靠、布线经济合理的目的。

4．照明工程图

（1）照明系统供电图（图2-6）　从图2-6中可看到进线是额定电压为500V的橡胶绝缘芯线，共有4根导线，其中3根相线（即火线）每根截面积为25mm²，中性线（零线）截面积为16mm²，穿内径为50mm的电线管沿墙明敷，共10个回路（N1～N10），其中N1、N2、N3线路用三相低压断路器（三相低压自动空气开关）DZ20-50/310控制，其他线路（N4～N10）均用DZ10-50/110型单极自动空气开关控制。为使三相负载分布能基本均衡，N1～N10各线路的电源基本均衡地接在L1、L2、L3三相上。

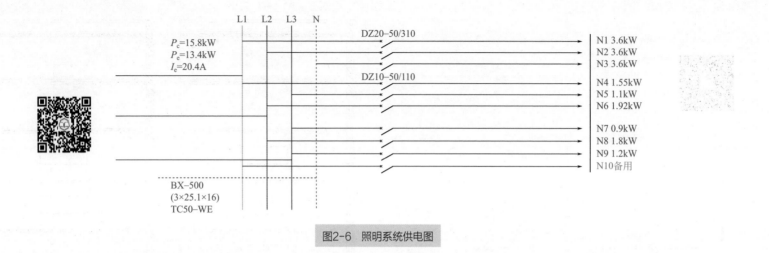

图2-6 照明系统供电图

照明系统供电图上需要表达出线路进线回路数，导线或电缆的型号、规格、敷设方式及穿管管径，需要表达出总开关及分路开关的型号规格，出线回路数，用电负荷功率及各条支路的分相情况，还有用电参数、技术说明和设备材料明细表。所以照明工程施工前，必须认真阅读照明系统图，了解照明系统情况，然后按照明平面图和施工规范进行施工。

（2）照明平面图（图2-7） 在照明平面图上要表达出电源进线位置，导线型号规格、根数及敷设方式，灯具位置、型号及安装方式，各种用电设备（开关、插座、电钢等）和照明配电箱的型号、规格、安装位置及方式等，通过照明平面图就可按施工规范要求进行照明工程的施工安装。

① 照明器具的表示方法。照明器具采用图形符号和文字标注相结合的方法表示。图形符号及电光源种类代号、灯具安装方式的

标注请参照国家颁布的规范。

② 电气照明平面图。图 2-7（a）为某建筑第 3 层电气照明平面图，图 2-7（b）为其供电系统图，其负荷统计如表 2-4 所示。

从图 2-7（b）可见，该楼层电源引自第 2 层，单相交流 220V，经照明配电箱 XM1-16 分成（1～3）MFG 三条照明分干线，送到 1～7 号房间。

第 3 层电气照明图识读如下。

a. 照明线路共有三种不同规格敷设的线路。例如，照明分干线 MFG 为 BV-500 2×6-PC20-WC。表示用的是 2 根截面积为 $6mm^2$，额定电压为 500V 的塑料绝缘钢导线，采用直径 20mm 的硬质塑料管（PC20）沿墙壁暗敷（WC）。

b. 照明设备。图 2-7（a）中，照明设备有灯具、开关、插座、电扇等。照明灯具有美光灯、吸顶灯、壁灯、花灯等。

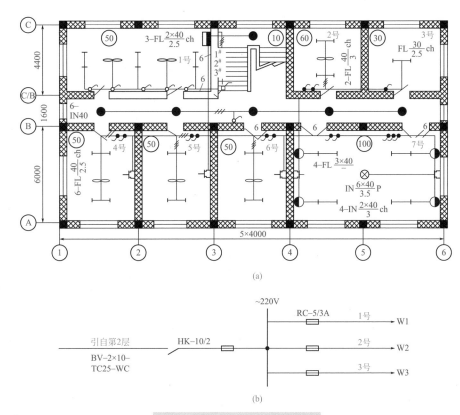

(a)

(b)

图2-7 照明平面图及供电系统图

表2-4 负荷统计

线路编号	供电场所号	负荷统计			
		灯具/个	电扇/只	插座/个	计算负荷/kW
1号	1号房间、走廊、楼道	9	2		0.41
2号	4、5、6号房间	6	3	3	0.42
3号	2、3、7号房间	12	1	2	0.48

注：1. 该建筑层高4m，净高3.88m，楼面为混凝土板。
2. 导线及配线方式：电源引自第2层，总线MFG为BV-500 2×10-TC25-WC，分干线为（1～3）BV-500-2×6-PC20-WC；各支线为BV-500-2×2.5-PC15-WC。
3. 配电箱为XM1-16型，并按图2-7（b）系统图接线。

灯具的安装方式有链吊式（ch）、管吊式（P）、吸顶式（S）、壁装式（W）等。例如："3-FL$\dfrac{2\times40}{2.5}$ch"表示该房间有 3 盏荧光灯（FL），每盏灯有 2 支 40W 的灯管，安装高度（灯具下端离房间地面高）为 2.5m，链吊式安装。

　　c. 设备、管线的安装位置。由定位轴线和标注的尺寸数字来确定，并可计算出管线长度。

　　5. 动力工程图

　　① 动力系统图。动力系统图主要表示电源进线及各引出线的组成及其型号、规格、敷设方式，动力配电箱的型号、规格以及控制开关等设备的型号、规格。图 2-8 为某机械工厂机加工车间动力配电箱的系统图。

　　② 动力平面图。动力平面图是用来表示电动机等各类动力设备、动力配电箱的安装位置和对其供电的线路敷设路径、敷

设方法及导线型号规格的平面图。电源进线为 BX-500-（3×6+1×4）-SC25-WE，表示额定电压为 500V 的橡胶绝缘导线，三根相线每根的截面积为 6mm²，中性线（零线）的截面积是 4mm²，穿内径为 25mm 的钢管沿墙面明敷至 11 号动力配电箱。动力配电箱型号规格为 XDIS 8000，箱内采用总闸刀开关 HD13-400/31（额定电流 400A，三极单投刀开关）控制，共 8 回出线，每回均用 RT0 型熔断器作为短路保护，供电负载有 CA6140 车床（7.5kW）1 台，C1312 车床（3kW）1 台，M612K 磨床（5kW）2 台，Z535 钻床（2·8kW）1 台，Y3150、Y2312A 滚齿机（4kW）各 1 台，CM1106 车床（3kW）1 台，S250、S350 螺纹加工机床（1.7kW）各 1 台。动力配电箱至各负载的导线均用 BX-500-4×2.5 型橡胶绝缘线，穿内径为 20mm 的钢管埋地坪暗敷。

　　③ 电缆平面图（图 2-9）。电缆平面图主要用于标明电缆的敷设，包括电缆型号规格、电缆敷设方法等。

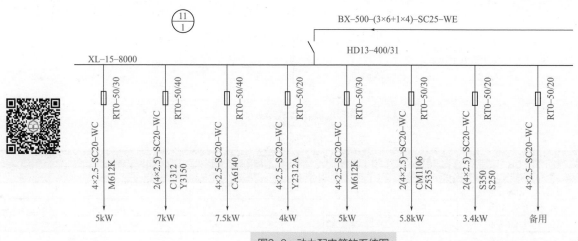

图2-8　动力配电箱的系统图

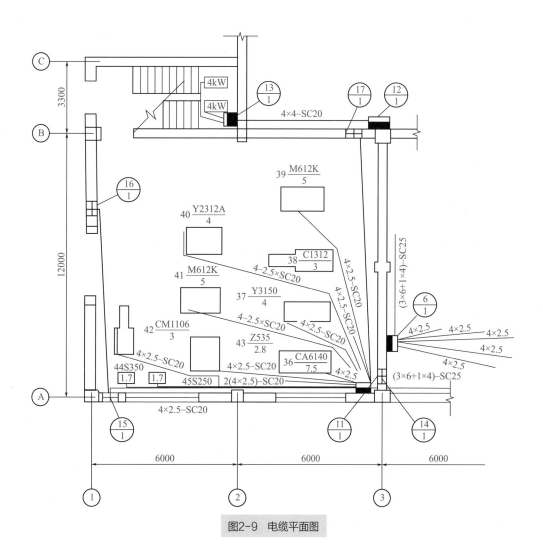

图2-9　电缆平面图

六、电气设备布线识图实例二

1. 地下室照明平面图（图2-10）

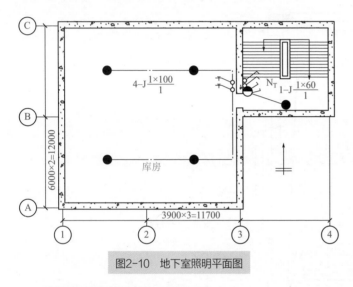

图2-10 地下室照明平面图

2. 一层照明平面图（图2-11）

3. 二层照明平面图（图2-12）

4. 施工说明

① 电源为三相四线380/220V，进户导线采用BLV-500-4×16mm²，自室外架空线路引来，室外埋设接地极引出接地线作为PE线随电源引入室内。

② 危险品仓库为Q-2级防爆。导线采用BV-500-2.5mm²。

③ 一层配线：插座电源导线采用BLV-500-4×2.5mm²，穿直径为20mm普通水煤气管埋地暗敷；化学实验室和危险品仓库为普通水煤气管明敷；其余房间为电线管暗敷设。

二层配线：接待室为塑料管暗敷设及多孔板孔内暗敷，导线用BLV-500-2.5mm²，其余房间为BLVV-500-2×2.5mm²塑料护套线明敷。

地下室：采用瓷柱明敷。

楼梯：均采用电线管暗敷。

④ 灯具代号说明：G—隔爆灯；J—乳白玻璃球形灯；W—无磨砂玻璃罩万能型灯；H—花灯；F—防水防尘灯；B—壁灯；Y—荧光灯。以该工程为例，说明阅读电气照明平面图的一般规律。通常情况下，可按电流入户方向依次阅读，即进户点—配电箱—支路—支路上的用电设备。

5. 各配线支路的负荷分配及接线

（1）各支路配电及设备 由前已知本大楼电源进线用4根16mm²铝芯聚氯乙烯绝缘导线，自室外架空线路引至照明配电箱［XM（R）-7-12/I型］。该照明配电箱可引出12条线路，现使用9路（N1～N3），其中N1、N2、N3同时向一层三相插座供电；N4向一层③轴线西部的室内照明灯具及走廊灯供电；N5向一层③轴线东部的室内照明灯供电；N6向一层③轴线东部和二层的走廊灯供电；N7引向干式变压器（220/36V-500V·A），变压器次级36V出线引下穿过楼板向地下室内照明灯具和地下室楼梯灯供电；N8、N9支路引向二楼，N8为二层④轴线西部的图书资料室.研究室和会议室内的照明灯具、吊扇、插座供电；N9为二层④轴线东部的接待室、值班室、女厕所及办公室内的照明灯具、吊扇、插座供电。各支路配电示意如图2-13所示。

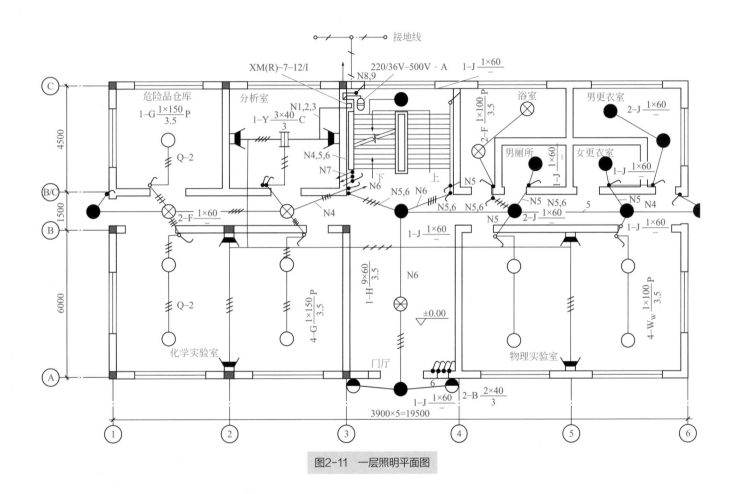

图2-11　一层照明平面图

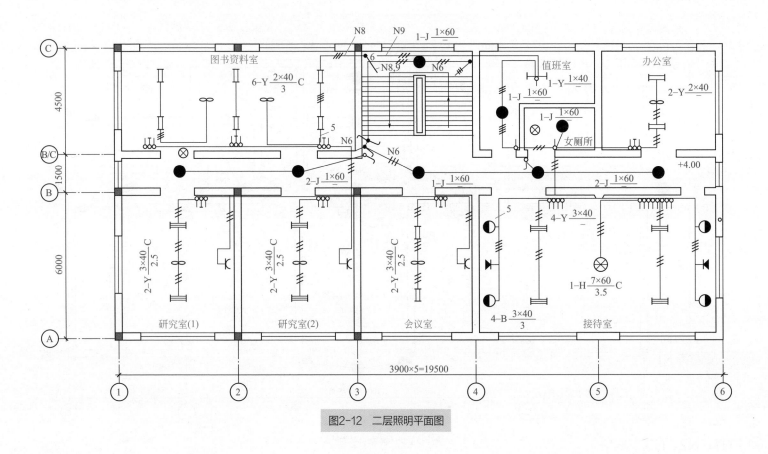

图2-12　二层照明平面图

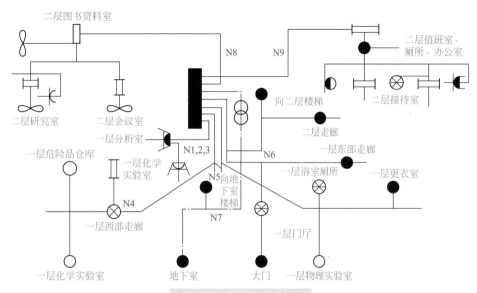

图2-13 各支路配电示意图

（2）各支路的接线及相序分配　考虑到三相负荷应均匀分配的原则，N1～N9支路应分别接在A、B、C三相上。因N1、N2、N3是向三相插座供电的，故必须分别接在A、B、C三相上；N4、N5和N8、N9各为同一层楼的照明线路，应尽量不要接在同一相上。因此，可以将N1、N4、N6接在A相上，将N2、N5、N8接在B相上，将N3、N7、N9接在C相上，使得A、B、C三相负荷比较接近。

6. 线路的连接状况分析

（1）N1、N2、N3支路　N1、N2、N3为一条回路，加一根保护线PE，总计4根线，引向一层的各个三相插座，导线在插座盒内作共头连接。

（2）N4支路　N4、N5、N6是三相线，各有一根零线，再加一根PE线（接防爆灯外壳），共7根线，从配电箱沿③轴线引出。N4在③轴线和B/C轴线交叉处转引向一层西部几个房间，N4支路接线情况如图2-14所示。现开一支、两支或三支灯管的任意选择。第二路往南引向化学实验室右边门侧防爆开关的开关盒内，控制两盏防爆灯。第三路向西引至走廊内第二盏防水防尘灯的灯头盒内，在这个灯头盒内又分成三路：一路至西头门灯；一路至危险品仓库；一路至化学实验室左侧门边防爆开关盒。另外，零线和PE线也和N4相线一起走，并同在一层西部走廊两盏防水防尘灯的灯头盒内分支或在隔爆灯的灯头盒内处理分支接头。

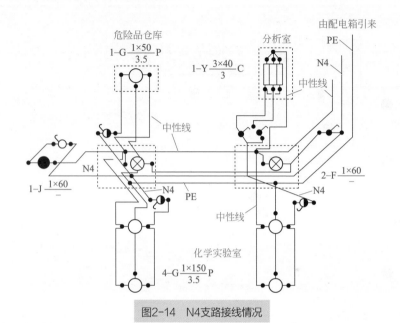

图2-14 N4支路接线情况

由图 2-14 可知，N4 相线接③轴线与 B/C 轴线交叉处的一只暗装单极开关，控制西部走廊内的两盏防水防尘灯。相线进入开关后在第一盏防尘灯的灯头盒内，并在灯头盒内分成三路：第一路引至分析室门侧面的二联开关盒内，与两只开关相连，控制一只荧光灯的三支灯管；第二路和第三路分别控制实验室和仓库电气。

（3）N5 支路 N5、N6 相线各带一零线，沿③轴线引至③轴线和 B/C 轴线交叉处，经开关盒转向东南引至一层走廊正中的乳白玻璃球形灯的灯头盒内。但 N5 支路相线和零线只是从此盒通过（并不分支），一直向东至男厕所门口的一盏乳白玻璃球形灯的灯

头盒内，才分成四路（在盒内接头分支），分别引向物理实验室左门、浴室、男厕所和女更衣室门前的乳白玻璃球形灯，并在此灯头盒内再分成两路，分别引向物理实验室右门和男、女更衣室。连接如图 2-15 所示。

（4）N6 支路 N6 相线和一根零线引至③轴线和④轴线交叉处的开关盒内分成两路：一路由此引上至二层，给二层走廊灯供电；另一路向一层③轴线以东走廊灯供电。该路 N6 相线和零线引至走廊正中乳白玻璃球形灯的灯头盒内，再分成三路。第一路往东北方向，引至④轴线和 B/C 轴线交叉点处的开关盒内，作为走廊正中乳白玻璃球形灯单极开关和一层至二层楼梯灯双控开关的电源线。第二路往南引至门厅花灯的灯头盒内，中性线在此开断接头，引接至花灯 9 个灯泡的灯座上，并继续往南引至大门雨篷下乳白玻璃球形灯的灯头盒内，接入该灯座，并同时分支引入大门两侧壁灯灯头盒。N6 相线通过花灯灯头盘，经大门雨篷下乳白玻璃球形灯灯头盒，再转向东北方向，直引至大门右侧墙内开关盒，作为 4 只开关的电源线。此处的 4 只开关，有两只开关分别控制花灯的 3 只和 6 只灯泡，这样能实现分别亮 3 只 6 只和 9 只灯泡的方案。另 2 只开关，一只控制雨篷下球形灯，一只控制两壁灯，如 N6 支路图 2-15 所示。

（5）N7 支路 N7 相线和零线经一台 220/36V-500V·A 的干式变压器，将 220V 电压回路变成 36V 电压的低压回路，该回路沿③轴线向南引至③轴线和 B/C 轴线交叉点处开关盒附近，向下穿过一层地坪，进入地下室门外的二联开关盒内，接入开关，并进入地下室内二联开关盒，作地下室内两只开关的电源线。其连接情况如图 2-16（立面）所示。

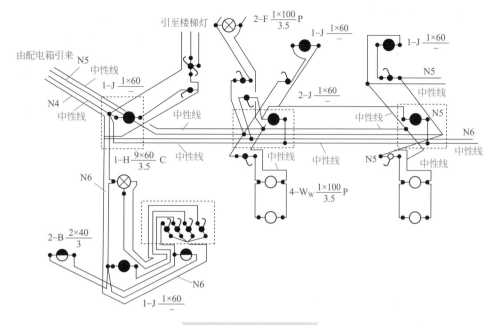

图2-15　N5支路接线情况

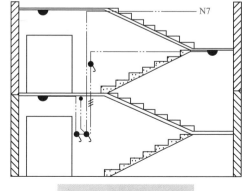

图2-16　N7支路接线情况

（6）N8支路　N8 相线、零线、PE 线共三根线（可用 BLVV-3X2.5 护套线）穿钢管，由配电箱旁③轴线和 C 轴线交叉处引至二层，并穿过穿墙保护管进入二层西边图书资料室，向④轴线西部房间供电，其连接示意如图 2-17 所示。

从图 2-17 中看出，零线在图书资料室东北角第一盏荧光灯处，开断分支一路直接接第一盏荧光灯；另一路引向东南角的第二盏荧光灯。而 N8 相线和 PE 线不开断，直接经两荧光灯引至东门边的一只开关。在两盏荧光灯之间是 4 根线，其中多了一根从开关引至第一盏荧光灯的控制线（或称开关线）。在第二盏荧光灯和开关之间，理论上是 5 根线，在二层照明平面图上标注也是 5 根线，即 N8 相线、PE 线、零线和 2 根控制线。而在实际施工中，为了减少零线中间开断次数，在第二盏荧光灯处，零线不开断，而引至开关处开断，将零线接头放在开关盒内，再由开关处向第二盏荧光灯引去 2 根零线，这样在第二盏荧光灯与开关间就出现了 7 根线（如图 2-17 所示）。同样，其他 4 盏荧光灯在施工接线时也可以如此处理。在研究室（1）和研究室（2）中，虽然灯具、开关和吊扇数量都相等，但在二层照明平面图上研究室（1）从北到南电气器具间

导线根数标注是 4 → 4 → 3；而研究室（2）却是 4 → 3 → 2。这在 N8 支路连接图中也反映得比较清楚。研究室（1）中 3 只开关中，左边一只是控制两盏灯具中的两支灯管的；右边一只开关是控制两盏灯具中的一支灯管的；中间一只开关是控制吊扇的。而在研究室（2）中，是一只开关控制一盏灯，要开灯就是三支灯管同时亮。

提示： 在二层照明平面图中所示 N8 相线、零线和 PE 线共 3 根，由图书资料室引至研究室（2）的开关盒，再在开关盒中分支，引向研究室（1）、研究室（2）的单相插座和会议室。如果采取在

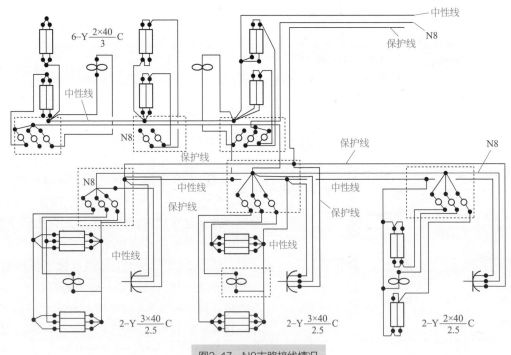

图2-17 N8支路接线情况

③轴线和轴线交叉处分支的做法，则应在此设置一只过路接线盒。因为，一般接头处理只能在灯头盒、开关盒或接线盒中进行，不准在钢管内或线路中间接头，只有采用瓷瓶配线才允许在线路中间接头分支，但也要恢复好绝缘。

（7）N9支路 N9相线、零线、PE线共3根（可用3根护套线），引上二层后沿⑥轴线向东引至值班室，先经日光灯开关盒，然后再往南引至接待室。其连接如图2-18所示。

前面几条支路分析的顺序都是从开关到灯具，反过来也可以从灯具到开关阅读。例如，在二层照明平面图上标注着引向南边壁灯的是两根线，一根应该是开关控制线，一根应该是零线。暗装单相三孔插座至北面的一盏壁灯之间，线路上标注是4根线，其中必是相线、零线、PE线（三线接插座），另外一根则应是南边壁灯的开关控制线。南边壁灯的零线则可从插座上的零线引一分支到壁灯即可。北边壁灯与开关间标注的是5根线，这必定是相线、零线、保护线（接插座）和两盏壁灯的两根开关控制线。

再看开关的分配情况。接待室东边门西侧有7只暗装单极开关，⑥轴线上有两盏壁灯，导线的根数是递减的（由5根减为4根），这说明两盏灯各使用一只开关控制。这样还剩下5只开关，还有3盏灯具。⑤～⑥轴线间的两盏荧光灯，导线根数标注都是3根，其中必有一根是零线，剩下的两根线中又不可能有相线，那必定是两根开关控制线。由此即可断定这两盏荧光灯是用两只开关分别控制的［控制方式与二层研究室（1）相同］。

剩下的3只开关必定是控制花灯的了。可做如下分配，即一只开关控制1只灯泡，另两只开关分别控制3只灯泡，这样即可实现分别开1、3、4、6、7只灯泡的方案。

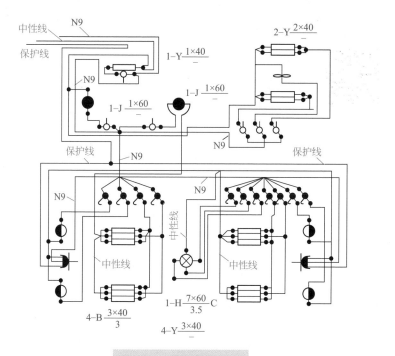

图2-18 N9支路接线情况

综上对各支路的连接情况进行了分析，并分别画出了各支路的连接示意图。目的是帮助大家更好地阅读图纸，但应做到不看连接示意图就能看懂图纸，看到施工平面图，脑子里就能出现一个相应的连接图，而且还要能想象出一个立体布置的概貌。

七、电气设备布线识图实例三

电气照明系统图如图2-19所示。

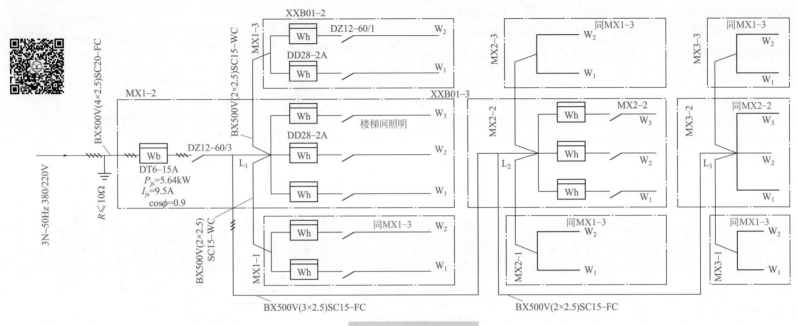

图2-19 电气照明系统图

（1）供电电源的种类及表示方式 通常采用220V的单相交流电源；当建筑物的负荷电流较大时，采用380/220V的三相四线制电源供电，三相四线制电源常为中性点直接接地的系统。照明为单相负荷，应尽量使照明负荷均匀地分配在三相中，以使零线电流达到最小。电源的表示方式为：mfV。其中，m为电源相数；f为电源频率；V为电源电压。

图2-19中，进户线旁边的标注为3N～50Hz 380/220V，表示三相四线制（N代表零线）电源供电，电源频率为50Hz，电源电压为380/220V。

（2）进户线、干线、支线 一幢建筑物对同一个供电电源只设一路进户线。当建筑物较长，用电负荷较大或有特殊要求时，可考虑设置多路进户线。进户线需做重复接地，接地电阻小于10Ω。在系统图中，进户线和干线的型号、截面、穿管管径和管材、敷设方式及敷设部位等均需表示清楚。配电导线的表示方式为：a-b（c×d）e-f或a-b（c×d+c×d）e-f。

其中，a为回路编号；b为导线型号；c为导线根数；d为导线截面；e为导线敷设方式（包括管材、管径）；f为敷设部位。

（3）配电箱 配电箱较多时，要进行编号。

三相电源的零线不能接开关和熔断器，应直接接在配电箱内的零线板上。零线板固定在配电箱内的一个金属条上，每一单相回路所需的零线都可以从零线板上引出。为了计算负荷消耗的电能，在配电箱内要装设电能表。控制、保护和计量装置的型号、规格应标注在图上电气元件旁边。

（4）计算负荷的标注　照明供电线路的计算功率、计算电流、计算时取用的需要系数等均应标注在系统图上。因为计算电流是选择开关的主要依据，也是自动开关整定电流的主要依据，所以每一级开关都必须标明计算电流。

民用建筑的插座，在无具体设备连接时，每个插座可按 100W 计算；住宅建筑中的插座，每个按 50W 计算。

（5）设计说明　在平面图和系统图上未能表明而又与施工有关的问题，可在设计说明中补充说明。如进户线距地高度、配电箱安装高度、开关插座的安装高度、进户线重复接地时的做法等均需说明。

例如，电气照明系统图的设计说明如下。

① 本工程采用交流 50Hz，380/220V 三相四线制电源供电，架空引入。进户线沿二层地板穿水煤气钢管暗敷设至总配电箱。进户线距室外地面高度 ≥ 3.6m。进户线需做重复接地，接地电阻 $R \leqslant 100\Omega$，做法见《建一集》JD10-125。

② 配电箱外形尺寸为：宽×高×厚（mm）。

MX1-1 为 350mm×400mm×125mm；MX1-2 为 500mm×400mm×125mm。

MX1-2 配电箱需定做。内装 DT6-15A 型三相四线电能表 1 块，DZ12-60/3 型三相自动开关 1 个，D-2A 型单相电能表 3 块，DZ12-60/1 型单相自动开关 3 个。配电箱底边距地 1.4m。

③ 跷板开关距地 1.3m，距门框 0.2m。

④ 插座距地 1.8m。

⑤ 导线除标注外，均采用 BLX-500-2.5mm² 的导线穿 DN15mm 的水煤气管暗敷。

⑥ 施工做法，参见《电气装置安装工程施工及验收规范》《建一集》等。

（6）材料表　电气照明施工图中各电气设备、元件的列、名称、型号、规格、数量、生产厂家等的表格，应在施工图中反映出来，以供施工单位照材料表采购设备。

第二节　建筑电气系统图的全面识读

一、图例解读

单元供电系统图的识读以图 2-20 为例进行解读。

二、配电柜系统图的识读

配电柜系统图的识读以图 2-21 为例进行解读。

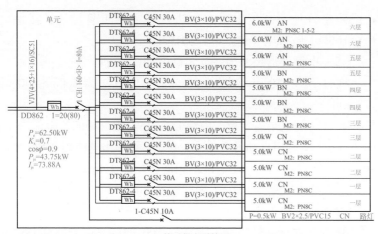

单元供电系统图

说明：
一、设计依据
《民用建筑电气设计规范》（JGJ/T 16—92）及国家有关设计规范和图集。
二、设计范围
低压配电，照明，防雷接地。
三、供配电系统
1. 本工程采用380V/220V电源供电。
2. 进户处零线须重复接地，设专用PE线，接地电阻不大于1Ω。
3. 电气安全采用TN-C-S接地保护系统，并与防雷保护共用接地装置，插座接地孔应与
   接地线可靠连接，等电位联结安装按照97SD567国标施工。
4. 设计容量见系统图。
5. 低压配电干线选用铜芯聚氯乙烯绝缘电缆（VJV）穿钢管埋地或沿墙敷设，支干线、
   支线选用铜芯电线（BV）穿PVC管沿建筑物墙、地面、顶板暗敷设。
6. 导线除图中有标注外，户内导线主线和插座线为BV-4，灯线为BV-2.5，穿管管径为：
   BV(2×2.5)PVC15 BV(3×2.5) PVC20 BV(4×2.5)PVC25 BV(5×2.5)PVC25。
   空调插座线为：BV-6。
7. 各照明配电箱安装高度中心距地1.8m，厨房，卫生间插座安装高度底边距1.5m，
   空调插座安装高度距地1.8m，其余插座安装高度距地0.3m，开关安装高度距地1.3m。
8. 厨房，卫生间采用密闭型防水防潮插座和开关。
9. 插座按100W/个计，空调插座按2.5kW计。
四、防雷与接地
1. 屋面防雷采用避雷带防雷，用φ12的镀锌圆钢制作，突出屋面的金属构筑物应与避雷
   带可靠连接，不同标高的避雷带也要可靠连接。
2. 利用柱内不小于φ14的主筋作引下线，柱内主筋应为焊接。
3. 利用基础、地梁内的钢筋作接地装置，钢筋为焊接，在引下线距地1.5m处设接地电阻
   测试点，实测接地冲击电阻小于10Ω，若不满足，应增设引下线与人工接地装置。
五、未尽事宜按国家有关规范执行

材料表：

序号	图例	名　称	型　号	单位	数量	备注
1		低压进户装置	三相五线	副	1	
2		铜芯聚氯乙烯绝缘线	VJV	m		进户线
3		铜芯聚氯乙烯绝缘线	BV-10	m		
4		铜芯聚氯乙烯绝缘线	BV-6	m		
5		铜芯聚氯乙烯绝缘线	BV-4	m		
6		铜芯聚氯乙烯绝缘线	BV-2.5	m		
7		阻燃硬塑料管	PVC32	m		
8		阻燃硬塑料管	PVC20	m		
9		阻燃硬塑料管	PVC15	m		
10	▭	电度表箱		套	1	
11	▭▪	M2照明配电箱	PN8C	套	12	
12	▭▪	M3电度表箱	PN4C	套	2	
13	⊗	防水防尘灯	1×60W	套	28	
14	⊗	吸顶灯	1×60W	套	6	
15	⊗	白炽灯	PZ 1×100W	套	52	
16	⊛	客厅灯	15×25W	套	12	
17	⊖	花灯	5×25W	套	12	
18	↙	声光开关	250V 3A	套	6	
19	✐	一位开关	250V 10A	套	52	
20	✐	二位开关	250V 10A	套	26	
21	✐	三位开关	250V 10A	套	12	
22	✐	双控开关	250V 10A	套	4	
23	▬	多用插座	250V 10A	套	142	
24	▼	空调插座	250V 20A	套	12	
25						

本图导读：①单元供电系统图，此图为某单元住宅总配电系统图，图中注明了
进线电缆规格、进线总开关选型及整定，每单元及每户电能计量表
的规格以及每户配电箱(箱内电缆)的规格尺寸等。
②说明：此部分为强电设计说明，包含设计的范围依据及安装要求
等。
③材料表：该表说明了强电设计中所用设备的图例符号、规格及数
量(不包含线管的长度)。

图2-20　单元供电系统图

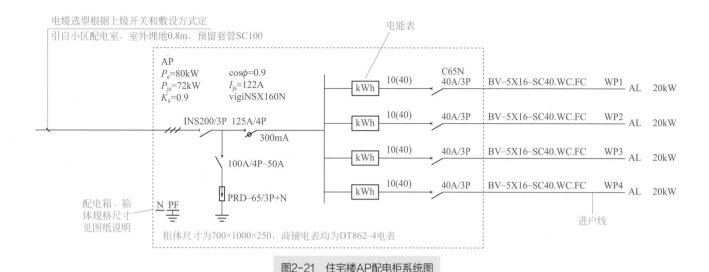

电缆选型根据上级开关和敷设方式定
引自小区配电室，室外埋地0.8m，预留套管SC100

电能表

AP
P_e=80kW   cosφ=0.9
P_{js}=72kW I_{js}=122A
K_x=0.9   vigiNSX160N

INS200/3P 125A/4P

300mA

100A/4P–50A

PRD–65/3P+N

N PF

kWh 10(40) C65N 40A/3P BV–5X16–SC40.WC.FC WP1 AL 20kW

kWh 10(40) 40A/3P BV–5X16–SC40.WC.FC WP2 AL 20kW

kWh 10(40) 40A/3P BV–5X16–SC40.WC.FC WP3 AL 20kW

kWh 10(40) 40A/3P BV–5X16–SC40.WC.FC WP4 AL 20kW

配电箱、箱体规格尺寸见图纸说明

柜体尺寸为700×1000×250，商铺电表均为DT862–4电表

进户线

图2-21 住宅楼AP配电柜系统图

通过电气系统中的 AP 配电柜系统图可以得知配电柜中的相关信息、电能表的安放及配线要求。

三、有线电视与通信系统图的识读

（1）有线电视系统的特点及识读

- 有线电视系统的特点见表 2-5。

表2-5 有线电视系统的特点

要点	具体内容
电视系统分类	我国有线电视系统分为共用天线电视系统（CATV 系统）和有线电视邻频系统。共用天线电视系统是以接收开路信号为主的小型系统，功能较少，其传输距离一般在 1km 以内，适用于一栋或几栋楼宇。有线电视邻频系统由于采用了自动电平控制技术，干线放大器的输出电平是稳定的，传输距离可达 15km 以上，适用于大、中、小各种系统，习惯上，人们称有线电视系统为共用天线电视系统
有线电视系统的组成	有线电视系统的组成，与接收地区的场强、楼房密集程度和分布、配接电视机的多少、接收和传送电视频道的数目等因素有关。其基本组成有天线及前端设备、信号传输分配网络和用户终端三部分

- 有线电视的组成如图 2-22 所示。
- 有线电视系统图的识读以图 2-23 为例进行解读。

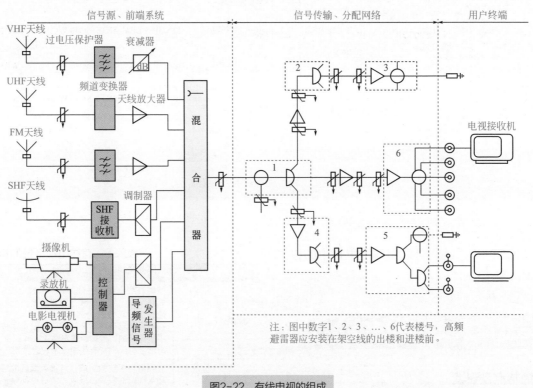

图2-22　有线电视的组成

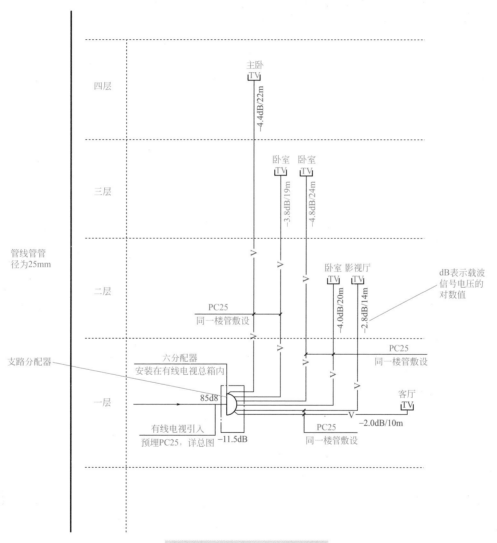

图2-23　某建筑有线电视系统图

（2）通信系统的基本构成 通信系统最基本的功能是可以使两个相隔两地的人实现实时交流。交流的内容可以是语音，也可以是图像。由图 2-24 可知组成两个人的语音通信系统最基本的元件有送话器、受话器和传输电缆。送话器类似于常用的麦克风，它是将语音信号变换为电信号的器件。受话器类似于常用的扬声器，它是将电信号还原成声音信号的器件。它们统称为电声变换器件。送话器输出的电信号能量很小，无法实现远距离的传输。实际的电话传输系统中还需要电源放大器（中继器）等，有了这些器件就可以实现相隔千里的语音通信了。

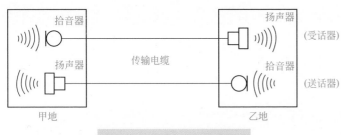

图2-24　通信系统的基本模型

（3）有线电视与电话系统图分析 有线电视与电话施工图包括系统图和平面图，有线电视与电话施工图的识读以图 2-25 和图 2-26 为例进行解读。

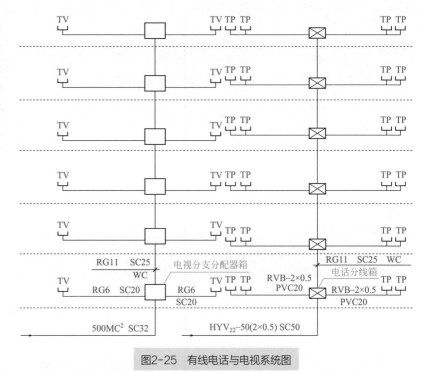

图2-25　有线电话与电视系统图

四、综合布线系统图的识读

综合布线系统图的识读以图 2-27 为例进行解读。

由综合布线图中可知电话线埋地 −0.8m，进入室内的各个步骤及配件要求。

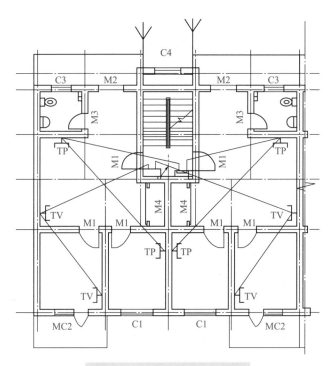

图2-26　有线电话与电视平面图

五、照明系统图的识读

（1）一层照明平面图的识读　一层照明平面图的识读以图 2-28 为例进行解读。

① 电力配电系统。从图 2-28 中可以看出，电源进线的位置、单元总配电柜的设置位置以及至楼上各层住户配电箱的管线规格以及路由器配线。其中，"引上：10-BV（3×10）/PC25 至各层配电箱"

指总配电柜出线穿 PC25 管沿楼梯间墙引上至各层再水平引入各户配电箱。进线设总计量电表，每户设计量表。

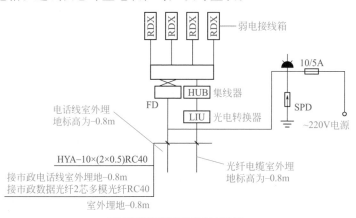

图2-27　综合布线系统图

② 户内照明及插座配电。图中各个房间均有灯具、开关和插座布置，图例参考材料表，其中不同类型灯具均有标注，如 2- 花灯为灯具类型，4×25W 表示含 4 个 25W 的光源，C 表示为吸顶安装，PZ 为普通照明。

③ 楼梯间采用声光控延时开关控制的吸顶灯，声光控开关灯具就近安装。

（2）标准层照明平面图的识读　标准层照明平面图的识读以图 2-29 为例进行解读。

六、跃层照明平面图的识读

跃层照明平面图的识读以图 2-30 和图 2-31 为例进行解读。

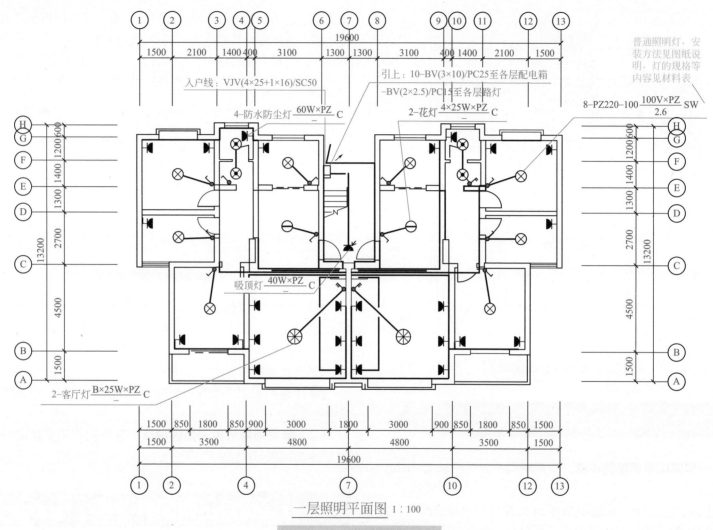

一层照明平面图 1:100

图2-28 一层照明平面图1:100

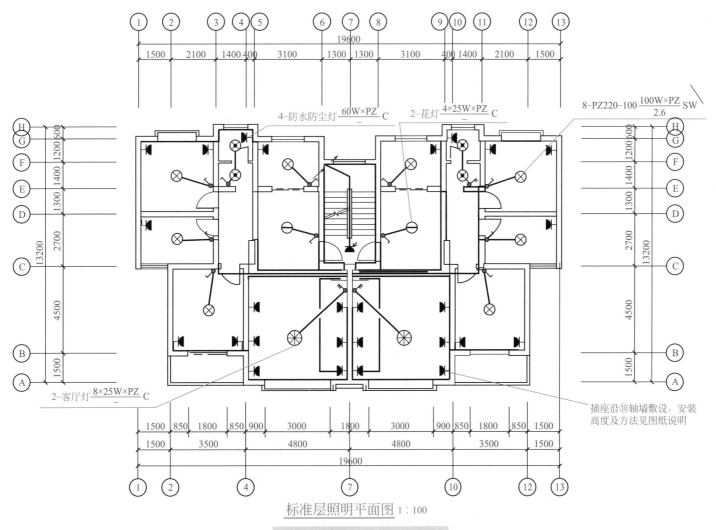

标准层照明平面图 1:100

图2-29 标准层照明平面图1:100

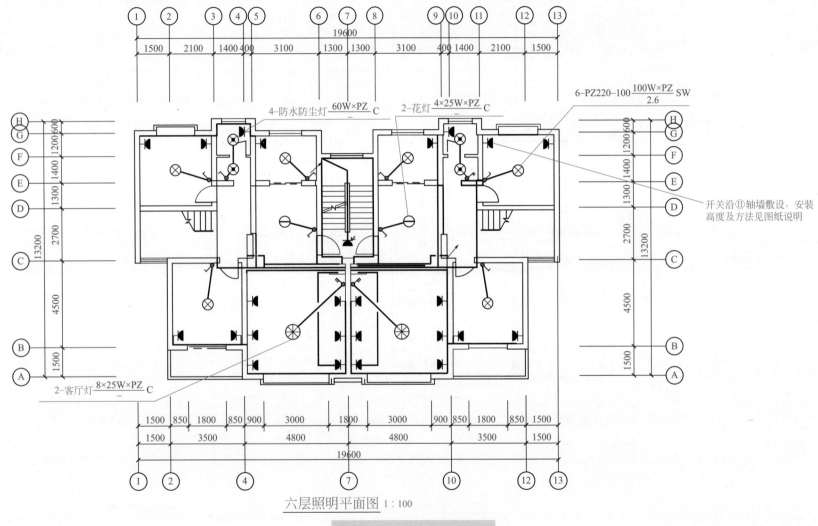

六层照明平面图 1：100

图2-30 六层照明平面图1：100

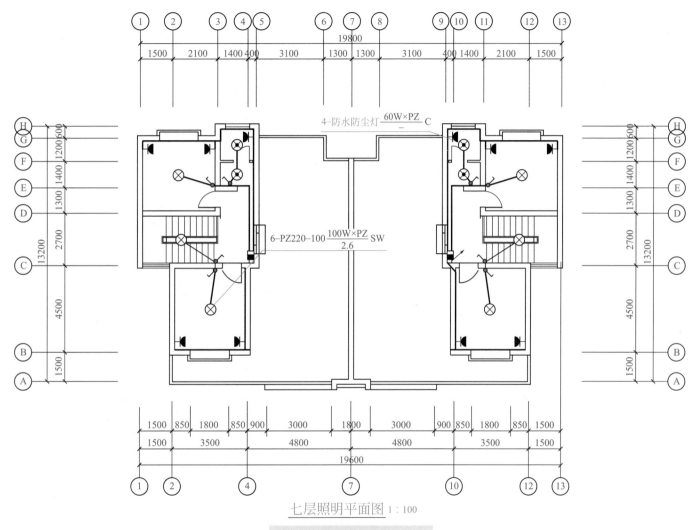

七层照明平面图 1：100

图2-31　七层照明平面图1：100

① 跃层均为一户，户内配电箱位置：A 层同标准层，B 层设配电分箱，电源由 A 层户箱引来，负责 B 层照明及插座的配电。照明灯具及插座电源各一路，管线规格参见系统图。

② 从图中可看出每户电源由层总柜沿楼梯墙引上至每户配电箱。每层含两户，每户入门处设置户内配电箱，每户内照明灯具、插座等电源均由户配电箱引来。

③ 公共区域（即楼梯间）照明灯具电源由总配电柜引来，用电计入整个单元用电。

七、电气防雷接地系统图的识读

防雷接地施工图的识读以屋面防雷布置图（图 2-32）为例进行解读。

① 图 2-32 为建筑屋顶的防雷设置图，沿屋面女儿墙、星檐等处明敷避雷带，避雷带采用 $\phi 12$ 的镀锌圆钢制作，同时在屋面最高处设置避雷针，各标高避雷带及避雷针之间均可靠连接。

② 防雷引下线利用结构柱或剪力墙内不小于 $\phi 14$ 的两根结构主筋做引下线，引下线上端与避雷带可靠连接，下端与基础钢筋及接地网可靠连接。

③ 图中箭头方向表示送风与排风的方向。

八、强电供电工程系统图的识读

强电工程施工图的识读以强电平面图为例进行解读。

（1）首层强电平面图的识读　首层强电平面图的识读以图 2-33 为例进行解读。

（2）二层强电平面图的识读　二层强电平面图的识读以图 2-34 为例进行解读。

九、弱电系统图的识读

（1）首层弱电平面图的识读　首层弱电平面的识读以图 2-35 为例进行解读。

（2）二层弱电平面图的识读　二层弱电平面图的识读以图 2-36 为例进行解读。

（3）标准层电视、电话平面图的识读　标准层电视、电话平面图的识读以图 2-37 为例进行解读。

（4）跃层电视、电话平面图的识读　跃层电视、电话平面图的识读以图 2-38 和图 2-39 为例进行解读。

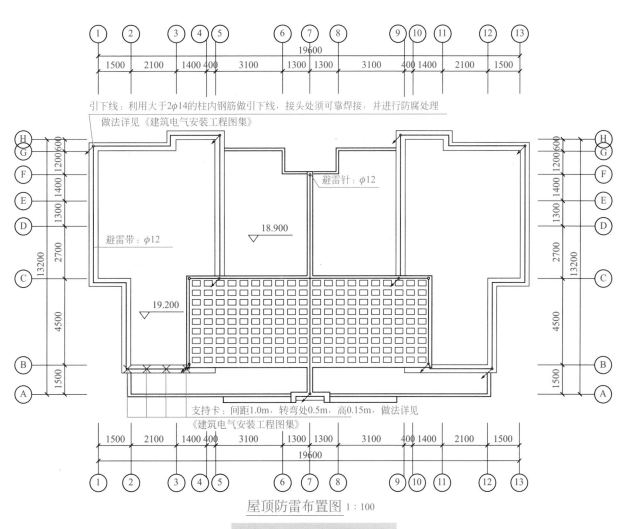

引下线：利用大于2φ14的柱内钢筋做引下线，接头处须可靠焊接，并进行防腐处理
做法详见《建筑电气安装工程图集》

避雷针：φ12

避雷带：φ12

18.900

19.200

支持卡：间距1.0m，转弯处0.5m，高0.15m，做法详见
《建筑电气安装工程图集》

屋顶防雷布置图 1：100

图2-32　屋顶防雷布置图1：100

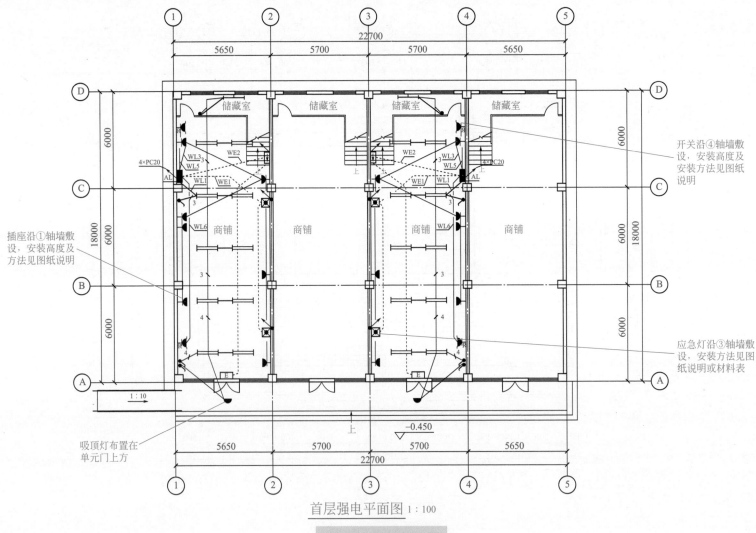

开关沿④轴墙敷设，安装高度及安装方法见图纸说明

插座沿①轴墙敷设，安装高度及方法见图纸说明

应急灯沿③轴墙敷设，安装方法见图纸说明或材料表

吸顶灯布置在单元门上方

首层强电平面图 1∶100

图2-33 首层强电平面图

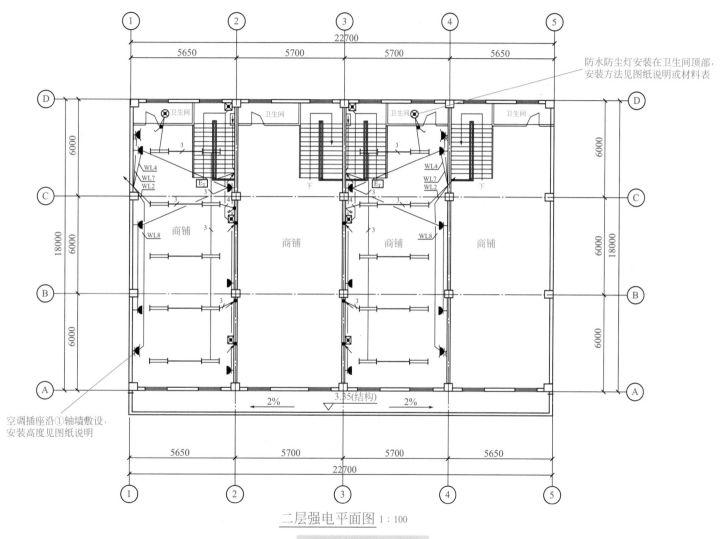

防水防尘灯安装在卫生间顶部,
安装方法见图纸说明或材料表

空调插座沿①轴墙敷设,
安装高度见图纸说明

二层强电平面图 1：100

图2-34 二层强电平面图

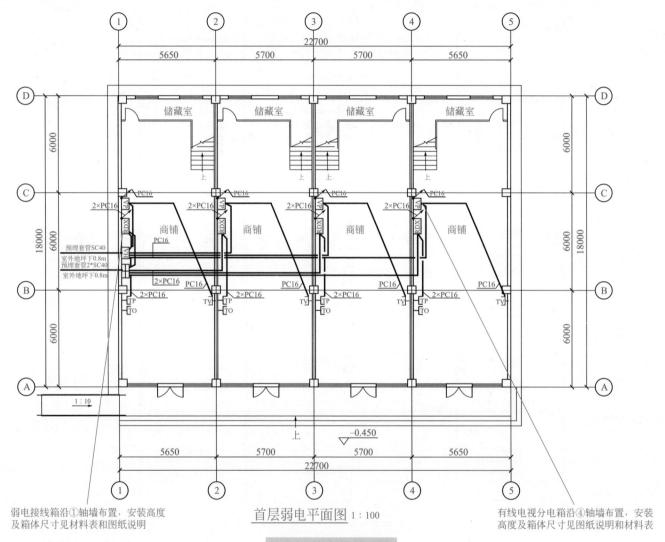

首层弱电平面图 1:100

弱电接线箱沿①轴墙布置，安装高度及箱体尺寸见材料表和图纸说明

有线电视分电箱沿④轴墙布置，安装高度及箱体尺寸见图纸说明和材料表

图2-35 首层弱电平面图

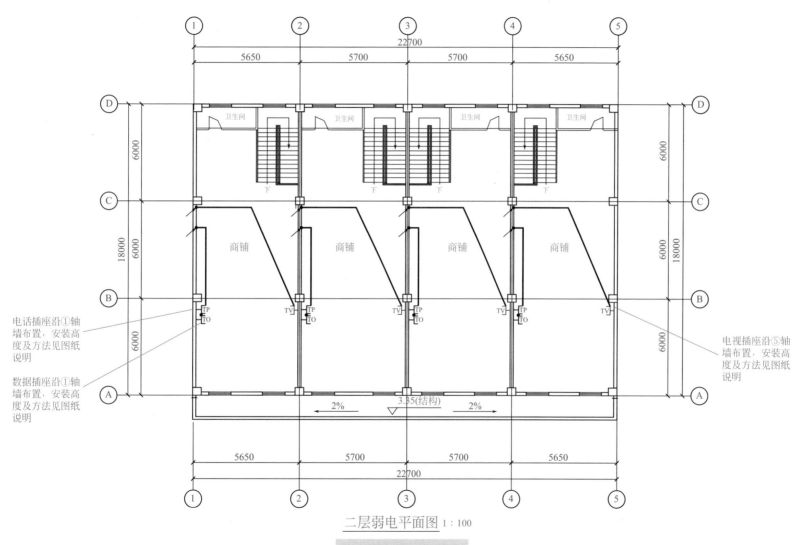

电话插座沿①轴墙布置，安装高度及方法见图纸说明

数据插座沿①轴墙布置，安装高度及方法见图纸说明

电视插座沿⑤轴墙布置，安装高度及方法见图纸说明

二层弱电平面图 1：100

图2-36　二层弱电平面图

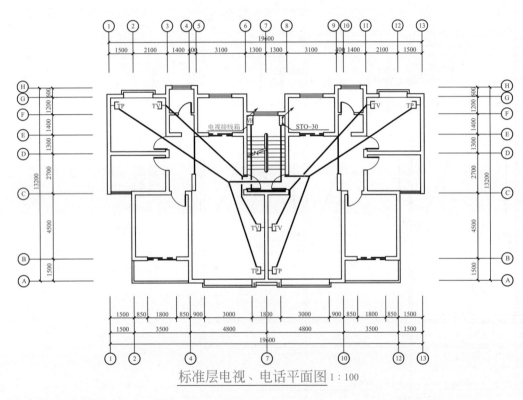

标准层电视、电话平面图 1:100

说明：

一. 电话系统

1. 电话电缆由室外弱电井穿管埋地或沿墙引入一层与二层楼梯间的电话分线箱，经二次配线后引至各个用户点。

2. 电话干线与次干线电缆选用HYV型，穿PVC管埋地或沿墙敷设，支线选用RVS-2X0.5型穿PVC管沿建筑物墙、地面、顶板暗敷设。

3. 电话分线箱暗装，底边距地1.8m，电话插座底边距地0.3m，每户预留2对电话线。

二. 电视系统

1. 有线电视电缆或光缆由室外弱电井引至一层与二层楼梯间的电视前端箱，再分配到各用户分网。

2. 前端箱暗装，顶边距顶板0.3m，层分支分配器箱暗装顶边距顶板0.3m，电视插座底边距地0.3m。

3. 二单元电视、电话平面图与一单元同。

三. 其他

1. 电话线与电力线平行最小间距为0.15m，交越间距为0.05m。

2. 未注明的做法均按《建筑电气通用图集》及有关规范规定执行。

材料表：

序号	图例	名　称	型　号	单位	备注
1		电话接线箱	STO-50	个	
2		电话接线箱	STO-10	个	
3		用户电话插座		个	
4		用户电视插座		个	
5	VH	放大器前端箱		个	
6	VP	分支分配器箱		个	
7		四分配器		个	
8		三分支器		个	
9		二分支器		个	
10		接线盒		个	
11		同轴电缆	SYV-75-12	m	
12		同轴电缆	SYV-75-9	m	
13		同轴电缆	SYV-75-5	m	
14		电话电缆	HYV	m	
15		电话线	RVS	m	
16		阻燃型PVC管	φ25 φ20 φ15	m	

图2-37　标准层电视、电话平面图

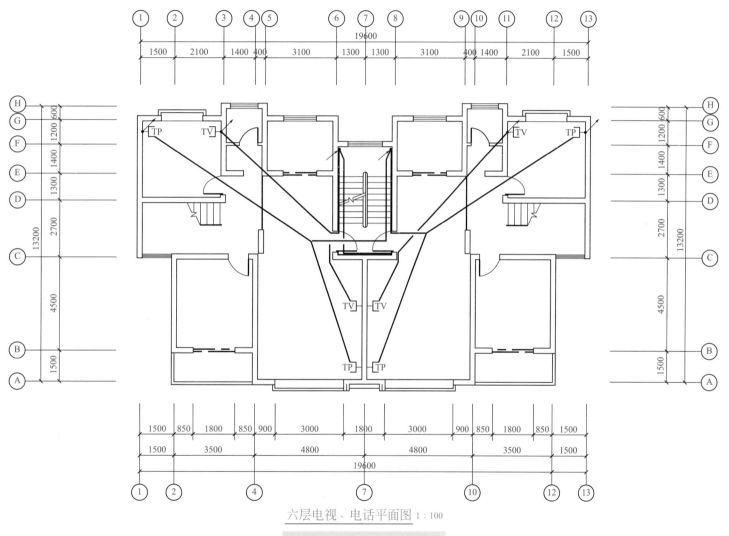

六层电视、电话平面图 1:100

图2-38 六层电视、电话平面图

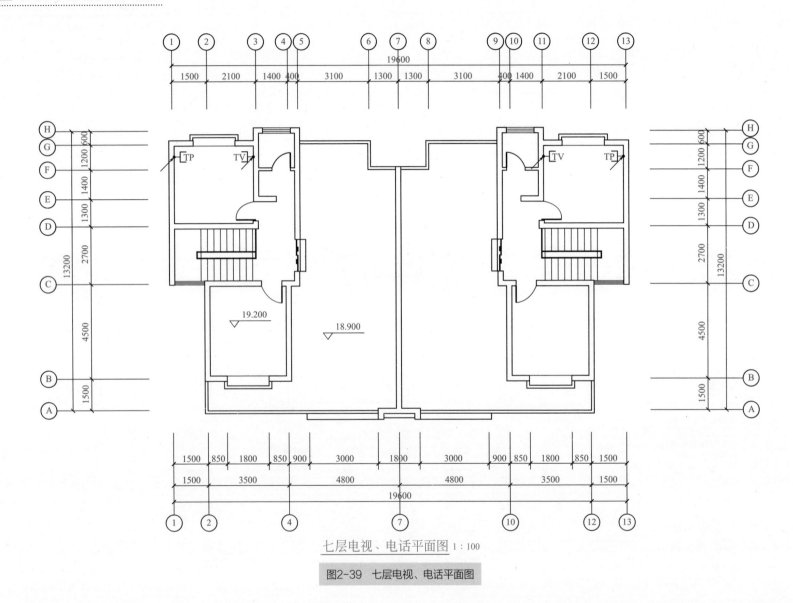

七层电视、电话平面图 1:100

图2-39　七层电视、电话平面图

十、门禁系统图的识读

门禁系统又称为出入口管理系统。随着智能化建筑的高速发展和普及，门禁系统不但广泛地应用于各类建筑，同时也成为智能化建筑中不可或缺的一个系统。门禁系统改变了传统意义上的门卫值班概念，它使门卫管理自动化，更加可靠、更加安全，是门卫安全防范领域的最大进步。

门禁系统的作用可归纳为对重要部位实施人员出入控制，方式为先识别后控制。识别形式通常有磁卡、IC卡、光卡、射频卡、TM卡、指纹、掌纹、眼纹（视网膜）、语音等。控制部分是根据相应的识别信号作出对应的控制。

1．系统基本结构

出入口系统也叫门禁管理系统。它包括三个层次的设备，每个层次包括的内容见表2-6。

表2-6　门禁系统三个层次的设备

名称	具体内容
底层设备	底层是直接与人员打交道的设备，有读卡机（磁卡、IC卡、指纹卡、角膜卡、声音卡等），电子门锁，出口按钮，人口对讲（或可视对讲），报警传感器，报警扬声器，警灯，等等。它们用来接受人员输入的信息，再转换成电信号送至控制器中，同时根据来自控制器的信号完成开锁、闭锁工作。控制器接收底层设备发来的有关信息，同自己存储的信息相比较，做出判断后再发出处理信息
中层设备	中层是控制器
上层设备	上层是信息分析处理电脑

单个控制器就可组成一个简单的门禁系统，用来管理一个或几个门，多个控制器通过通信网络用电脑连接就可组成整个建筑的门禁系统。电脑装有门禁系统的管理软件，便可管理所有的控制器，

向它们发送控制命令，对它们进行设置，接收其发来的信息，完成所有信息的分析与处理。

2．门禁系统图分析

门禁系统施工图的识读以图2-40和图2-41为例进行解读。

图2-40　门禁系统图

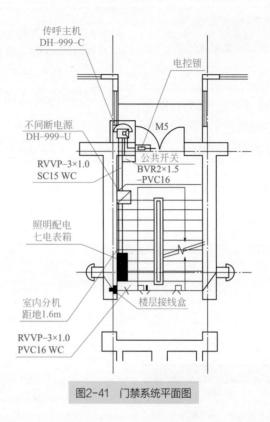

传呼主机
DH-999-C

电控锁

不间断电源
DH-999-U

M5

公共开关

RVVP-3×1.0
SC15 WC

BVR2×1.5
-PVC16

照明配电
七电表箱

室内分机
距地1.6m

楼层接线盒

RVVP-3×1.0
PVC16 WC

图2-41 门禁系统平面图

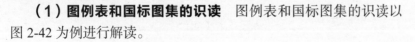

十一、整体建筑电气图识读实例

（1）图例表和国标图集的识读 图例表和国标图集的识读以图 2-42 为例进行解读。

（2）配电系统图和单元可视门铃系统图的识读 配电系统图和单元可视门铃系统图的识读以图 2-43 为例进行解读。

（3）配电干线平面图的识读 配电干线平面图的识读以图 2-44 和图 2-45 为例进行解读。

图例表

序号	图例	名　称	型号　规格	安装方式	安装场所
1	▬	电源总配电箱(ALJX-X)	铁制非标　见系统图	底距地1.5m暗装	楼梯间
2	▭	电表箱(AWX-X)	铁制非标　见系统图	底距地0.5m暗装	楼梯间
3	▬	(AL)住宅 车库分户箱	铁制非标　见系统图	底距地1.6m暗装	客厅、车库
4	⊗	节能灯(紧凑型节能灯)	~220V 20W	吸顶	客厅、阳台
5	Ⓢ	声控灯(紧凑型节能灯)	~220V 20W	吸顶	楼梯间、雨篷
6	⊗	防水防尘灯(紧凑型节能灯)	~220V 20W	吸顶	卫生间、厨房、车库
7	∞	物流风扇	~220V 40W	建筑图烟道预留，见水暖图	卫生间
8	 ⦨	单、双、三联暗开关	~250V 10A	底距地1.4m暗装	
9	⏄	安全型二级加三极插座	~250V 10A	底距地0.5m暗装	卧室、客厅
10	⏄	安全防溅型单相二级加三极插座	~250V 10A	底距地1.5m暗装	卫生间、厨房
11	⏄TR	安全型防溅型单相三极插座	~250V 16A	底距地2.00m暗装	卫生间淋浴设备
12	⏄P	安全型防溅型单相三极插座	~250V 10A	底距地2.2m暗装	厨房抽油烟机
13	⏄TK	安全型三级暗插座	~250V 16A	距地0.5m暗装/距地2.0m暗装	客厅/卧室
14	✎	密闭单极开关	~250V 10A	底距地1.4m暗装	车库
15	⏄	带保护接点密闭插座	~250V 10A	车库棚顶	车库
16	 ◣▭	电子访客系统电源箱及接线盒		底距地2.2m暗装	一层过道各层楼梯间
17	▯▯	电子访客对讲主机	由建方选型	室内距地1.3m嵌墙安装	弱电系统仅设计埋设管路
18	☎	电子访客对讲分机	由建方选型	室内距地1.3m嵌墙安装	弱电系统仅设计埋设管路
19	▥	总等电位端子箱(MEB)	见国标02D501-2	底距地0.5m暗装	楼梯间
20	▢	局部等电位端子箱(LEB)	见国标02D501-2	底距地0.5m暗装	卫生间

国标图集

国标	98D301-2	硬塑料管配线安装
国标	03D301-3	钢管配线安装
国标	02D501-2	等电位联结安装
国标	03D501-3	利用建筑物金属体做防雷及接地装置安装
国标	03D501-4	接地装置安装
国标	99D501-1	建筑防雷设施安装
国标	99(07)D501-1	建筑防雷设施安装

图2-42　图例表和国标图集

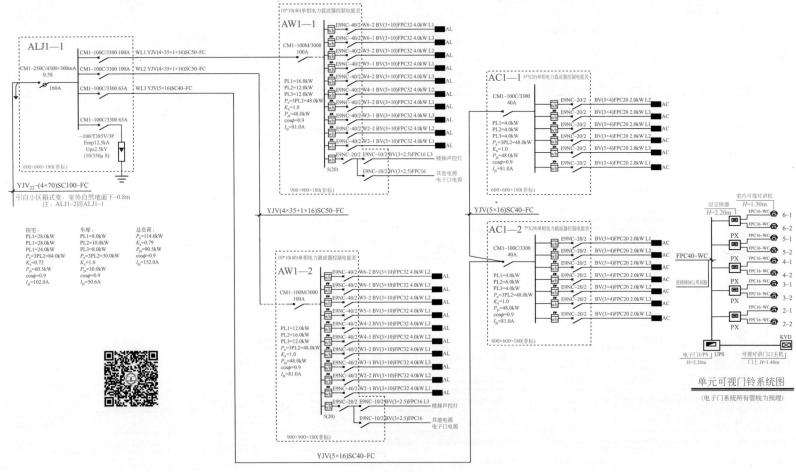

配电系统图

1.本系统设计图需经当地电业部门审批同意后方可订购设备
2.本图配电箱及随机控制箱尺寸仅供参考,以定货厂家为准
3.图中电度表的型号由电业部门决定

图2-43 配电系统图和单元可视门铃系统图

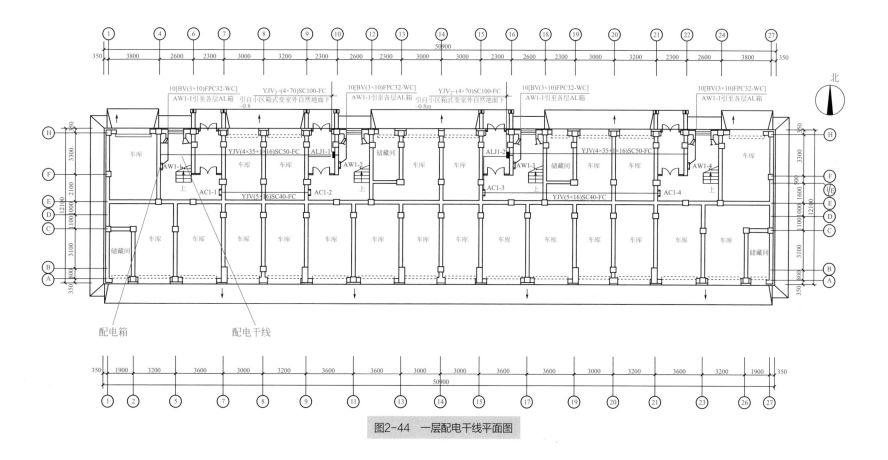

图2-44 一层配电干线平面图

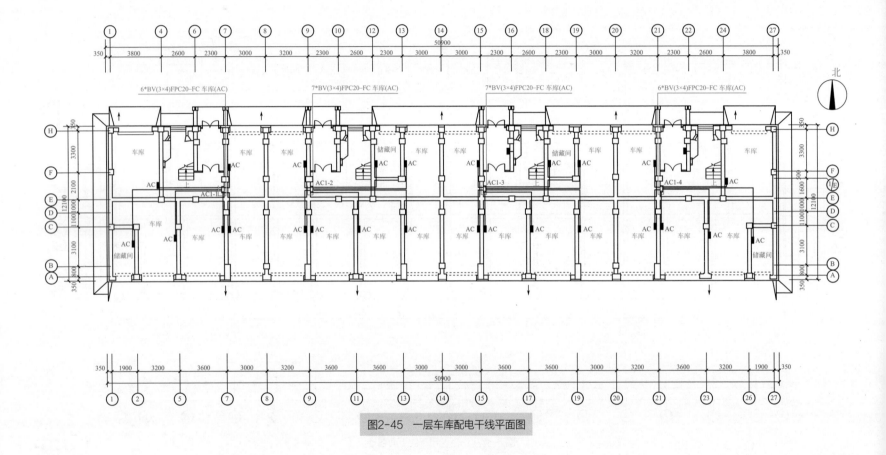

图2-45　一层车库配电干线平面图

（4）一层楼梯间照明平面图的识读　一层楼梯间照明平面图的识读以图 2-46 为例进行解读。

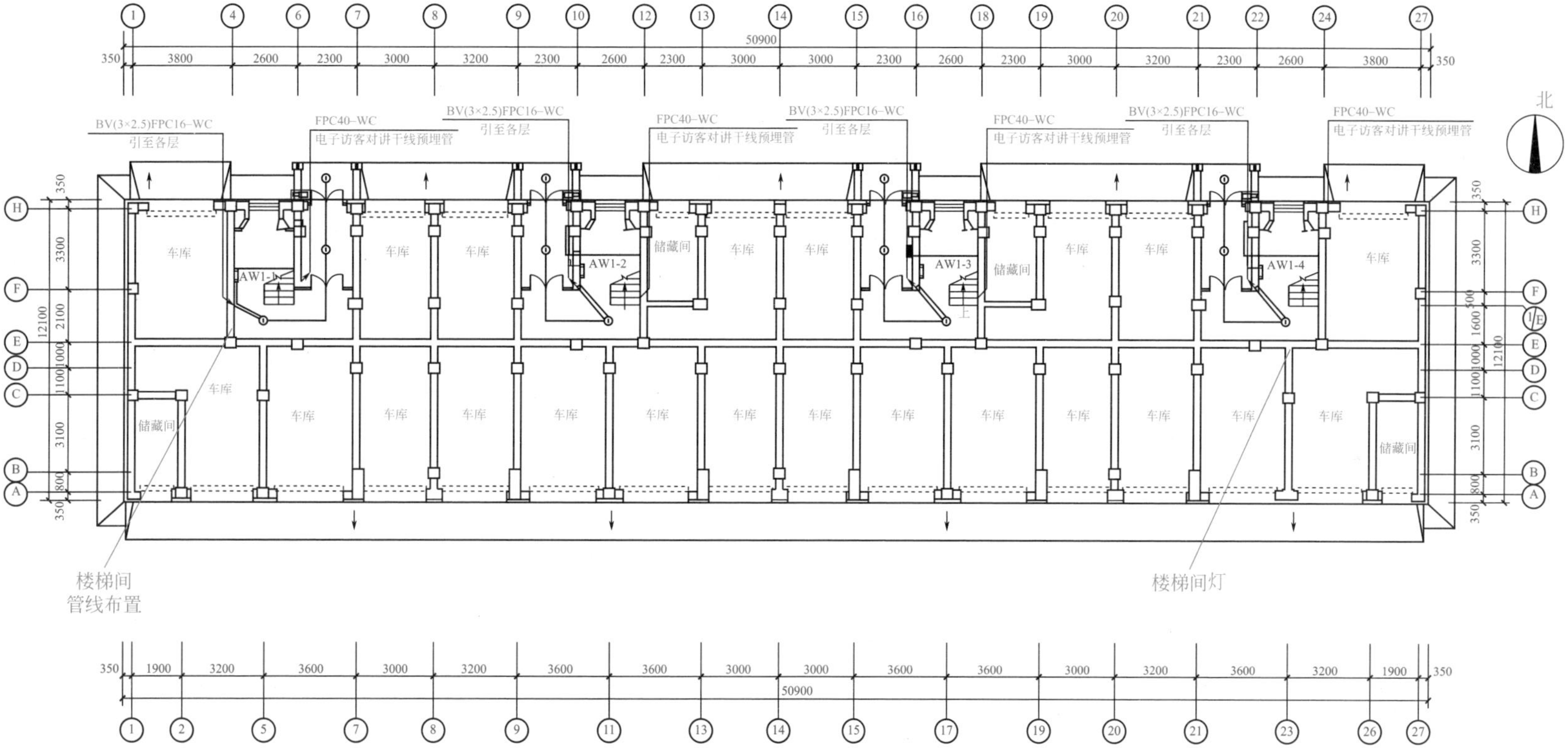

图2-46　一层楼梯间照明平面图

（5）标准层配电干线平面图的识读 标准层配电干线平面图的识读以图 2-47 为例进行解读。

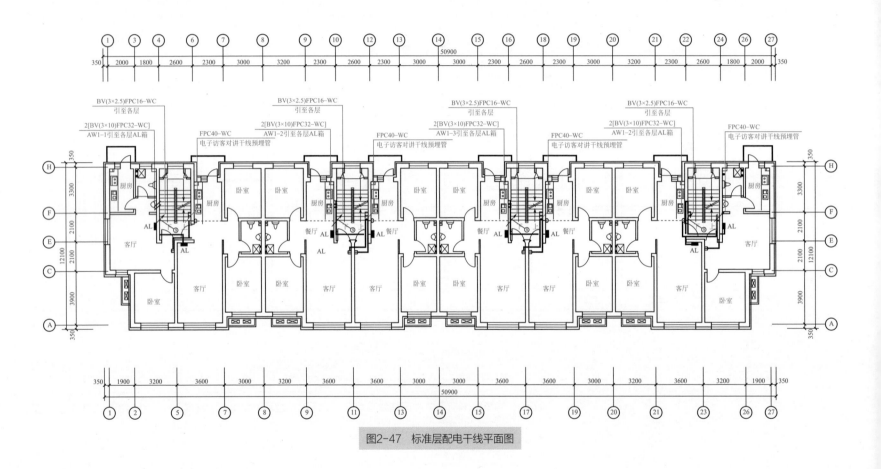

图2-47 标准层配电干线平面图

（6）屋顶防雷平面图的识读 屋顶防雷平面图的识读以图 2-48 为例进行解读。

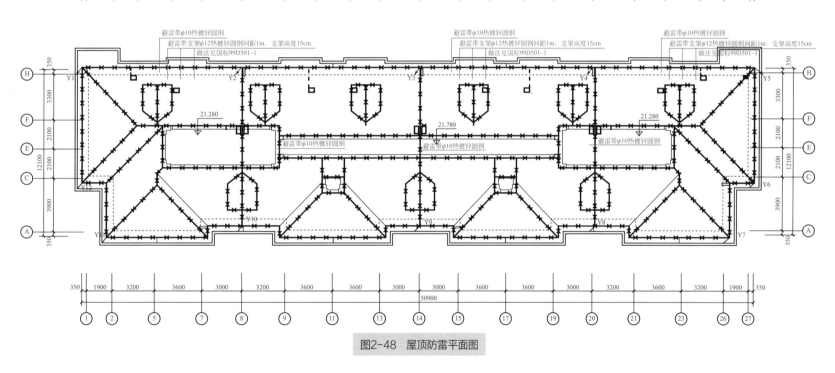

图2-48 屋顶防雷平面图

（7）总等电位联结平面图的识读 总等电位联结平面图的识读以图 2-49 为例进行解读。

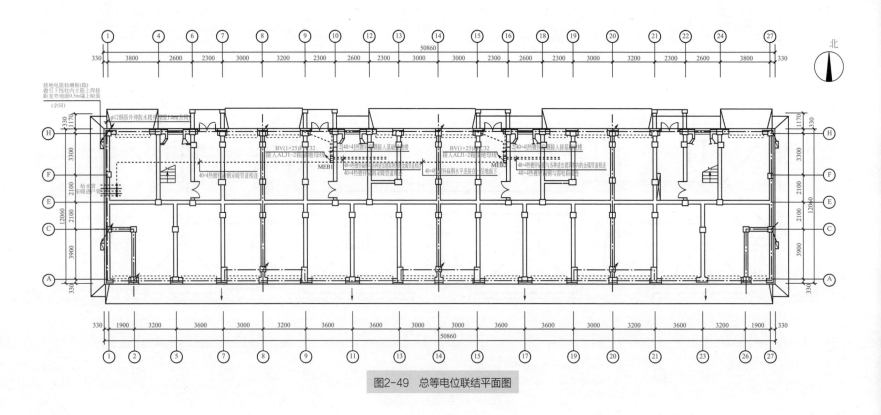

图2-49　总等电位联结平面图

（8）卫生间局部等电位联结平面图的识读　卫生间局部等电位联结平面图的识读以图2-50为例进行解读。

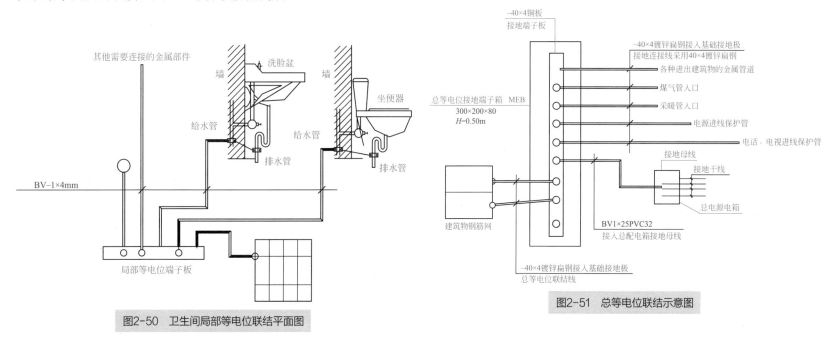

图2-50　卫生间局部等电位联结平面图

图2-51　总等电位联结示意图

（9）总等电位联结示意图的识读　总等电位联结示意图的识读以图2-51为例进行解读。

（10）一层照明平面图的识读　一层照明平面图的识读以图2-52为例进行解读。

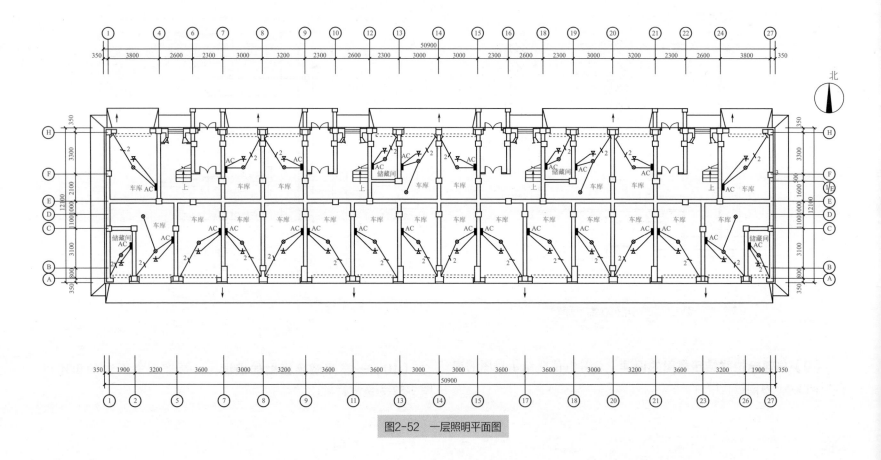

图2-52 一层照明平面图

（11）单元照明平面放大图的识读 单元照明平面放大图的识读以图 2-53 ～图 2-56 为例进行解读。

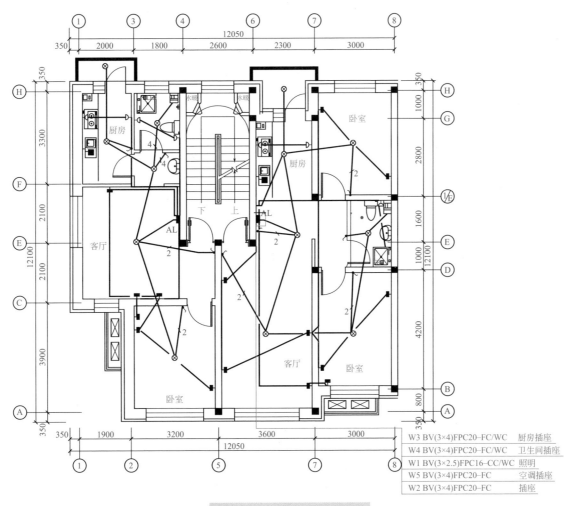

W3 BV(3×4)FPC20–FC/WC	厨房插座
W4 BV(3×4)FPC20–FC/WC	卫生间插座
W1 BV(3×2.5)FPC16–CC/WC	照明
W5 BV(3×4)FPC20–FC	空调插座
W2 BV(3×4)FPC20–FC	插座

图2-53 A单元照明平面放大图

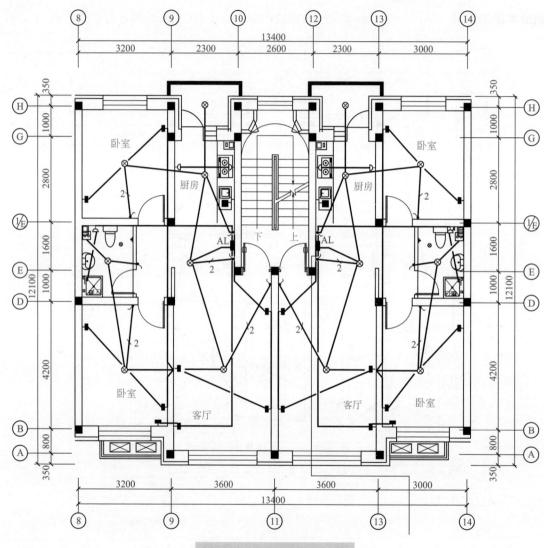

图2-54 B单元照明平面放大图

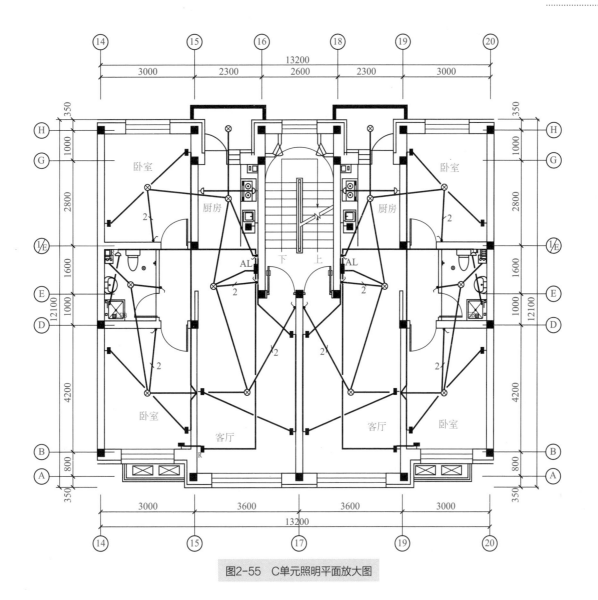

图2-55　C单元照明平面放大图

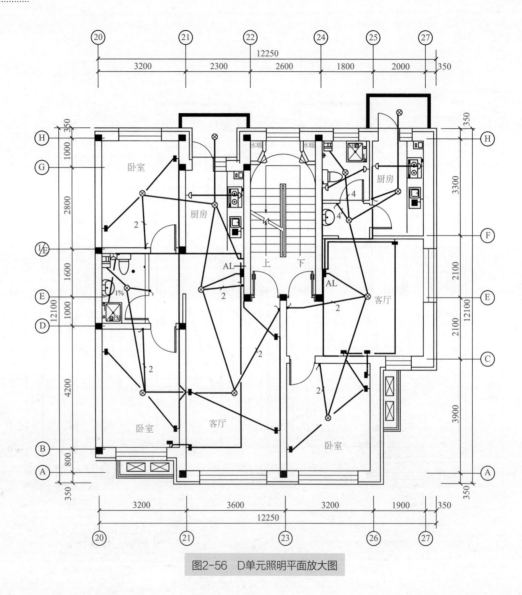

图2-56 D单元照明平面放大图

十二、智能住宅电气系统图的识读 》》

1. 智能建筑系统的构成

智能建筑的特点见表2-7。

表2-7　智能建筑的特点

特点	具体内容
系统高度集成	从技术角度看，智能建筑与传统建筑最大的区别就是智能建筑各智能化系统的高度集成。智能建筑系统集成，就是将智能建筑中分离的设备、子系统、功能、信息，通过计算机网络集成为一个相互关联的统一协调的系统，实现信息、资源、任务的重组和共享。智能建筑安全、舒适、便利、节能，节省人工费用的特点必须依赖集成化的建筑智能化系统才能实现
节能	以现代化商厦为例，其空调与照明系统的能耗很大，约占大厦总能耗的70%。在满足使用者对环境要求的前提下，智能大厦应通过其"智能"，尽可能利用自然光和大气冷量（或热量）来调节室内环境，以最大限度地减少能源消耗。按事先在日历上确定的程序，区分"工作"与"非工作"时间，对室内环境实施不同标准的自动控制，下班后自动降低室内照度与温湿度控制标准，已成为智能大厦的基本功能。利用空调与控制等行业的最新技术，最大限度地节省能源是智能建筑的主要特点之一，其经济性也是该类建筑得以迅速推广的重要原因
节省运行维护的工人费用	假定一座大厦的生命周期为60年，启用后60年内的维护及营运费用约为建造成本的3倍。再依据日本的统计，大厦的管理费、水电费、燃气费、机械设备及升降梯的维护费，占整个大厦营运费用支出的60%左右，且其费用还将以每年4%的速度增加，所以依赖智能化系统的智能化管理功能，可发挥其作用来降低机电设备的维护成本，同时由于系统的高度集成，系统的操作和管理也高度集中，人员安排更合理，使得人工成本降到最低
安全、舒适和便捷的环境	智能建筑首先确保人、财、物的高度安全以及具有对灾害和突发事件的快速反应能力。智能建筑提供室内适宜的温度、湿度和新风以及多媒体音像系统、装饰照明，公共环境背景音乐等，可大大提高人们的工作、学习和生活质量。智能建筑通过建筑内外四通八达的电话、电视、计算机局域网等现代通信手段和各种基于网络的业务办公自动化系统，为人们提供一个高效便捷的工作、学习和生活环境

2. 智能建筑系统图分析

智能化系统图的识读方法以图 2-57 ～图 2-60 为例进行解读。

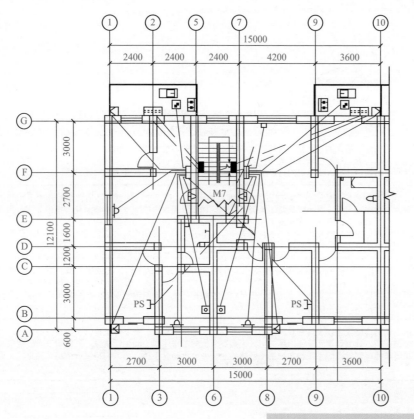

序号	图例	名　称	备　注
1		煤气泄漏探测器	吸顶安装
2		被动红外探测器	距顶0.3m安装
3		家庭智能终端盒	与话机合为一体
4		水表WM	
5		气表GM	
6		紧急按钮	距地1.3m安装
7		门磁、窗磁	
8		数据插座	距地0.3m安装

图2-57　住宅楼智能化系统平面图

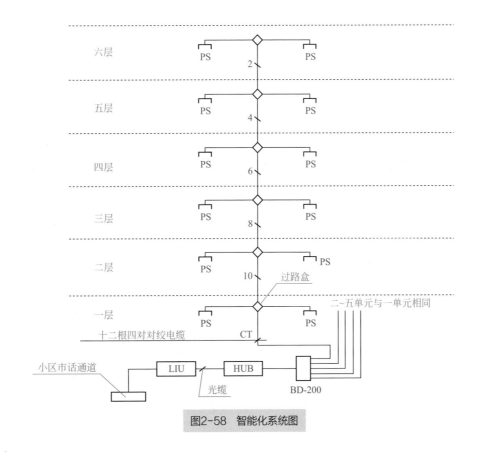

图2-58 智能化系统图

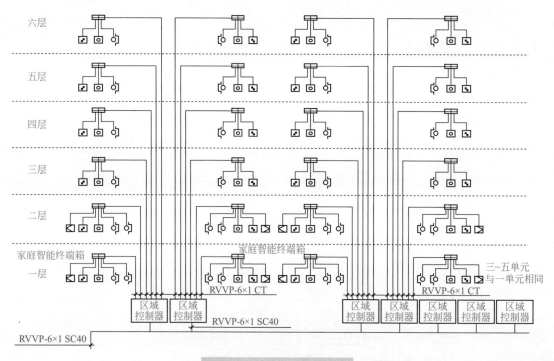

图2-59 住宅楼智能化系统图

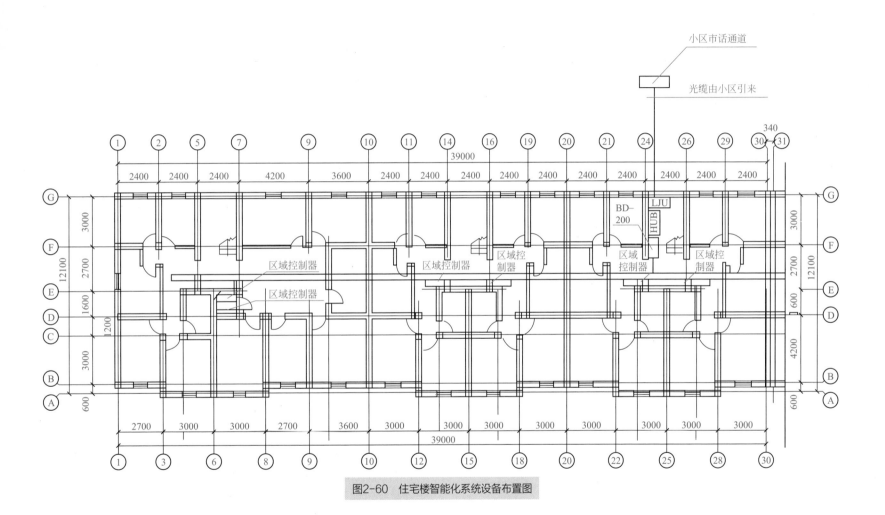

图2-60 住宅楼智能化系统设备布置图

第三章　建筑电气系统预制件施工

第一节　建筑电气管道支架的制作与安装

一、管道施工与安装

1．套管的制作与安装质量要求

① 套管的作用是便于管道的维修更换和自由伸缩。因此要求套管的管径比穿入管子的管径大 1 ～ 2 号。

② 套管长度的计算法及尺寸要求：过墙套管长度＝墙厚＋墙两面抹灰厚度；过楼板套管长度＝楼板厚度＋板底抹灰厚度＋地面抹灰厚度 +20mm（卫生间为 30mm）。

③ 套管两端应平齐、整洁，管内外应除锈和上防腐涂层。

④ 套管安装应在干管、立管和支管安装时套入；在干管、立管安装校正合格后，再将套管按位置、间隙予以固定和堵洞封固。

⑤ 穿楼板的套管与穿管之间的空隙处，采用油麻或防水油膏填实封闭。

⑥ 穿墙套管可用石棉绳、毛毡条等填实。

⑦ 过楼板套管的顶部应高出地面不少于 20mm，套管的底部与顶棚下平面齐平。

⑧ 过墙的套管两端与墙饰面齐平。

⑨ 过基础的套管两端各伸出墙面 30mm 以上，管顶上部应留出净空余量。

⑩ 套管固定要牢固、管口平齐、环缝间隙均匀、油麻填实、封闭严密。

⑪ 外墙套管应先按坐标定位，瓦工砌筑到位后留洞，待钢筋绑扎时配合土建预留套管并固定，再由土建完善局部防水。

⑫ 穿过地下室或地下构筑物外墙的套管，应采用防水套管；一般可用刚性防水套管，有严格防水要求或振动处应选用柔性防水套管。

⑬ 穿过隔墙和楼板处的套管，一般应采用普通套管（即铁皮

套管和钢管套管两种）。如无设计规定时，对于穿过基础、厨房、卫生间等处的套管，应优先选用钢管套管。

2. 普通钢套管的安装

钢管穿楼板或穿梁处应做钢套管。先根据所穿墙体的厚度及管径尺寸确定套管的规格、长度，下料后在套管内刷防锈漆一道。套管直径应比管道大两号。用于楼板的套管应在适当的部位焊好架铁。管道安装时，把预制好的套管穿好，穿楼板的套管上端要高出地面20mm；厨房及厕浴间套管上端要高出地面50mm，下端与楼板面平；穿墙套管两端与墙饰面平。预埋上下层套管时，中心线要垂直，管道安装完毕后，其套管的缝隙要按设计要求进行填料严密处理。内墙套管大样见图3-1；梁上套管安装立面图见图3-2。

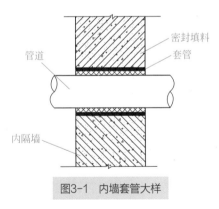

图3-1 内墙套管大样

3. 防水套管的安装

防水套管是一种主要用于管道穿墙处有严密防水要求的五金管件。防水套管主要具有防水、抗沉降、止漏的作用。首先按设计及安装图的要求进行防水套管的预制加工，将预制好的套管在浇筑混凝土

前按设计要求部位固定好，校对坐标、标高，平整合格后一次浇筑，待管道安装完毕后把填料塞进捣实。防水套管做法见图3-3和图3-4。

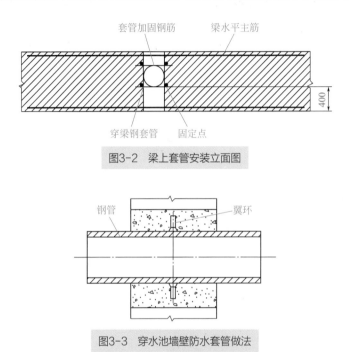

图3-2 梁上套管安装立面图

图3-3 穿水池墙壁防水套管做法

在安装的时候主要需要注意以下几点：

① 在制作防水套管时，翼环和套管厚度应符合规范要求，防水套管的翼环两边应用双面满焊，且焊缝饱满、平整、光滑、无夹渣、无气泡、无裂纹等现象。焊好后，把焊渣清理干净，再刷两遍以上的防锈漆。在安装时，套管两端应用钢筋夹紧固定牢固，并不得歪斜。

② 在制作防水套管时应注意，安装后应使管口与墙、梁、柱完成面相平。

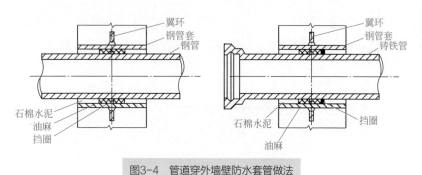

图3-4 管道穿外墙壁防水套管做法

③ 管道坡度应均匀，不得有倒坡，屋面出口处管道坡度应适当增大。

④ 注意防腐蚀。如果套管的迎水面是腐蚀性物质，就需要利用封堵材料将缝隙封堵。

4. 管道穿越变形缝的处理

管道穿越变形缝及通过地下室外墙时需安装伸缩配件，配件为符合有关技术要求的不锈钢波纹管，如图 3-5 所示。

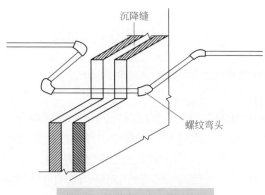

图3-5 管道穿越变形缝的处理

二、建筑中孔洞的预留

（1）各专业的分工

① 结构图有的孔洞由土建负责预留。结构图有需要专业人员配合的孔洞，由土建负责预留，由专业人员配合。

② 水暖专业除由土建预留的孔洞以外，埋件、其他孔洞由水暖专业人员预留。

③ 电气专业的孔洞及埋件，由电气专业人员负责预留。

（2）避让原则 小管让大管；有压让无压（自流）；低压（温）让高压（温）；支管让主管。

（3）施工方法与注意事项

① 无特殊要求的内墙洞，采用木模预留。

② 楼板孔洞可以焊制钢板方盒或钢管盒预留，循环使用。预埋前应刷脱模剂，待混凝土能上人时，轻轻取出模盒，并用小抹子把周边松动的混凝土抹平、赶光。

③ 大型孔洞预留前，应先按模盒定位，由土建先处理筋，盒子稳好后再由土建补强加固。

④ 小型模盒预留时要和钢筋工经常联系，不要乱剔、硬撬已绑好的钢筋成品，尤其验完筋后，更不能随便拆改。

（4）孔洞预留实例 下面以卫生间管道为例，介绍孔洞预留施工方法。其立管穿楼板竖向留洞的具体做法如图3-6所示。

① 一层孔洞应根据图纸用直角坐标找出位置。在二层现浇板钢筋绑扎后，将轴线投测到该层现浇板上，用直角坐标法测出预留套管位置，用电弧焊将套管与现浇板钢筋固定牢固。二层现浇板底模支承应避开套管位置。

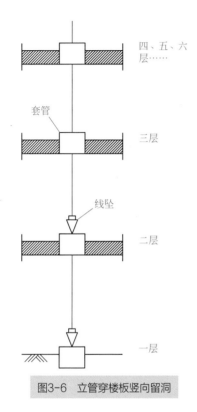

图3-6　立管穿楼板竖向留洞

② 三层现浇板钢筋绑扎后，把二层套管的中心找出，可用塑料布将套管蒙住，绷紧绷平，用绳子绑好，做两条相交直径，直径交点即为圆心。用线坠的末端顶住三层现浇板底模的底面，向前后左右移动，使线坠尖对准二层现浇板套管的圆心，对准后在三层现浇板底模上做好标记。

③ 如现浇板底模为钢模板，可由一人到三层现浇板观察，另一人在三层板底模下用小钢筋头对标记点进行敲击，板上人根据声

音和振动（为加强效果也可在三层现浇板底模上撒一薄层水泥面），标出套管圆心位置。

④ 四层、五层依次类推，均以二层套管中心经过三层套管向上传递。

⑤ 预留孔洞应配合土建进行，其尺寸应按有关规定确定。通常给水引入管，管顶上部净空不小于100mm；排水排出管，管顶上部净空不小于150mm。

三、预埋件的预埋

预埋管是在结构中留设管（常见的是钢管、铸铁管或PVC管）用来穿管或留洞口为设备服务的通道。比如在后期穿各种管线用（如强弱电、给水、煤气等）。常用于混凝土墙梁上的管道预留孔。

预埋螺栓是在结构中，把螺栓预埋在结构里，上部留出的螺栓丝扣用来固定构件，起到连接固定作用。常见的是设备预留螺栓。

预埋件就是预先安装（埋藏）在隐蔽工程内的构件，是在结构浇筑时安置的构件，用于砌筑上部结构时的搭接，以利于外部工程设备基础的安装固定。预埋件大多由金属制造。预埋件采用钢板焊弯钩，弯钩参照膨胀螺栓最大直径，根据管径大小用 $\phi 12 \sim 16$mm 双排U形钢筋与钢板满焊，如图3-7所示。

预埋件预埋的方法步骤如下。

① 测量定位。预埋件预埋前要按所给大样在模板上弹出坐标线，纵横坐标一律拉线找直找正。横坐标满足同一标高管排最大间距；纵坐标应符合吊架间距。在同一管排上管径不一时，按最小管径确定吊架间距。

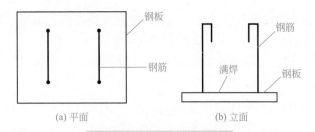

图3-7 预埋件焊弯钩示意图

(a) 平面   (b) 立面

钢板、钢筋、满焊、钢板

② 在大型和要求进度高的螺栓和预埋件安装前应先支设固定支架。在固定支架立桩上投上相对标高点，底部应焊接可靠，与模板固定架、钢筋固定架等完全分开，并且保证固定架有足够的刚度和稳定性。

③ 安放螺栓及临时固定。固定架支设好后，螺栓安装时应先根据定位线固定好中心，然后调整标高，并按方案要求进行临时加固。

④ 复测及最后固定。螺栓及预埋件安放后由测量工再次对螺栓及预埋件进行调整、校核，经检查达到规范要求后，再把螺栓下部与固定架焊牢固定。

⑤ 预埋件坐标在模板上，应用色漆做好标记，全部预埋件平面必须和模板面贴紧，不应留空隙，防止灰浆灌入后，拆模时找不到埋件。

四、管道的支架形式

管道支架对管道起承托、导向和固定作用，它是管道安装工程中重要的构件之一。由于管道系统本身有许多特殊之处，因此就产生了不同形式的支架。

管道支架按其作用分为固定支架、活动支架、导向支架和减振支架；按其结构形式分为支托架、吊架和卡架；按支架的安装位置可分为地沟支架和架空支架。

（1）活动支架 活动支架的作用是直接承受管道及保温结构的重量，并允许管道在温度作用下，沿管轴线自由伸缩。活动支架可分为滑动支架、导向支架、滚动支架、悬吊支架四种形式。

① 滑动支架：是能使管子在支架结构间自由滑动的支架。滑动支架可分为低滑动支架和高滑动支架，如图 3-8 所示。滑动管卡（简称管卡）适用于室内采暖及供热的不保温管道，制作管卡可用

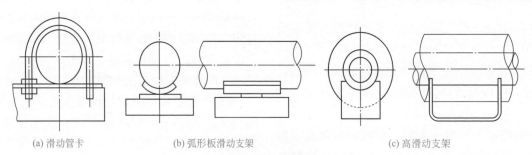

(a) 滑动管卡   (b) 弧形板滑动支架   (c) 高滑动支架

图3-8 滑动支架

圆钢或扁钢；弧形板滑动支架（低滑动支架）适用于室外地沟内不保温的热力管道以及管壁较薄且不保温的其他管道，弧形板滑动支架是在管子下面焊接弧形板块，以防止管子在热胀冷缩的滑动中与支架横梁直接发生摩擦而使管壁变薄；高滑动支架适用于室外保温管道，管子与管托之间用电焊焊死，而管托与支架横梁之间能自由滑动，管托的高度应超过保温层的厚度。

②导向支架：作用是使管道在支架上滑动时，不致偏离管轴线。导向支架如图3-9所示，一般设置在补偿器、铸铁阀门两侧。导向支架是防止管道由于热胀冷缩而在支架上产生横向偏移的装置，其制作方法是在管子托架两侧各焊接一块长度与滑托长度相等的角铁，留有2～3mm的间隙，使管子托架在角铁制成的导向板范围内自由伸缩。

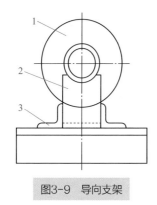

图3-9 导向支架

1—保温层；2—管子托架；3—导向板

③滚动支架：以滚动摩擦代替滑动摩擦，以减少管道热胀冷缩时的摩擦力。滚动支架可分为滚柱支架及滚珠支架两种，如图3-10所示。滚柱支架用于直径较大而无横向位移的管道，滚珠支架用于介质温度较高、管径较大而无横向位移的管道。两者相比，滚柱支架对管子的摩擦力比较大一些。

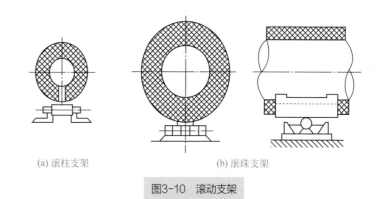

(a) 滚柱支架　　(b) 滚珠支架

图3-10 滚动支架

④悬吊支架：可分为普通吊架和弹簧吊架。普通吊架由卡箍、吊杆和支承结构组成，如图3-11所示，其主要用于伸缩性较小的管道。弹簧吊架由卡箍、吊杆、弹簧和支承结构组成，弹簧吊架则适用于伸缩性和振动性较大的管道。管道有垂直位移的地方应安装弹簧吊架；管道振动的地方应设置减振吊架，如图3-12所示。

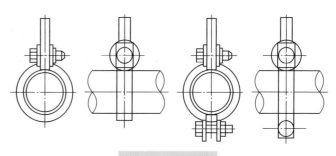

图3-11 普通吊架

85

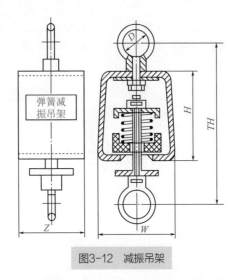

图3-12 减振吊架

（2）固定支架 固定支架用于不允许管道有轴向位移的地方。它除了承受管道的重量外，还均匀分段控制着管道的热胀冷缩，以防止管道因受过大的热应力而引起管道损坏与过大的变形。常用的固定支架形式如图3-13所示。

五、管道支架的安装方法

1. 埋入式支架的安装

埋入式支架安装按支架埋入墙内的时间分为预埋和后埋两种方法。预埋是指在建筑结构施工时支架横梁就配合埋入。后埋分为预留孔洞和打洞两种，在施工中广泛采用的是打洞后埋法。

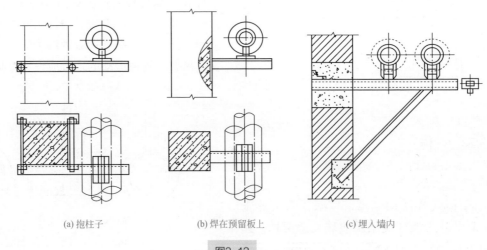

(a) 抱柱子　　　　　(b) 焊在预留板上　　　　　(c) 埋入墙内

图3-13

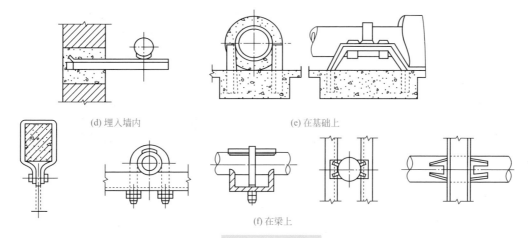

(d) 埋入墙内   (e) 在基础上

(f) 在梁上

图3-13 固定支架

埋入墙内的支架安装如图3-14所示。打洞后埋的施工工序如下：

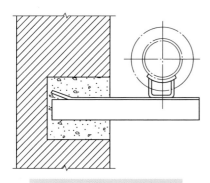

图3-14 埋入墙内的支架安装

① 按拉线定位画出支架位置，用錾子和手锤打凿孔洞，孔洞不宜过大。清除洞内砖石等，并用水将孔洞冲洗润湿。

② 用 1:3 的水泥砂浆或细石混凝土填入，支架埋入墙内部分不少于 150mm，且应将支架横梁末端锯成开脚，栽入墙洞内，并用碎石卡紧后再填砂浆，使洞口表面略低于墙面，待土建做饰面工程时再找平。

③ 用水平尺将支架横梁找平找正，不得发生扭曲或偏斜等现象。浇水养护不少于 5 天。

2. 预埋件焊接支架的安装

预埋件法又称焊接法，是在预制或现浇钢筋混凝土时，在各支架的位置上预埋钢板，将支架横梁焊接在预埋的钢板上，如图 3-15 所示。预埋件安装适合在钢筋混凝土构件上安装支架横梁。

焊接在预埋钢板上的支架安装的施工工序如下：

① 安装前应将预埋件上的铁锈砂浆清理干净，并检查其是否牢固，划线定出支架的安装位置。

② 采用手工电焊将支架横梁点焊固定，用水平尺找平找正后，完成全部焊接。

③最后检查有无欠焊、裂纹、漏焊等缺陷。

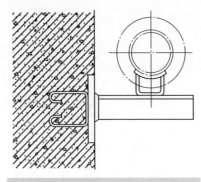

图3-15 焊接在预埋钢板上的支架安装

3. 用膨胀螺栓和射钉固定支架

用膨胀螺栓固定支架如图3-16所示；用射钉固定支架如图3-17所示。用膨胀螺栓和射钉安装固定主要适用于建筑结构未预留孔洞和预埋铁件的混凝土构件上的支架安装。以下简单介绍膨胀螺栓的固定安装工艺。

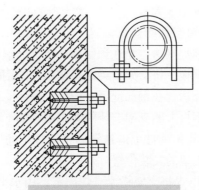

图3-16 用膨胀螺栓固定支架

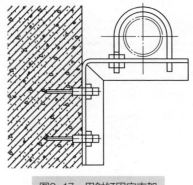

图3-17 用射钉固定支架

①按支架位置划线，定出支架的安装位置，并用冲击钻或电锤钻孔，孔径与管套外径相同，孔深为套筒长度加上15mm，并与墙面垂直。

②将膨胀螺栓插入孔内，再用扳手拧紧螺母，使螺栓的锥形尾部胀开，并使螺栓和套管紧固在孔内。

③在螺栓上安装型钢横梁，并用螺母紧固在墙面上。

4. 抱柱式安装

抱柱式安装是用型钢和螺栓夹紧柱表面。抱柱安装适用于沿柱敷设的管道，且在混凝土结构上安装支架不允许钻孔或打洞的情况下。抱柱安装的施工工序如下：

①先在独立的混凝土柱上划线，定出支架顶面的安装高度，并清除支架与柱子接触面处的粉刷层。

②用双头螺栓将横梁和抱柱角钢箍固定在柱面上。调整安装高度，用水平尺找平找正，最后拧紧螺母，如图3-18所示。

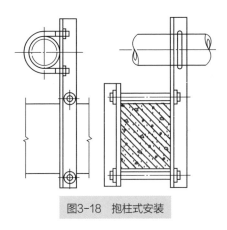

图3-18 抱柱式安装

5. 立管卡和钩钉的安装

常用立管卡和钩钉如图 3-19 所示。立管卡的埋入深度不小于 100mm，每层均要设置一个，层高较高时可适当增加。钩钉适用于水平支管，安装前用浸沥青的木砖埋入墙内，再将钩钉打入木砖内。打钩钉时，不能用手锤打在环上，而应打在钩钉的根部。

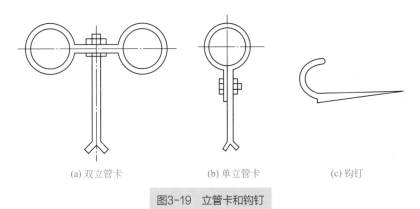

(a) 双立管卡　　　(b) 单立管卡　　　(c) 钩钉

图3-19 立管卡和钩钉

6. 管道支架安装施工的有关规定

管道支架、吊架、托架的安装，应符合下列规定：

❶ 位置正确，埋设应平整牢固。

❷ 固定支架与管道接触应紧密，固定应牢固。

❸ 滑动支架应灵活，滑托与滑槽两侧应留有 3～5mm 的间隙，纵向移动量应符合设计要求。

❹ 无热伸长管道的吊架、吊杆应垂直安装。

❺ 有热伸长管道的吊架、吊杆应向热膨胀的反方向偏移。

❻ 固定在建筑结构上的支架、吊架不得影响结构的安全。

7. 管道支架、吊架安装的间距

在支架、吊架安装时，应根据管子、管子附件、保温结构及管子内介质重量对管子造成的应力和应变来确定支架间距，不得超过允许的范围。如管子内的介质是气体，一般应将水压试验时管内水的重量作为介质重量来考虑。

支架、吊架最大允许间距主要由管道承受的垂直方向荷载来决定，它应满足强度条件和刚度条件。通常根据相关计算确定最大允许间距。

❶ 水平直管段支架间距是以承受平均荷载来计算的。在实际应用中，管子的最大允许间距一般不需要计算，由规范规定。钢管水平安装支架的间距不得大于表 3-1 的规定；钢管垂直安装时，支架间距一般应控制在 3m 以内。塑料管道水平安装支架的间距不得大于表 3-2 的规定；管径 DN50 的塑料立管支架间距应不大于1.5m；DN75 以上的塑料立管支架间距应不大于 2m。

❷ 水平 90° 弯管两端的支架、吊架间距，应按水平 90° 弯管两端的吊架管段展开长度来考虑，应不大于水平直管段上支架、吊架最大允许间距的 0.73 倍。

表3-1 钢管管道水平安装支架的间距

公称直径 /mm		15	20	25	32	40	50	70	80	100	125	150	200	250
支架的最大间距 /m	保温管	1.5	2	2	2.5	3	3	4	4	4.5	5	6	7	8
	不保温管	2.5	3	3.5	4	4.5	5	6	6	6.5	7	8	9	10

表3-2 塑料管道水平安装支架的间距

公称直径 /mm	15	20	25	32	40	50	70	80	90	100
支架间距 /m	0.4~0.5	0.45~0.6	0.5~0.8	0.6~1.0	0.7~1.1	0.8~1.2	0.9~1.3	1.0~1.5	1.0~1.8	1.1~2.0

第二节 建筑电气预埋件的安装

一、预埋件安装准备

① 在开工前应当将预埋的金属管路进行调直、除锈、吹除，然后内外刷防锈漆一次、风干，送往现场。如采用电线管可以不必刷漆，这是因为电线管出厂时已内外刷漆。

② 送往现场的管材、盒、箱等材料，应当进行外观、质量检查，不得有裂纹、破口、开焊及明显的机械损伤。敷设的管路其规格型号应符合设计要求。

③ 配合土建施工的主要机具有电焊机、气焊工具、氧气、乙炔气、煨弯器、煨弯机、烘炉、吹风机、切管机、压力案子等。机具应随材料运到现场，在装车前应当检查是否能用。

④ 配合土建施工使用的主要图样，如设备平面布置图、动力平面图、照明平面图、配电系统图、电缆清册、弱电系统的平面图和有关土建结构、建筑的图样，应带到现场。

⑤ 预埋好的管路，其管口应包扎严实，以免异物落入；进入箱、盒的管口应清除毛刺；敞口水平放置的管口应做成喇叭口，并焊好接地螺钉；应当随时摆正已下好的竖管及盒，不得由土建工人或他人移位。

二、预埋件安装要求

配合土建工程的预埋管路施工，应当符合现行国家标准的规定。

（1）敷设在多尘或潮湿场所的电线保护管，其管口及其连接处均应密封良好。

（2）电线保护管不宜穿过设备、建筑物及构筑物的基础；如必须穿过时，应当有保护措施。暗敷配电线保护管时宜沿最近的线路敷设，并应当尽量减少弯曲。埋入建筑物、构筑物内的电线保护管，与其表面的距离不应小于15mm；进入落地式柜、箱的电线保护管，应当排列整齐，管口通常应当高出柜箱基础面50～80mm，且同一工程应保持一致。

（3）电线保护管的弯曲处不应有折皱、凹陷和裂缝，其弯曲程度不应大于管外径的10%。

（4）当电线保护管遇下列情况之一时，中间应当增设接线盒或拉线盒，其位置应便于穿线。

① 管路长度每超过30m且无弯曲。

② 管路长度每超过20m且有一个弯曲。

③ 管路长度每超过15m且有两个弯曲。

④ 管路长度每超过8m且有三个弯曲。

（5）垂直敷设的电线保护管遇下列情况之一时，应当增设固定导线用的拉线盒，其位置应便于拉线。

① 管内导线截面面积为50mm²及以下且长度每大于30m。

② 管内导线截面面积为70～95mm²且长度每大于20m。

③ 管内导线截面面积为120～240mm²且长度每大于18m。

（6）明设电线保护管，水平或垂直安装的允许偏差为0.15%，全长偏差不应大于管内径的1/2。

（7）潮湿场所和直埋入地下的电线保护管，应当采用厚壁钢管或防液型可挠金属电线保护管。干燥场所的电线保护管宜采用薄壁钢管或可挠金属电线保护管。钢管不应有折扁和裂缝，管内应当无切屑和毛刺，切断口应平整，管口应光滑。

（8）钢管的内壁、外壁均应做防腐处理。当埋设于混凝土时，可不做外壁防腐处理；直埋于土层内的钢管外壁应涂两遍沥青漆；

在采用镀锌钢管时，锌层剥落处应涂防腐漆。设计如有特殊要求，则应按照设计要求进行防腐处理。

（9）钢管的连接应当满足下列要求：

① 采用螺纹连接时，管端螺纹长度不应小于管接头长度的1/2；连接后，其螺纹外露宜为2～3扣。螺纹表面应当光滑、无缺损。

② 采用套管连接时，套管长度通常为管外径的1.5～3倍，管与管的对口应于套管的中心。套管采用焊接连接时，焊缝应牢固严密；采用紧定螺钉连接时，螺钉应当拧紧；在振动的场所，紧定螺钉应有防止松动的措施。

③ 镀锌钢管和薄壁钢管应当采用螺纹连接或套管紧定螺钉连接，不得采用熔焊连接。

④ 钢管连接处的管内表面应当平整、光滑。

（10）钢管与盒箱或设备的连接应当符合下列要求：

① 暗配的黑色钢管与盒箱连接可以采用焊接连接，管口宜高出盒箱内壁3～5mm，且焊后应补涂防腐漆；明配钢管或暗配镀锌钢管与盒箱连接应当采用锁紧螺母或护圈帽固定，用锁紧螺母固定的管端螺纹宜外露锁紧螺母2～3扣。

② 当钢管与设备直接连接时，应当将钢管敷设到设备的接线盒内。

③ 当钢管与设备间接连接时，对室内干燥场所，钢管端部宜增设电线保护软管或可挠金属电线保护管后引入设备的接线盒内，且管口应当包扎紧密；对于室外或室内潮湿场所，钢管端部应当增设防水弯头，导线应加套保护软管，经弯成滴水弧状后再引入设备的接线盒。

④ 与设备连接的钢管管口与地面的距离宜大于200mm。

（11）钢管的接地连接应当符合下列要求：

① 黑色钢管螺纹连接时，连接处的两端应焊接跨接接地线或采用专用接地线卡跨接。

② 镀锌钢管或可挠金属电线保护管的跨接地线宜采用专用接地线卡跨接，不应采用熔焊连接。

（12）管路敷设时，在安装电气设备或元件的部位应当设置接线盒。接线盒的敷设方式与管路相同，即管路暗敷，则接线盒应暗敷；管路明敷，接线盒也应明敷。同一建筑物内，同类电气元件及其接线盒的标高必须一致，误差为±1.0mm。

图3-20 电线管的弯曲半径示例

三、电源线路管的预埋

1. 预埋管路的有关规范要求

配合土建工程预埋管路的施工，应符合现行国家标准《建筑电气工程施工质量验收规范》的规定。具体要求详见二、预埋件安装要求（1）～（7）。

电线管弯曲半径的规定见表3-3。电线管的弯曲半径示例如图3-20所示。接线盒的设置见图3-21。

表3-3 电线管弯曲半径规定

项目	规定说明
管路明设	一般情况下，弯曲半径不宜小于管外径的6倍
当两个接线盒间只有一个弯曲时	其弯曲半径不宜小于管外径的4倍
管路暗设	一般情况下，弯曲半径不宜小于管外径的6倍
当管路埋入地下或混凝土内时	其弯曲半径不应小于管外径的10倍

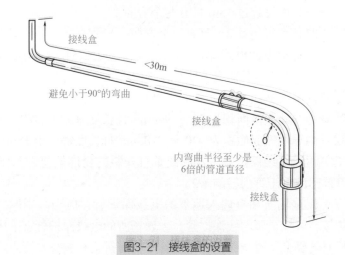

图3-21 接线盒的设置

2. 电线管预埋施工程序

（1）PVC电线管暗管敷设的施工程序 施工准备→预制加

工管弯制→测定盒箱位置→固定盒、箱→管路连接→变形缝处理。

（2）PVC 电线管明管敷设的施工程序　施工准备→确定盒、箱及固定点位置→支架、吊架制作安装→管线敷设与连接→盒箱固定→变形缝处理。

（3）金属管暗管敷设的施工程序　施工准备→预制加工管弯制→测定盒箱位置→固定盒、箱→管路连接→变形缝处理→接地处理。

（4）金属管明管敷设的施工程序　施工准备→预制加工管弯制、支架、吊架→确定盒、箱及固定点位置→支架、吊架固定→盒箱固定→管线敷设与连接→变形缝处理→接地处理。

3．电线管预埋施工要求

（1）在预埋电线管时，途经地面部分应先用土埋好，墙内敷设部分应用木杆三脚架支起，管口用塑料布或牛皮纸包扎严实，以免异物入内。

（2）埋入墙或是混凝土内的管子，距墙表面的净距离不得小于 15mm。

（3）从电缆沟引至照明闸箱的管路敷设如图 3-22 所示。其中出电缆沟的管子长度通常为 20mm，进入箱一般为 10mm；水平距离的长度是用钢卷尺按现场实际距离测量出来的；垂直部分的高度是按开关箱标高（1.4m 或 1.2m）决定的；灯叉弯（又叫作来回弯，见图 3-23）的有无及角度的大小是由箱体结构和墙的厚度决定的，主要看开关箱底部敲落孔的位置及距后底的距离。箱体的结构及外形如图 3-24 所示，必须把箱体在墙上的位置确定好后，才能下管。管的总长度为水平长度、垂直高度、进箱长度、进电缆沟长度和灯叉弯、直角弯的弯曲余量的总和。

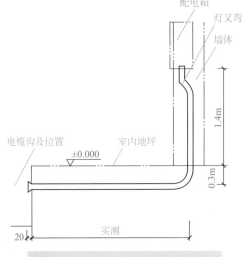

图3-22　从电缆沟引至照明闸箱的管路

图3-23　用钢管做的灯叉弯

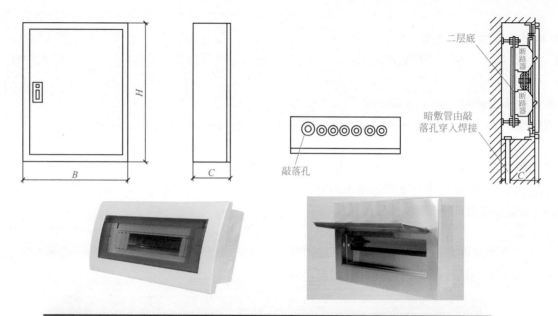

型号	B	H	C
XPM101-□-1	450	450	105 (160)
XPM101-□-2	450	600	106 (160)
XPM101-□-3	540	750	105 (160)
XPM101-□-4	540	850	125 (160)

图3-24　箱体结构外形及在墙中预埋外壳的位置

（4）进入电缆沟的管口应当先做成喇叭口，然后用锉去除毛刺，再焊接一条 M6 的螺钉作为接地用。

（5）进入箱体的管口应用锉清除毛刺。

（6）开关箱经地面通往室内外别处的负荷管，在下电线管的同时，也要将其预埋好，入墙部分的尺寸、角度应当力求一致，和电线管并列成一排，其间距为敲落孔距，不得交叉，然后在两端管口部位用直径 6mm 的钢筋焊接好。

四、PVC插座盒及管路预埋施工工艺

1. 常用塑料管及组件选用

目前，在电气安装中用塑料管替代金属管已成为大势所趋，使用相当广泛。常用的硬质塑料管材有：硬聚氯乙烯（PVC）管、聚乙烯（PE）管、聚丙烯（PP）管、耐酸酚醛塑料管。在工程线路敷设中使用比较多的是PVC管，它具有抗压力强、防潮、耐酸碱、防鼠咬、阻燃、绝缘等优点，可浇筑于混凝土内，也可明装于室内及吊顶等场所。

PVC 管根据形状不同可分为圆管、槽管和波形管，常用 PVC 管外形如图 3-25 所示。根据管壁的薄厚可分为轻型管（主要用于

吊顶）、中型管（用于明装或暗装）、重型管（主要用于埋藏混凝土中）。

图3-25　常用PVC管的外形

电线管的常规尺寸有直径 16mm、直径 20mm 和直径 25mm。

由于 PVC 电线管管径的不同，因此配件的口径也不同，应选择同口径的管件与之配套。根据布线的要求，管件的种类有弯头、入盒接头、接头、管卡、变径接头、明装三通、明装弯头、分线盒等。硬质塑料管的各种组件如图 3-26 所示，各种组件在布线时的应用如图 3-27 所示。

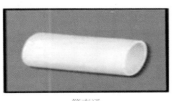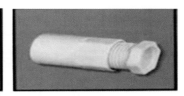

| 管直通 | 管三通 | 管接头 |

图3-26

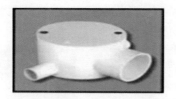
线盒异径三通

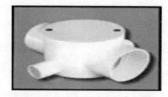
线盒异径四通

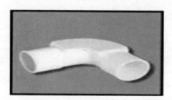
管有盖弯头

暗装线管底盒(带活动脚)

八角线盒

暗装线管底盒

图3-26　硬质塑料管的各种组件

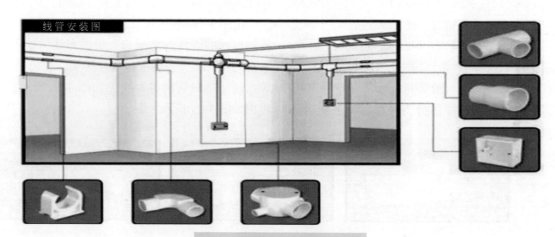

图3-27　各种组件在布线时的应用

常用PVC电线管的特性及选用见表3-4。

表3-4 常用PVC管的特性及选用

种类	特性说明	管材连接
硬质PVC管	由聚氯乙烯树脂加入稳定剂、润滑剂等助剂经捏合、滚压、塑化、切粒、挤出成型加工而成,加热弯制、冷却定型才可用。主要用于电线、电缆的套管等。管材长度一般为4m/根,颜色一般为灰色	加热承插式连接和塑料热风焊连接,弯曲必须加热进行
刚性PVC管	也叫PVC冷弯电线管,管材长度一般为4m/根,颜色有白、纯白,弯曲要专用弯曲弹簧	接头插入法连接,连接处结合面涂专用胶黏剂,接口密封
半硬质PVC管	由聚氯乙烯树脂加入增塑剂、稳定剂及阻燃剂等经挤出成型而得,用于电线保护,一般颜色为黄、红、白等,成捆供应,每捆1000m	采用专用接头抹塑料胶粘接,管道弯曲自如,无须加热

2. 塑料管加工方法

由于塑料管的种类不同,其加工方法也有所不同,见表3-5。

表3-5 塑料管加工方法

种类	加工方法
PVC管	PVC管的弯曲操作很麻烦,对接也需要加热、扩口对插,小口径管现在已经很少使用,大口径管已有定型的弯管和连接管箍。PVC管切割一般用钢锯,也可以用专用剪管钳
FPG管	FPG管不需要加热,可以直接冷弯,为了防止弯扁,弯管时在管内插入弯管弹簧,弯管后将弯管弹簧拉出。在管中间弯管时,将弯管弹簧两端拴上铁丝,便于拉动。不同内径的管子应配用不同的弯管弹簧。FPG管切割可用钢锯,也可用专用剪管钳。FPG管连接时使用专用配套套管。FPG管冷接时,在管头涂上接口胶后,对插入套管,待接口胶干燥即可;FPG管热接时,只要给其套上配套套管后放在热接机上通电片刻即可
KPC管	KPC管有专用连接套管,也是一段波纹管,将波纹管直接旋入即可

3. PVC管加工

（1）PVC管的切断 管径32mm及以下的小管径管材可采用专用截管器（或专用剪刀）切断管材。截断后要用截管器的刀背切

口倒角。

① 采用钢锯切断PVC管,适用于所有管径的管材,管材锯断后,应将管口修理平齐、光滑。

② 用专用剪刀剪断时,先打开PVC管剪刀手柄,把PVC管放入刀口内,握紧手柄,边转动管子边进行裁剪,刀口切入管壁后,应停止转动,继续裁剪,直至管子被剪断。

（2）弯管 管径32mm以下采用冷弯,冷弯方式有弹簧弯管和弯管器弯管;管径32mm以上宜用热弯。

① 弹簧弯管和弯管器弯管:先将弹簧插入管内,如图3-28所示,两手用力慢慢弯曲管子,考虑到管子的回弹,弯曲角度要稍大一些。当弹簧不易取出时,可逆时针转动弯管,使弹簧外径收缩,同时往外拉弹簧即可取出。

图3-28 弹簧弯管

② 热弯:管径32mm以上宜用热弯,热弯时,有直接加热和灌砂加热两种方法。热源可用热风、热水浴、油浴等加热,温度应控制在80～100℃之间,同时应使加热部分均匀受热,为加速弯头恢复硬化,可用冷水布抹拭冷却,如图3-29所示。

（3）PVC管的连接方法 管接头（或套管）连接:将管接头［或套管（可用比连接管管径大一级的同类管料做套管）］及管子清

理干净，在管子接头表面均匀刷一层 PVC 胶水后，立即将刷好胶水的管头插入接头内，不要扭转，保持约 15s 不动，即可贴牢，如图 3-30 所示。

插入法连接：将两根管子的管口，一根内倒角，一根外倒角，加热内倒角塑料管至 145℃ 左右，将外倒角管涂一层 PVC 胶水后，迅速插入内倒角管，并立即用湿布冷却，使管子恢复硬度，如图 3-31 所示。

(a) 加热　　　　　　　　　(b) 弯曲

图3-29　PVC管加热弯曲方法

图3-30　PVC管采用管接头连接

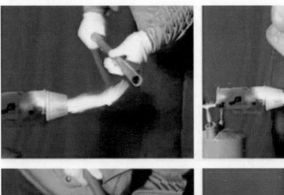

图3-31　PVC管采用插入法连接

PVC 管常用的连接器有月弯、束节等。硬塑料管与硬塑料管直线连接时在两个接头部分应加装束节，束节可按硬塑料管的直径尺寸来选配，束节的长度一般为硬塑料管内径的 2.5 ～ 3 倍，束节的内径与硬塑料管外径有较紧密的配合，装配时用力插到底即可，一般情况不需要涂黏合剂。硬塑料管与硬塑料管为 90° 连接时可选用月弯。

【重要提醒】线路暗敷时禁止使用三通，明敷时可以少用或不用三通。因为使用三通会给今后的维护及线路检修带来不便。

（4）PVC 管与电气盒的连接　工程中常用的塑料电气盒包括开关盒、开关箱、插座盒等。如图 3-32 所示为 PVC 管与电气盒连接实例。室内装修布线时，电线管与电气盒连接完成后，要用高标号的水泥砂浆固定好电气盒。

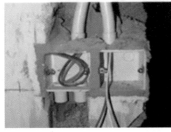

图3-32　PVC管与开关、插座盒连接

操作方法：将入盒接头和入盒锁扣紧固定在盒（箱）壁上，将入盒接头及管子插入段擦干净，在插入段外壁周围涂抹专用 PVC 胶水，用力将管子插入接头（插入后不得随意转动，待约 15s 后即完成）。

4. 管路预埋施工工艺

明敷的管线要用管卡支持。塑料管卡与钢管管卡的安装工艺略有不同。安装钢管线路时，先安装管子，然后再安装管卡；而安装硬塑料管线路时，则先安装管卡，然后再将塑料管夹入塑料管卡，如图 3-33 所示。

图3-33　用管卡固定PVC电线管

明管敷设要横平竖直，固定硬塑料管的管卡要设计合理，直线距离均匀。同时也要考虑到管卡设置的工艺要求，例如在 PVC 管的始端、终端、转角以及与接线盒的边缘处均应安装管卡。其余的管卡应均匀分布，也可参照表 3-6。

表3-6　明配管中间管卡最大距离一览表

配管名称	管卡间最大距离 /mm				
管径 /mm	15～20	25～32	32～40	50～65	65 以上
壁厚＞2mm 钢管	1500	2000	2500	2500	3500
壁厚≤2mm 钢管	1000	1500	2000		
硬塑钢管	1000	1500	1500	2000	2000

【重要提醒】电线管预埋施工必须注意如下几个问题：

① 当电源线缆导管与采暖热水管同层敷设时，电源线缆导管宜敷设在采暖热水管的下面，并不应与采暖热水管平行敷设。电源线缆导管与采暖热水管相交处不应有接头。

② 与卫生间无关的线缆导管不得进入和穿过卫生间。有淋浴喷头的卫生间，线缆导管应敷设在距喷头水平距离 1.2m、垂直距离 2.25m 的区域。有洗浴设备的卫生间应做局部等电位联结。

③ 强电和弱电线缆导管宜分别设置，且间距在 50cm 以上，如图 3-34 所示。当受条件限制时，强电和弱电线缆应分别布置在竖井两侧或采取隔离措施。

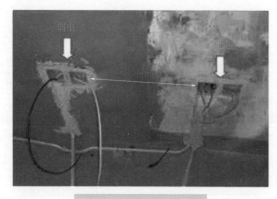

图3-34　强电弱电的间距

④ 电线管敷设时应尽量减少直角，转弯要大弧度，便于穿线，如图 3-35 所示。

图3-35　电线管尽量走大弯

⑤ 电线管敷设在楼板钢筋内时，最多只能 2 根交叉，不能 3 根叠加，否则楼板保护层的厚度不够，如图 3-36 所示。

图3-36　最多只能2根电线管交叉

⑥ 预埋电线管要用铁丝绑扎在钢筋上，以防止电线管移位，如图 3-37 所示。

图3-37　铁丝绑扎电线管，防止移位

⑦ 线盒要固定，不能移动。电线管留头要封堵，要有支架固定，如图 3-38 所示，否则容易倒，穿线困难。

图3-38　电线管留头要封堵且有固定支架

5．砼墙体（剪力墙）内电线盒预理质量控制

为了解决砼墙体（剪力墙）内电线盒预埋时标高不一致、盒子陷入墙体太深等质量通病，可参照下列施工方法。

（1）标高的控制

① 结构钢筋绑扎好后，用水准仪在墙面钢筋上标注出水平基准点，每道墙不少于两点。将两水平基准点之间用细线连接，形成一道水平基准线。由此水平基准线标注出电线盒安装标高尺寸。

② 电线盒采用 7cm 深度的穿筋专用盒，把封堵好的穿筋盒用 $\phi 8$ 的圆钢焊接固定在标高尺寸上。

（2）电线盒口与墙面平齐的控制　用与墙体厚度一致的定位钢筋将电线盒两端的墙钢筋网面焊接固定。要求电线盒口与短钢筋端面相平。当墙模板安装好后，盒口必然紧贴模板。拆模后盒口与墙面平齐，既美观又不用再修补。

（3）管道连接

① 塑料穿线管采用重型 PVC 电线管。

② 管道连接后，每 20cm 与墙体钢筋绑扎固定，若有直接处，直接两边分别加一道扎丝固定。

③ 塑料穿线管与接线盒连接用专用锁紧螺母。管道连接完后用牛皮纸等将管口封堵严密，防止浇筑时混凝土进入管道造成堵塞。

④ 土建打砼时，派专人看护，确保电线管、电线盒不被损坏。

⑤ 电线盒管道操作过程如图 3-39 所示。

五、照明手动开关盒的预埋

1．照明手动开关盒安装要求

（1）照明手动开关包括扳把开关、按键开关、翘板式开关等，通常设在 1.20m 或 1.40m 的标高处。当墙砌到标注的标高时，按照照明平面图中的开关位置（常设在开门侧）。

(a) 预埋前电线盒的准备

(b) 标高放线定位

(c) 水平测量定位

(d) 电线盒定位

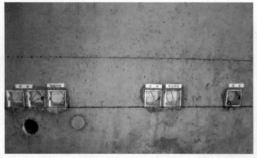

(e) 拆模后效果图

图3-39 电线盒管道操作过程

（2）开关盒通往屋顶的管应通至屋顶下 0.3m。这个尺寸要测量好，并且所有通往屋顶管的管口其标高应当一致，这是因为这里有一只接线盒。需要说明一点，如果采用软质塑料管配管，在屋顶下 0.3m 处则无需接线盒，将管通至屋顶上的总长度精确测量即可。

（3）照明开关盒的安装涉及竖直向上的管和由闸箱经埋地引来的电线管，开关盒是连接电源及灯具的枢纽。

2. 照明手动开关盒安装步骤

为了解决后砌墙面电线盒安装时标高不一致、盒子陷入墙体粉刷面太深或凸出墙面粉刷面等质量通病，施工流程为：

（1）**放线**　按照精装修施工图纸确定线盒位置，垂直线为线盒的中心线，水平线为线盒的底边线，同一室内水平线误差不得超过 2mm。

（2）**开凿墙槽**　根据中心线及预埋管直径确定开槽位置，宽度为 15mm+d（管直径）+15mm，深度为 d+15mm。必须用专用机械按照所弹墨线进行开槽，允许误差不得超过 5mm。

（3）线盒固定

① 采用专用模具：模具见图 3-40。

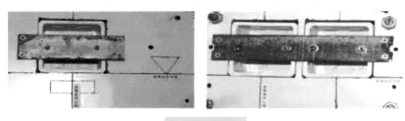

图3-40　模具

② 线盒安装，用水泥砂浆抹进盒。

把模具用自攻螺钉固定在线盒位置的墙体上，要求模具面上的垂直中心线和墙面预先画好的线盒垂直中心线重合，模具面上的水平线和墙面预先画好的水平线重合。等水泥砂浆初凝 4h 后，拆掉模具，再用水泥砂浆对盒子四周进行修补。目的：确保了线盒的安装位置和标高，又保证了墙面粉刷后盒口与墙面平齐，如图 3-41 所示。

图3-41　拆模后的效果图

六、照明开关箱和维修开关箱的预埋

1. 要求

① 预埋箱的电线管、从闸箱通往各处 1.20m 或 1.40m 标高以下的管及其他 1.20m 或 1.40m 标高以下的墙上的管都已砌在墙内。

② 将箱体外壳（不包括门）下底的敲落孔的堵板取掉，使其和电线管或排管根数相同，根据箱体在施工图中标注的位置置于管口上方，并将管口插入敲落孔内。这时要注意箱体的中线对应的敲落孔应和排管中间的那根对应。如果配管和箱体配合得好，箱体前侧应当凸出墙面 15 ~ 20mm，这就需要在下管前测量敲落孔的位置和了解土建抹灰厚度，以便决定竖管在墙中的位置和尺寸；如果配合得不好，就得现场重新开孔，这会使箱体变形受损，或者给施工带来不便。

③ 箱体和建筑物接触的部分，应刷两道防腐漆，并随着墙体的增高，按标注的高度把通往左右他处的管子下好。进入箱的管口应用电焊与箱体点焊好，并用包扎物将所有管口包扎严实。当砖砌至照明开关箱上顶时，应敷设一根管通至屋顶下 0.3m 处。

2. 安装流程

定位→预留木盒→配电箱安装→管道连接→水泥砂浆修补。

3. 安装箱体

根据预留孔洞尺寸先将箱体找好标高及水平尺寸进行弹线定位，根据箱体的标高及水平尺寸核对入箱的焊管或管的长短是否合适、间距是否均匀、排列是否整齐等，如管路不合适应及时按配管的要求进行调整。然后根据各个管的位置用液压开孔器进行开孔，开孔完毕后，将箱体按标定的位置固定牢固，最后用水泥砂浆填实周边并抹平齐。如箱底与外墙平齐时，应在外墙固定金属网后再做墙面抹灰。不得在箱底板上抹灰。开关箱的安装过程如图 3-42 所示。

(a) 电箱预留

(b) 电箱安装

(c) 箱洞填补

(d) 箱芯安装、接线

(e) 成品电箱效果

图3-42 安装在墙上的开关箱

4．成品保护

① 配电箱箱体安装后，应采取保护措施，避免土建刮腻子、喷浆、刷油漆时污染箱体内壁。箱体内各个线管管口应堵塞严密，以防杂物进入线管内。

② 安装箱盘盘芯、面板或贴脸时，应注意保持墙面整洁。安装后应锁好箱门，以防箱内电具、仪表损坏。

七、灯盒的预埋

墙砌到标高 1.80～2.00m（由设计而定）时，按照平面图中壁灯的位置将壁灯盒及管预埋好，要求和开关盒相同。下面介绍顶部灯具的金工件、接线盒及管路的预埋。

（1） 如果屋顶为混凝土现浇板，墙砌到即将封顶标高时，在由下通至屋顶管的管口处，预埋一只分线盒，其方法和要求同前。再往上砌砖时则将这个盒的上方部位留下不砌，形成一个洞。当土建工程进行到屋顶绑扎钢筋时，将灯具的接线盒放在平面图标注的位置上（模板上），这个位置应当预先按墙内壁测量好。

按照测量的位置，将灯的每对盒内堵满水泥袋纸或其他容易撕下的废旧物，然后紧贴模板面将盒紧紧固定在模板上，盒内不得有空隙，与模板面应当尽量无间隙，避免水泥浆液进入盒内，如图3-43所示。

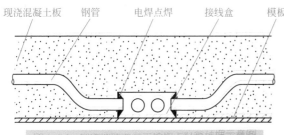

图3-43　现浇钢筋混凝土楼板上灯盒预埋示意图

这里要注意几点：

① 电工与钢筋工、混凝土工、瓦工、木模板上灯盒预埋示意图工必须配合好，因为这时是混合交叉同时作业，管子要穿入钢筋的套子里，盒又要固定在模板上，还要在墙上留洞，稍有偏差就会给安装带来不便。因此在浇筑混凝土时，必须有电工在场，随时纠正由土建施工而造成的管路、线盒的不妥之处。

② 木模板时，固定盒较容易，一般用细钢丝和钉子在木模板上固定；钢模板时，则需在灯盒处采用一块木模板，或者将铁盒与钢筋电焊点焊牢固。

③ 假如灯具较重，则应在盒内预先插入一根直径6～10mm的钢筋棍。插入时利用敲落孔，一般出盒不超过20mm。这根钢筋

的两端最后将浇筑在混凝土内，如图3-44所示。

④ 灯具吊扇吊钩螺栓预埋方法如图3-45所示。

⑤ 同一型号的灯具，其线盒间的距离应相等。

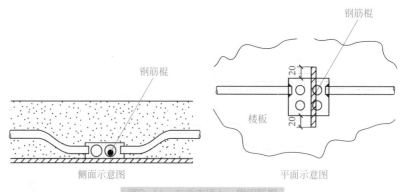

图3-44　在盒内插入一根钢筋棍

（2）如果屋顶为混凝土预制板，土建工程进行到把预制板吊放在屋顶固定后，先测量灯具位置，然后在确定位置的预制板上凿一个洞，洞的大小由进入管的数量和盒的大小而定，通常不超过36cm²，最大不超过50cm²。

凿洞应当使用电动凿孔机，也有用手工凿洞的。电动凿孔机使用时应当注意施加压力不宜过大，应当使其自然往下转动，另外要注意安全。将钢管煨好后一端插入洞内，另一端插入另一个灯具的洞内或墙上屋顶下0.3m处的分线盒内。管口应当在板厚的中间和盒焊好，其他和现浇混凝土板预埋方法相同。土建抹灰时，通常是先将洞用砂浆填平，然后抹灰。土建抹地面时，凡是露出混凝土板的管路，不得悬空放置，必须先用硬物将管下充填严实且无上下晃动才能抹灰，否则完工后此处会裂开。

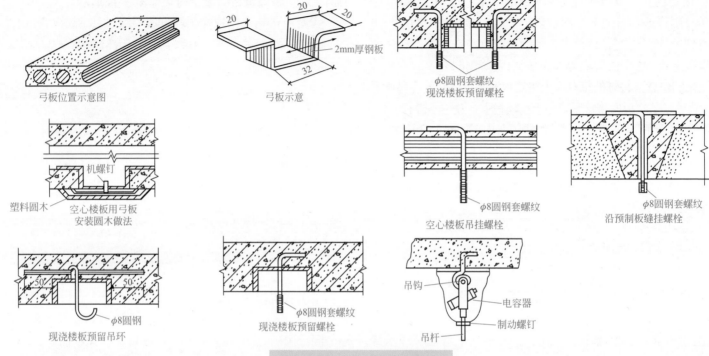

弓板位置示意图

2mm厚钢板

弓板示意

φ8圆钢套螺纹
现浇楼板预留螺栓

机螺钉

塑料圆木

空心楼板用弓板
安装圆木做法

φ8圆钢套螺纹
空心楼板吊挂螺栓

φ8圆钢套螺纹
沿预制板缝挂螺栓

φ8圆钢
现浇楼板预留吊环

φ8圆钢套螺纹
现浇楼板预留螺栓

吊钩

电容器

制动螺钉

吊杆

图3-45 灯具吊扇吊钩螺栓预埋方法

数字万用表的正确使用

电工工具的使用

验电笔的使用

指针万用表的正确使用

第一节　材料选用

一、配电箱

配电箱是家装强电用来分路及安装空气开关的箱子，如图 4-1 所示。配电箱的材质一般是金属的，前面的面板有塑料的，也有金属的。面板上还有一个小掀盖便于打开，这个小掀盖有透明的和不透明的。配电箱的规格要根据里面的分路而定，小的有四五路，多的有十几路。选择配电箱之前，要先设计好电路分路，再根据空气开关的数量以及是单开还是双开，计算出配电箱的规格型号。一般配电箱里的空间应该留有富余，以便以后增加电路用。

配电箱内部结构

图4-1　配电箱

明电配电箱的安装

暗线配电箱的安装

二、弱电箱

弱电箱如图 4-2 所示。弱电箱是专门适用于家庭弱电系统的布线箱，也称家居智能配线箱、多媒体集线箱、住宅信息配线箱。弱电箱能对家庭的宽带、电话线、音频线、同轴电缆、安防网络等线路进行合理有效的布置，实现人们对家中的电话、传真、电脑、音响、电视机、影碟机、安防监控设备及其他网络信息家电的集中管理和共享资源，是为家庭布线系统提供解决方案的产品。

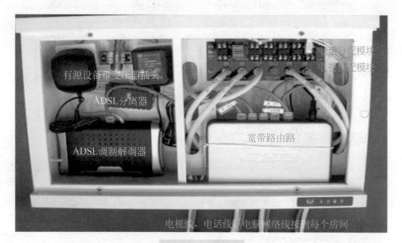

图4-2 弱电箱

配电箱保证的是用电安全，而弱电箱保证的是信息通畅。弱电箱便于对弱电进行管理维护，可按需对每条线路进行调整及管理，并扩充使用功能，使家庭弱电线路分布合理，信息畅通无阻，如发生故障易于检查维护。

弱电箱里的有源设备有宽带路由器、电话交换机、有线电视信号放大器等，结构有模块化（有源设备是厂家特定的集成模块）及成品化（有源设备采用现有厂家的成品设备）。相比之下，成品化有源设备应选购市面上成熟品牌的产品，质量相对稳定可靠，技术也更先进，价格适中，便于日后更换与维修。

弱电箱里的无源设备可采用弱电箱厂家生产的配套模块（如有

线电视模块、电话分配模块等），可以保持箱体内的整洁。弱电箱箱体要预留足够的空间，便于安装有源设备，并配置电源插座，也以便日后的升级。在布线方面，除了要布设电力线外，还要布设有线电视电缆和电话线、音响线、视频线和网络线。除了电力线以外的这些线缆被称为"弱电"，传输的是各种信号。建设一个多功能、现代化、高智能的家居环境就少不了这些必要布线。弱电的综合布线需要专业的工程师为业主做出综合及合理的规划设计和施工，只有这样才能使整体家装美观。

三、断路器

断路器全称自动空气断路器，也称空气开关，如图4-3所示。断路器是一种常用的低压保护电器，可实现短路、过载保护等功能。

图4-3 断路器

断路器在家庭供电中作总电源保护开关或分支线保护开关。当住宅线路或家用电器发生短路或过载时，断路器能自动跳闸，切断电源，从而有效地保护这些设备免受损坏或防止事故扩大。家庭一般用二极（即2P）断路器作总电源保护，用单极（1P）作分支保护。

断路器的额定电流如果选择偏小，则断路器易频繁跳闸，引起不必要的停电；如果选择过大，则达不到预期的保护效果。因此，正确选择家装断路器额定电流很重要。

一般小型断路器规格主要以额定电流区分，如6A、10A、16A、20A、25A、32A、40A、50A、63A、80A、100A等。

断路器无明显的线路分断状态或闭合状态的指示功能（即操作、运行人员能看到的工作状态），因此在自动断路器前面（电源侧）应加一组刀开关。这类刀开关并不用于分断和闭合线路电流，一般称为隔离开关。

四、电能表

电能表（又称电度表、火表、千瓦时表）是用来测量电能的仪表，指测量各种电学量的仪表，如图4-4所示。

(a) 机械电能表

(b) 数字电能表

图4-4　电能表

家用电能表一般是单相电能表，用来计量用电量，通常称之为电表。电能表容量用"A"表示。譬如：一个5A电能表，它所能承受的电量用下面的公式计算：5A×220V=1100W。也就是说，这个家庭同时使用的所有电器总功率不能超过1100W。电能表虽然有短时间过载的能力，但是经常超过规定的载荷会损坏电能表。所以，选用电能表要留有适当的富余容量。假如家庭所有电器的用电量为1100W，选用的电能表要大2～3倍，应选用10A或15A的电能表。

目前市场上普遍使用的单相电能表分机械式和电子式两种。机械式电能表如DD9、DD15、DD862a等，具有寿命长、过载能力高、性能稳定等特点，基本误差受电压、温度、频率等因素影响，长期使用损耗大。电子式单相电能表有DDS6、DDS15、DDSY666等，采用专用大规模集成电路，具有精度高、线性好、动态工作范围宽、过载能力强、自身能耗低、结构小、重量轻等特点，可长期工作而不需要调整和校验，还能防窃电，家庭应优先选用电子式电能表。

电能表要设置在干燥、明净和没有振动的地方，并安装在涂有防潮漆的适当大小和厚度的木板上，安装的高度离地面以不低于1.2m、不超过2m为宜。电能表上的铅封不能自行拆除，因为这是供电部门校验电能表后合格加封的标志。

五、家装电线管的选用

常用阻燃PVC电线管管径有ϕ16mm、ϕ20mm、ϕ25mm、ϕ32mm、ϕ40mm、ϕ50mm、ϕ63mm、ϕ75mm和ϕ110mm等规格。

$\phi16$mm、$\phi20$mm 一般用于室内照明线路，$\phi25$mm 常用于插座或室内主线管，$\phi32$mm、$\phi40$mm 常用于进户线的线管（有时也用于弱电线管），$\phi50$mm、$\phi63$mm、$\phi75$mm 常用于室外配电箱至室内的线管，$\phi110$mm 可用于每栋楼或者每单元的主线管（主线管常用的都是铁管或镀锌管）。

家装电路常用电线管的种类及选用见表4-1。

表4-1　家装电路常用电线管的种类及选用

种类	选用	图示
圆管	主要用于暗装布线，家庭施工中用得最多，规格按照管径来区分	
槽管	一般用于临时性明装布线或不便暗装布线的场所，家装用得较少，规格按槽宽来分	

续表

种类	选用	图示
波形管	也叫波纹软管，常用于天花板吊顶布线	
黄蜡管	较细的绝缘软管，常用于电气设备接线处，也可在管上做线路序号及标记	

PVC 管质量检查注意以下几点：

① 检查塑料管外壁是否有生产厂标记和阻燃标记，无这两种标记的保护管不能采用。

② 用火使 PVC 管燃烧，PVC 管撤离火源后在 30s 内自熄的为阻燃测试合格。

③ 弯曲时，管内应穿入专用弹簧。试验时，把管子弯成 90°，弯曲半径为 3 倍管径，弯曲后外观应光滑。

④ 用榔头敲击至 PVC 管变形，无裂缝的为冲击测试合格。

现代家庭装修的室内线路包括强电线路和弱电线路，一般都采用 PVC 电线管暗敷设。室内配线应按图施工，并严格执行《建筑电气施工质量验收规范》（GB 50303—2015）及有关规定。主要工艺要求有：配线管路的布置及其导线型号、规格应符合设计规定；室内导线不应有裸露部分；管内配线导线的总截面积（包括外绝缘层）不应超过管子内径总截面积的40%；室内电气线路与其他管道间的最小距离应符合相关规定；导线接头及其绝缘层恢复应达到相关的技术要求；导线绝缘层颜色选择应一致且符合相关规定。

六、强电线材的选用

导线是连通用电设备使其正常工作的基础，用电设备离不开导线。家庭住宅电气线路通常由导线及其支持物组成，住宅电气线路为单相220V，分别由相线、中性线和接地线引入。

国家标准《住宅设计规范》GB 50096—2011强制规定"导线应采用铜线"。因为铜的导电性能好，在常温时有足够的机械强度，具有良好的延展性，便于加工，化学性能稳定，不易氧化和腐蚀，容易焊接，铜芯线的使用寿命为15年。现代住宅电气线路不能采用铝芯线。

1. 导线的结构

绝缘导线一般由导线芯和绝缘层两部分构成。

（1）塑料绝缘硬线　塑料绝缘硬线的线芯数较少，通常不超过5芯，在其规格型号标注时，首字母通常为"B"字。

常见塑料绝缘硬线的规格型号、性能参数及应用见表4-2。

表4-2　常见塑料绝缘硬线的规格型号、性能参数及应用

型号	名称	截面/mm²	应用
BV	铜芯塑料绝缘导线	0.8～95	常用于家装电工中的明敷和暗敷用导线，最低敷设温度不低于−15℃
BLV	铝芯塑料绝缘导线	0.8～95	
BVR	铜芯塑料绝缘软导线	1～10	固定敷设，用于安装时要求柔软的场合，最低敷设温度不低于−15℃
BVV	铜线塑料绝缘护套圆形导线	1～10	固定敷设于潮湿的室内和机械防护要求高的场合，可用于明敷和暗敷
BLVV	铝芯塑料绝缘护套圆形导线	1～10	
BV-105	铜芯耐热105℃塑料绝缘导线	0.8～95	固定敷设于高温环境的场所，可明敷和暗敷，最低敷设温度不低于−15℃
BVVB	铜芯塑料绝缘护套平行线	1～10	适用于照明线路敷设用
BLVVB	铝芯塑料绝缘护套平行线		

（2）导线的型号　绝缘导线的型号一般由4部分组成，见表4-3。绝缘导线的型号表示法如图4-5所示。

表4-3　绝缘导线类型

导线类型	导体材料	绝缘材料	标称截面积
B：布线用导线 R：软导线 A：安装用导线	L：铝芯 （无）：铜芯	X：橡胶 V：聚氯乙烯塑料	单位：mm²

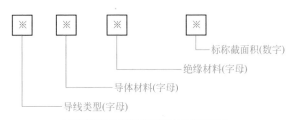

图4-5　绝缘导线的型号表示法

例如，"RV-1.0"表示标称截面积为 1.0mm^2 的铜芯聚氯乙烯塑料软导线。

（3）塑料绝缘软线 塑料绝缘软线的型号多是以"R"字母开头的导线，通常铜线芯较多，导线本身较柔软，耐弯曲性较强，多作为电源软接线使用。

常见塑料绝缘软线的规格型号、性能参数及应用如表 4-4。

表4-4 常见塑料绝缘软线的规格型号、性能参数及应用

型号	名称	截面/mm^2	应用
RV	铜芯塑料绝缘软线	0.2～2.5	可供各种交流、直流移动电器、仪表等设备接线用，也可用于照明设置的连接，安装环境温度不低于 −15℃
RVB	铜芯塑料绝缘平行软线		
RVS	铜芯塑料绝缘绞形软线		
RV-105	铜芯耐热 105℃ 塑料绝缘软线		该导线用途与 RV 等导线相同，不过该导线可应用于 45℃ 以上的高温环境
RVV	铜芯塑料绝缘护套圆形软线		该导线用途与 RV 等导线相同，还可以用于潮湿和机械防护要求较高，以及经常移动和弯曲的场合
RVVB	铜芯塑料绝缘护套平行软线		可供各种交流、直流移动电器、仪表等设备接线用，也可用于照明设置的连接，安装环境温度不低于 −15℃

（4）橡胶绝缘导线 橡胶绝缘导线主要是由天然丁苯橡胶绝缘层和导线线芯构成的。常见的电工用橡胶绝缘导线多为黑色、较粗（成品线径为 4～39mm）的导线，在家装电工中常用于照明装置的固定敷设、移动电气设备的连接等。

常见橡胶绝缘导线的规格型号、性能参数及其应用见表 4-5。

表4-5 常见橡胶绝缘导线的规格型号、性能参数及其应用

型号	名称	截面/mm^2	应用
BX BLX	铜芯橡胶绝缘导线 铝芯橡胶绝缘导线	2.5～10	适用于交流、照明装置的固定敷设
BXR	铜芯橡胶绝缘软导线		适用于室内安装及要求柔软的场合
BXF BLXF	铜芯氯丁橡胶导线 铝芯氯丁橡胶导线		适用于交流电气设备及照明装置用
BXHF BLXHF	铜芯橡胶绝缘护套导线 铝芯橡胶绝缘护套导线		适用于敷设在较潮湿的场合，可用于明敷和暗敷

2. 导线的选用

导线的选用要从电路条件、环境条件和机械强度等多方面综合考虑。

电路条件：

（1）允许电流 允许电流也称安全电流或安全载流量，是指导线长期安全运行所能够承受的最大电流。

① 选择导线时，必须保证其允许载流量大于或等于线路的最大电流值。

② 允许载流量与导线的材料和截面积有关。导线的截面积越小，其允许载流量越小；导线的截面积越大，其允许载流量越大。截面积相同的铜芯线比铝芯线的允许载流量要大。

③ 允许载流量与使用环境和敷设方式有关。导线具有电阻，在通过持续负荷电流时导线会发热，从而使导线的温度升高，一般来说，导线的最高允许工作温度为 65℃，若超过这个温度，导线的绝缘层将加速老化，甚至变质损坏而引起火灾。因敷设方式的不同，工作时导线的温升会有所不同。

（2）导线电阻的压降 导线很长时，要考虑导线电阻对电压的影响。

（3）额定电压与绝缘性 使用时，电路的最大电压应小于额定电压，以保证安全。所谓额定电压是指绝缘导线长期安全运行所能够承受的最高工作电压。在低压电路中，常用绝缘导线的额定电压有 250V、500V、1000V 等，家装电路一般选用耐压为 500V 的导线。

环境条件：

（1）温度 温度会使导线的绝缘层变软或变硬，以致变形而造成短路。因此，所选导线应能适应环境温度的要求。

（2）耐老化性 一般情况下线材不要与化学物质及日光直接接触。

机械强度：

机械强度是指导线承受重力、拉力和扭折的能力。

在选择导线时，应该充分考虑其机械强度，尤其是电力架空线路。只有足够的机械强度，才能满足使用环境对导线强度的要求。为此，要求居室内固定敷设的铜芯导线截面积不应小于 $2.5mm^2$，移动用电器具的软铜芯导线截面积不应小于 $1mm^2$。

此外，导线选材还要考虑安全性，防止火灾和人身事故的发生。易燃材料不能作为导线的敷层。具体的使用条件可查阅有关手册。

导线截面积选择：

在不需要考虑允许的电压损失和导线机械强度的一般情况下，可只按导线的允许载流量来选择导线的截面积。

在电路设计时，常用导线的允许载流量可通过查阅电工手册得知。500V 护套线（BW、BLW）在空气中敷设、长期连续负荷的允许载流量见表 4-6。

表4-6　500V护套线（BW、BLW）允许载流量　单位：A

截面积/mm^2	一芯	二芯	三芯
1.0	19	15	11
1.5	24	19	14
2.5	32	26	20
4.0	42	36	26
6.0	55	49	32
10.0	75	65	52

目前在户内常用的有 $2.5mm^2$、$4mm^2$、$6mm^2$、$10mm^2$ 四种截面积的铜线。进户线采用的铜芯导线，普通住宅的截面积不应小于 $10mm^2$，中档住宅的截面积为 $16mm^2$，高档住宅的截面积为 $25mm^2$。分支回路采用铜芯导线，截面积不应小于 $2.5mm^2$。铜芯线的使用寿命一般为 15 年。

大功率电器如果使用截面积偏小的导线，往往会造成导线过热、发烫，甚至烧熔绝缘层，引发电气火灾或漏电事故，因此，在电气安装中，选择合格、适宜的导线截面积非常重要。

导线质量鉴别：

（1）外观检查 质量好的铜芯线的铜芯外表光亮且稍软，质地均匀且有很好的韧性。劣质铜芯线是用再生铜制造的，由于制造工艺不过关，所以杂质多，铜芯表面有些发黑。用铜丝在白纸上擦一下，如果有黑色痕迹，说明杂质比较多，不是好铜。

（2）绝缘检查 质量好的铜芯线，其绝缘层柔软、色泽鲜亮、表面圆整。劣质铜芯线外面的绝缘材料是回收的再生塑料，颜色暗淡，厚薄不匀，容易老化或被电压击穿，引起短路。

（3）铜芯截面积与长度检查 正规厂家的铜芯线，铜芯截面积和长度与包装合格证上的标注完全吻合。

七、弱电线材的选用

弱电线材的选用

家装弱电线路主要有音频/视频线、电话线、电视信号线和网络线等，它们的性能、选用方法与施工技巧可扫二维码学习。

第二节　电路线材的安装操作

一、导线的剖削

连接导线是电工作业人员必须掌握的技术，是安装线路及维修工作中经常用到的技术。导线连接的质量对线路的安全程度和可靠性影响很大，导线连接处通常是电气故障的高发部位。所以采用正确的导线连接方法可以降低故障的发生率，既可加强线路运行的可靠性，又可减轻工作强度。

连接导线前，应先对导线的绝缘层进行剖削。电工作业人员必须学会用电工刀或钢丝钳来剖削导线的绝缘层。对于芯线截面积在 $4mm^2$ 及以下的导线，常采用剥线钳或钢丝钳来完成剖削；而对于芯线截面积在 $4mm^2$ 以上的导线，多采用电工刀来完成剖削。剖削导线的方法见表4-7。

表4-7　常用剖削导线的方法及示意图

导线分类	操作示意图	操作要点说明
塑料绝缘小截面硬铜芯线或铝芯线		（1）用钢丝钳剖削的方法： ① 在需要剖削的线头根部，用钢丝钳的钳口适当用力（以不损伤芯线为度）钳住绝缘层 ② 左手拉紧导线，右手握紧钢丝钳头部，用力将绝缘层强行拉脱
塑料绝缘软铜芯线		（2）用剥线钳剖削的方法： ① 把导线放入相应的刃口中（刃口比导线直径稍大） ② 用手将钳柄一握，导线的绝缘层即被割断自动弹出
塑料绝缘大截面硬铜芯线或铝芯线	45℃	①电工刀与导线成45°，用刀口切破绝缘层 ②将电工刀倒成15°～25°倾斜角向前推进，削去上面一侧的绝缘层 ③ 将未削去的部分扳翻，齐根削去
塑料护套线		①按照所需剖削长度，用电工刀刀尖对准两股芯线中间，划开护套层 ②扳翻护套层，齐根切去 ③ 按照塑料绝缘小截面硬铜芯线绝缘层的剖削方法用钢丝钳或剥线钳去除每根芯线绝缘层
橡套电缆		
橡胶线		①用电工刀像剖削塑料护套层的方法去除外层公共橡胶绝缘层 ②用钢丝钳或剥线钳剖削每股芯线的绝缘层

续表

导线分类	操作示意图	操作要点说明
花线	棉纱编织层　橡胶绝缘层　线芯　棉纱　10mm	①在剖削处用电工刀将棉纱编织层周围切断并拉去 ②参照上面方法用钢丝钳或剥线钳剖削芯线外的橡胶层
铅包线		①在剖削处用电工刀将铅包层横着切断一圈后拉去 ②用剖削塑料护套线绝缘层的方法去除公共绝缘层和每股芯线的绝缘层

剖削导线注意要领如下：

① 在导线连接前，必须把导线端部的绝缘层削去。操作时，应根据各种导线的特点选择恰当的工具，剖削绝缘层的操作方法一定要正确。

② 不论采用哪种剖削方法，剖削时千万不可损伤线芯。否则，会降低导线的机械强度，且会因为导线截面积减小而增加导线的电阻值，在使用过程中容易发热；此外，在损伤线芯处缠绝缘带时容易产生空气间隙，增加了线芯氧化的概率。

③ 绝缘层剖削的长度，依接头方式和导线截面积的不同而不同。

二、导线的连接操作

1. 单股线对接

单股线对接的连接方法如图4-6所示，先按芯线直径的30～40倍长剥去线端绝缘层。把两根线头在离芯线根部的1/3处呈"X"状交叉，交叉后麻花状互相紧绞2～3圈，然后先把线头扳起，两根线头保持垂直，把扳起的线头按顺时针方向在另一根线头上紧缠5圈以上，圈间不应有缝隙，且应垂直排绕，缠毕切去芯线余端，并钳平切口，不准留有切口毛刺，另一端头的加工方法相同。

2. 多股线对接

多股线对接方法如图4-7所示。

 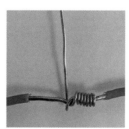 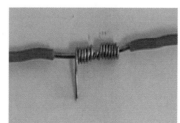 

图4-6　单股线对接的连接方法

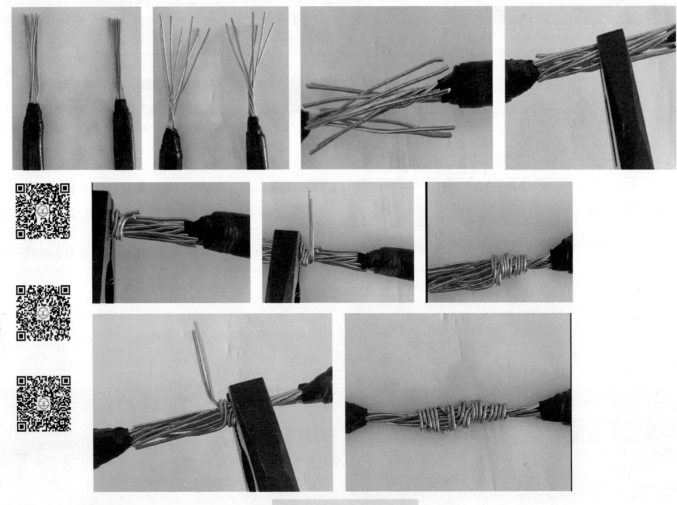

图4-7　铜硬导线多股线对接

按该多股线中的单股芯线直径的 100 ～ 150 倍长度，剥离两线端绝缘层。在离绝缘层切口约为全长 2/5 处的芯线，应做进一步绞紧，接着应把余下 3/5 芯线松散后每股分开，成伞骨状，然后勒直每股芯线。把两伞骨状线端隔股对叉，必须相对插到底。

捏平叉入后的两侧所有芯线，理直每股芯线并使每股芯线的间隔均匀；同时用钢丝钳钳紧叉口处，消除空隙。在一端，把邻近两股芯线在距叉口中线约 3 根单股芯线直径宽度处折起，并形成 90°，接着把这两股芯线按顺时针方向紧缠两圈后，再折回 90° 并平卧在扳起前的轴线位置上。接着把处于紧挨平卧前邻近的两根

芯线折成 90°，并按前面的方法加工。把余下的三根芯线缠绕至第 2 圈时，把前四根芯线在根部分别切断，并钳平；接着把三根芯线缠足三圈，然后剪去余端，钳平切口，不留毛刺。另一端加工方法同上。

注意：缠绕的每圈直径均应垂直于下边芯线的轴线，并应使每两圈（或三圈）间紧缠紧挨。

3. 单芯铜导线直接连接

可参照图 4-8 的方法连接，对大截面积铜导线连接后均应挂锡，防止氧化并增大电导率。

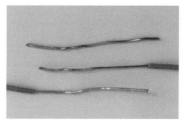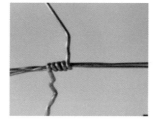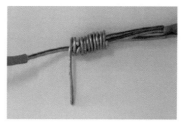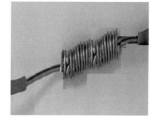

(a) 单芯大截面铜导线直接连接

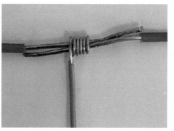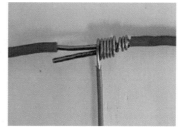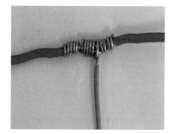

(b) 大截面分线连接

图4-8

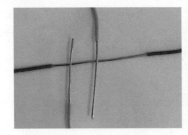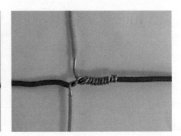

(c) 十字分支线连接(一式)

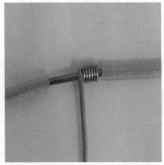

(d) 十字分支线连接(二式)

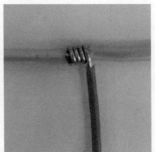

(e)小截面分线连接

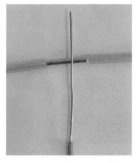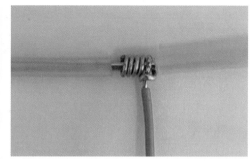

(f) 分线打结连接

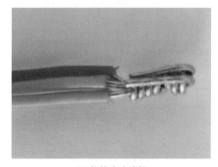

(g) 接线盒内连接

图4-8　单芯铜导线的直接连接

4.　多芯铜导线直接连接

可参照图4-9的连接方式，所有多芯铜导线连接应挂锡，防止氧化并增大电导率。

5.　双芯线与多芯线的错开连接

双芯线与多芯线的连接如图4-10所示，双芯线连接时，将两根待连接的线头中颜色一致的芯线按小截面直线连接方式连接。同样，将另一颜色的芯线连接在一起。

6.　单股线与多股线的分支连接

应用于分支线路与干线之间的连接。先按单股芯线直径约20倍的长度剥除多股线连接处的中间绝缘层，再按多股线的单股芯线直径的100倍左右长度剥去单股线的线端绝缘层，并勒直芯线。适用于一般容量而干支线均由多股线构成的分支连接处。在连接处，

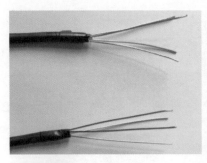

(a) 交叉对接

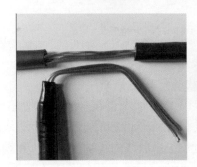
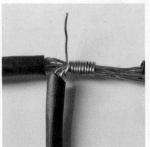

(b) 分线连接

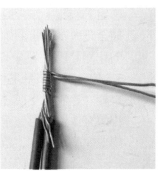

(c) 双根或多根导线并接接头

图4-9 多芯铜导线的直接连接

双芯线

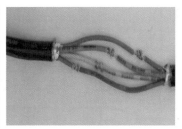

多芯线的错开连接

图4-10 双芯线与多芯线的连接

干线线头剥去绝缘层的长度约为支线单根芯线直径的 40 ~ 60 倍，支线线头绝缘层的剥离长度约为干线单根芯线直径的 70 ~ 80 倍。操作步骤如图 4-11 所示。

在离多股线的左端绝缘层切口 3 ~ 5mm 处的芯线上，用螺钉旋具把多股芯线分成较均匀的两组（如 7 股线的芯线按 3 股、4 股来分）。把单股芯线插入多股线的两组芯线中间，但单股芯线不可插到底，应使绝缘层切口离多股芯线 3mm 左右。同时，应尽可能使单股芯线向多股芯线的左端靠近，距多股芯线绝缘层切口不大于 5mm。接着用钢丝钳把多股线的插缝钳平、钳紧。把单股芯线按顺时针方向紧缠在多股芯线上，务必要使每圈直径垂直于多股线芯线的轴心，并应使圈与圈紧挨，应绕 10 圈以上，然后切断余端，钳平切口毛刺，直至多股芯线裸露约 5mm 为止。

7. 多股线与多股线的分支连接

把支线线头离绝缘层切口根部约 1/10 的一段芯线进一步绞紧，并把余下的芯线头松散，逐根勒直后分成较均匀且排成并列的两组（如 7 股线按 3 股、4 股分）。在干线芯线中间略偏一端部位，用螺钉旋具插入芯线股间，也要分成较均匀的两组；接着把支线略多的

一组芯线头（如 7 股线中 4 股的一组）插入干线芯线的缝隙中（即插至进一步绞紧的 1/10 处）同时移正位置，使干线芯线以约 2：3 的比例分段，其中 2/5 的一段供支线芯线较少的一组（3 股）缠绕，3/5 的一段供支线芯线较多的一组（4 股）缠绕。先钳紧干线芯线插口处，接着把支线 3 股芯线在干线芯线上按顺时针方向垂直地紧紧排缠至 3 圈，但缠至两圈半时，即应剪去多余的每股芯线端头，缠毕应钳平端头，不留切口毛刺。如图 4-12 所示。

另 4 股支线芯线头缠法也一样，但要缠足四圈，芯线端口也应不留毛刺。

提示：两端若已缠足 3 或 4 圈而干线芯线裸露尚较多，支线芯线又尚有余量时，可继续缠绕，缠至各离绝缘层切口处 5 ~ 8mm 为止。

8. 多根单股线并头连接自缠法

在照明电路或较小容量的动力电路上，多个负载电路的线头往往需要并联在一起形成一条支路。把多个线头并联为一体的加工，俗称并头。并头连接只适用于单股线，并严格规定：凡是截面积等于或大于 2.5mm² 的导线，并头连接点应焊锡加固。但加工时前两

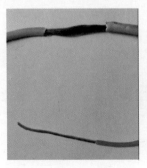

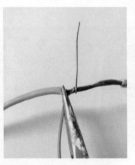
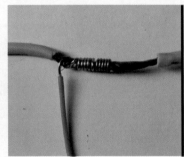

图4-11　铜硬导线单股与多股线的分支连接

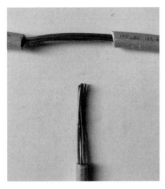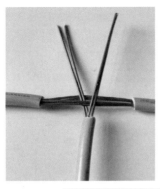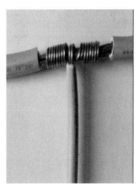

图4-12　铜硬导线多股线的连接

个步骤的方法相同，它们是把每根导线的绝缘层剥去，所需长度在20～40mm，并逐一勒直每根芯线端。把多用导线捏合成束，并使芯线端彼此贴紧，然后用钢丝钳把成束的芯线端按顺时针方向绞紧，使之呈麻花状。

其加工方法可分为以下两种情况。

截面积2.5mm² 以下的：应把已绞成一体的多根芯线端剪齐，但芯线端净长不应小于25mm；接着在其1/2处用钢丝钳折弯。在已折弯的多根绞合芯线端头，用钢丝钳再绞紧一下，然后继续弯曲，使两芯线呈并列状，并用钢丝钳钳紧，使之处处紧贴，如图 4-13 所示。

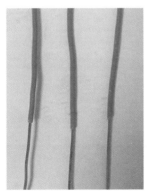

图4-13　截面积2.5mm²以下铜硬导线多根单股线并头

截面积 2.5mm² 以上的：应把已绞成一体的多根芯线端剪齐，但芯线端上的净长不小于 20mm，在绞紧的芯线端头上用电烙铁焊锡。必须使锡液充分渗入芯线每个缝隙中，锡层表面应光滑，不留毛刺。如图 4-14 所示。

多根单股线并头连接时，要用压线帽压接。用压线帽压接要使用压线帽和压接钳，压线帽外为尼龙壳，内为镀锌铜套或铝合金套管，如图 4-15 所示。

单芯线用一十字螺钉压接时，盘圈开口应该小于 2mm，按顺时针方向压接。

多股铜芯导线用螺钉压接时，应将软线芯做成单线圈状，挂锡后，将其压平再用螺钉加垫紧固。

导线与针孔式接线柱连接时，把要连接的线芯插入接线柱针孔内，导线裸露出针孔 1 ～ 2mm，针孔大于导线直径 1 倍时需要折回插入压接。

9．单芯铝导线冷压接

① 用电工刀或剥线钳削去单芯铝导线的绝缘层，并清除裸铝导线上的污物和氧化铝，使其露出金属光泽。铝导线的削光长度视配用的铝套管长度而定，一般为 20 ～ 40mm。

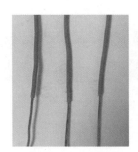

图4-14 截面积2.5mm²以上铜硬导线多根单股线并头

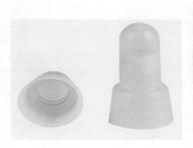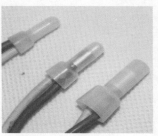

图4-15 压线帽

②削去绝缘层后，铝导线表面应光滑，不允许有折叠、气泡和腐蚀点，以及超过允许偏差的划伤、碰伤、擦伤和压陷等缺陷。

③分清相线、零线和各回路，将所需连接的导线合拢并绞扭成合股线（如图4-16所示）。然后，应及时在多股裸导线头上涂一层防腐油膏，以免裸线头再度被氧化。

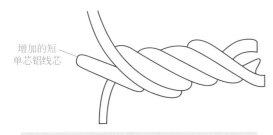

图4-16 单芯铝导线槽板配线裸线头合拢绞扭图

④对单芯铝导线压接用铝套管要进行检查：

a. 要有铝材材质资料；

b. 铝套管要求尺寸准确，壁厚均匀一致；

c. 套管管口光滑平整，且内外侧没有毛边、毛刺，端面应垂直于套管轴中心线；

d. 套管内壁应清洁，没有污染，否则应清理干净后方准使用。

⑤将合股的线头插入检验合格的铝套管，使铝导线穿出铝套管端头2mm左右。套管应依据单芯铝导线合拢成合股线头的根数选用。

⑥根据套管的规格，使用相应的压接钳对铝套管施压。每个接头可在铝套管同一边压三道坑（如图4-17所示），一压到位，如ϕ8mm铝套管施压后为6～6.2mm。

图4-17 单芯铝导线接头同向压接图

压坑中心线应在同一直线上（纵向）。一般情况下，采用正反向压接法，且正反向相差180°，不得随意错向压接，如图4-18所示。

图4-18 单芯铝导线接头正反向压接图

⑦单芯铝导线压接后，在缠绕绝缘带之前，应对其进行检查。压接接头应当到位，铝套管没有裂纹，三道压坑间距应一致，抽动单根导线没有松动的现象。

⑧根据压坑数目及深度判断铝导线压接合格后，恢复裸露部分绝缘，包缠绝缘带两层，绝缘带包缠应均匀、紧密，不露裸线及铝套管。

⑨在绝缘层外面再包缠黑胶布（或聚氯乙烯薄膜粘带等）两层，采取半叠包法，并应将绝缘层完全遮盖，黑胶布的缠绕方向与绝缘带缠绕方向一致。整个绝缘层的耐压强度不得低于绝缘导线本身绝缘层的耐压强度。

⑩将压接接头用塑料接线盒封盖。

10. 导线的焊接法连接

焊接方法主要有钎焊、电阻焊和气焊等。

❶ 钎焊。适用于单股铝导线。钎焊的操作方法与铜导线的锡焊方法相似。

铝导线焊接前将铝导线线芯破开顺直合拢，用绑线把连接处做临时绑缠。导线绝缘层处用浸过水的石棉绳包好，以防烧坏。导线焊接所用的焊剂有：一种是含锌（质量分数）58.5%、铅（质量分数）40%、铜（质量分数）1.5%的焊剂；另一种是含锌（质量分数）80%、铅（质量分数）20%的焊剂。还有一种由纯度99%以上的锡（60%）和纯度98%以上的锌（40%）配制而成。

焊接时先用砂纸磨去铝导线表面的一层氧化膜，并使芯线表面毛糙，以利于焊接；然后用功率较大的电烙铁在铝导线上搪上一层焊料，再把两导线头相互缠绕3～5圈，剪掉多余线头，用电烙铁蘸上焊料，一边焊，一边用烙铁头摩擦导线，把接头沟槽搪满焊料，焊好一面待冷却后再焊另一面，使焊料均匀密实填满缝隙即可。

单芯铝导线钎焊接头如图4-19所示。线芯端部搭叠长度见表4-8。

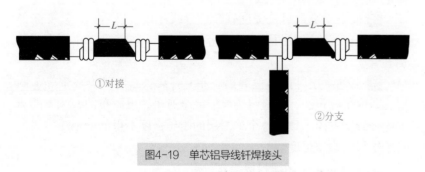

①对接　②分支

图4-19　单芯铝导线钎焊接头

表4-8　线芯端部搭叠长度

导线截面积 /mm²	剥除绝缘层长度 /mm	搭接长度 *L*/mm
2.5～4	60	20
6～10	80	30

❷ 电阻焊。适用于单芯或多芯不同截面积的铝导线的并接。焊接时需要一台容量为1kV·A的焊接变压器，二次电压为5～20V，并配以焊钳。焊钳上两根炭棒极的直径为8mm，焊极头端有一定的锥度，焊钳引线采用10mm²的铜芯橡胶绝缘线。焊料由30%氯化钠、50%氯化钾和20%冰晶石粉配制而成。如图4-20所示。

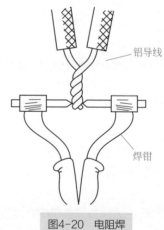

铝导线

焊钳

图4-20　电阻焊

焊接时，先将铝导线头绞扭在一起，并将端部剪齐，涂上焊料，然后接通电源，先使炭棒短路发红，迅速夹紧线头。等线头焊料开始熔化时，焊钳慢慢地向线端方向移动，待线端头熔透后随即撤去焊钳，使焊点形成圆球状。冷却后用钢丝刷刷去接头上的焊渣，用干净的湿布擦去多余焊料，再在接头表面涂一层速干性沥青用以绝缘，沥青干后包缠上绝缘胶带即可。

焊接所需的电压、电流和持续时间可参照表 4-9。

表4-9 单股铝导线电阻焊所需电压、电流和持续时间

导线截面积 /mm²	二次电压 /V	二次电流 /A	焊接持续时间 /s
2.5	6	50～60	8
4	9	100～110	12
6	12	150～160	12
10	12	170～190	13

③气焊。适用于多根单芯或多芯铝导线的连接。焊接前，先将铝芯线用铁丝缠绕牢，以防止导线松散；导线的绝缘层用湿石棉带包好，以防烧坏。焊接时火焰的焰心离焊接点 2～3mm，当加热到熔点（653℃）时，即可加入铝焊粉，使焊接处的铝芯相互融合；焊完后要趁热清除焊渣。如图 4-21 所示。

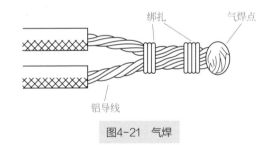

图4-21 气焊

单芯和多芯铝导线气焊连接长度分别见表 4-10 和表 4-11。

表4-10 单芯铝导线气焊连接长度

导线截面积 /mm²	连接长度 /mm	导线截面积 /mm²	连接长度 /mm
2.5	20	6	30
4	25	10	40

表4-11 多芯铝导线气焊连接长度

导线截面积 /mm²	连接长度 /mm	导线截面积 /mm²	连接长度 /mm
16	60	50	90
25	70	70	100
35	80	95	120

11. 异种金属导线的连接

铜导线与铝导线的连接：铜铝是两种不同的金属，它们有着不同的电化顺序，若把铜和铝简单地连接在一起，在"原电池"的作用下，铝会很快失去电子而被腐蚀掉，造成接触不良，直至接头被烧断，因此应尽量避免铜铝导线的连接。

实际施工中往往不可避免会碰到铜铝导线（体）的连接问题，一般可采取以下几种连接方法。

①用复合脂处理后压接。即在铜铝导体连接表面涂上铜铝过渡的复合脂（如导电膏），然后压接。此方法能有效地防止连接部位表面被氧化，防止空气和水分侵入，缓和原电池电化作用，是一种最经济、最简便的铜铝过渡连接方法，尤其适用于铜、铝母排间的连接和铝母排与断路器等电气设备连接端子间的连接。

导电膏具有耐高温（滴点温度大于200℃）、耐低温（-40℃时不开裂）、抗氧化、抗霉菌、耐潮湿、耐化学腐蚀及性能稳定、使用寿命长（密封情况下大于5年）、没有毒、没有味、对皮肤没有刺激、涂敷工艺简单等优点。用导电膏对接头进行处理，具有擦除氧化膜的作用，并能有效地降低接头的接触电阻（可降低25%～70%）。

操作时，先将连接部位打磨，使其露出金属光泽。若是两导体之间连接，应预涂0.05～0.1mm厚的导电膏，并用铜丝刷轻轻擦拭，然后擦净表面，重新涂敷0.2mm厚的导电膏，再用螺栓紧固。

提示：导电膏在自然状态下绝缘电阻很高，基本不导电，只有

外施一定的压力，使微细的导电颗粒挤压在一起时，才呈现导电性能。

② 搪锡处理后连接。即在铜导线表面搪上一层锡，再与铝导线连接。锡铝之间的电阻系数比铜铝之间的电阻系数小，产生的电位差也较小，电化学腐蚀会有所改善。搪锡焊料成分有两种，见表4-12。搪锡层的厚度为 0.03 ～ 0.2mm。

表4-12 锡焊料

焊料成分		熔点 /℃	性能
锡 Sn/%	锌 Zn/%		
90	10	210	流动性好，焊接效率高
80	20	270	防潮性较好

③ 采用铜铝过渡管压接。铜铝过渡管是一种专门供铜导线和铝导线直线连接用的连接件，管的一半为铜管，另一半为铝管，是经摩擦焊接连接而成的。使用时，将铜导线插入管的铜端，铝导线插入管的铝端，用压接钳冷压连接。对于 $10mm^2$ 及以下的单芯铜导线与铝导线，可使用冷压钳压接或螺钉固定连接如图 4-22 所示。

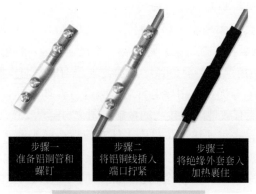

| 步骤一 准备铝铜管和螺钉 | 步骤二 将铝铜线插入端口拧紧 | 步骤三 将绝缘外套套入加热裹住 |

图4-22 采用铜铝过渡管压接

④ 采用圆形铝套管压接。先清除连接导线端头表面的氧化膜和铝套管内壁氧化膜，然后将铜导线和铝导线分别插入铝套管两端（最好预先在接触面涂上薄薄的一层导电膏），再用六角形压模在钳压机上压成六角形接头，两端还可用中性凡士林和塑料封好，防止空气和水分侵入，阻止局部电化腐蚀。但凡士林的滴点温度仅为50℃左右，当导体接头温度达到 70℃以上时，凡士林就会逐渐流失干涸，失去作用。

⑤ 采用铜铝过渡板连接。铜铝过渡板（排）又称铜铝过渡并沟线夹，是一种专门用于铜导线和铝导线连接的连接件，通常用于分支导线连接。分上下两块，各有两条弧形沟道，中间有两个孔眼用以安装固定螺栓。板的一半（沿纵线）为铜质，另一半为铝质，是经摩擦焊接连接而成的。使用时，先清洁连接导线和过渡板弧形沟道内的氧化膜，并涂上导电膏，将铜导线置于过渡的铜板侧弧形沟道内，铝导线置于过渡板的铝板侧弧形沟道内，两块板合上后装上螺杆、弹簧垫、平垫圈、螺母，用活扳手拧紧螺母即可。如果铝导线线径较细，可缠铝包带；如果铜导线线径较细，可用铜导线绑绕。连接时，应先把分支线头末端与干线进行绑扎。

还有一种铜铝过渡板，板的一半（沿横线）为铜质，另一半为铝质。这种过渡板多用于变配电所铜母线与铝母线之间的连接。

⑥ 采用 B 型铝并沟线夹连接。B 型铝并沟线夹是用于铝与铝分支导线连接的，当用于铜与铝导线连接，则铜导线端需要搪锡。如果铝导线线径较细，可缠铝包带；如果铜导线线径较细，可用铜导线绑绕。并沟线夹通常用于跳线、引下线等的连接。

⑦ 采用 SL 螺栓型铝设备线夹连接。SL 螺栓型铝设备线夹用于设备端子连接，一端与铝导线连接，另一端与设备端子的铜螺杆连接。铜螺母下垫圈应搪锡。

导线包扎：各种接头连接好后，应用胶带进行包扎，包扎时首先用橡胶绝缘带从导线接头初始端的完好绝缘层开始，缠绕 1～2 倍绝缘带宽度，以半幅宽度重叠进行缠绕，在包扎过程中应尽可能收紧绝缘带。最后在绝缘层上缠绕 1～2 圈，再进行回缠。采用橡胶绝缘带包扎时，应将其拉长 2 倍后再进行缠绕。然后用黑胶布包扎，包扎时要衔接好，以半幅宽度边压边进行缠绕，同时在包扎过程中收紧胶布，导线接头处两端应用黑胶布封严。

12. 线头与接线柱的连接

❶ 针孔式接线柱是一种常用接线柱，熔断器、接线块和电能表等器材上均有应用。通常用黄铜制成矩形方块，端面有导线承接孔，顶面装有压紧导线的螺钉。当导线端头芯线插入承接孔后，再拧紧压紧螺钉就实现了两者之间的电气连接。

a. 连接要求和方法如图 4-23 所示。单股芯线端头应折成双根并列状，平着插入承接孔，以使并列面能承受压紧螺钉的顶压。因此，芯线端头的所需长度应是两倍孔深。芯线端头必须插到孔的底部。凡有两个压紧螺钉的，应先拧紧近孔口的一个，再拧紧近孔底的一个，若先拧紧近孔底的一个，万一孔底很浅，芯线端头处于压紧螺钉端头球部，这样当螺钉拧紧时就容易把线端挤出，造成

空压。

b. 常见的错误接法如图 4-24 所示。单股线端直接插入孔内，芯线会被挤在一边。绝缘层剥去太少，部分绝缘层被插入孔内，接触面积被占据。绝缘层剥去太多，孔外芯线裸露太长，影响用电安全。

❷ 平压式接线柱

a. 小容量平压柱。通常利用圆头螺钉的平面进行压接，且中间多数不加平垫圈。灯座、灯开关和插座等都采用这种结构，连接方法如图 4-25 所示。

对绝缘硬线芯线端头必须先加工成压接圈。压接圈的弯曲方向必须与螺钉的拧紧方向一致，否则圈孔会随螺钉的拧紧而被扩大，且往往会从接线柱中脱出。圈孔不应该弯得过大或过小，只要稍大于螺钉直径即可。圈根部绝缘层不可剥去太多，$4mm^2$ 及以下的导线，一般留有 3mm 间隙，螺钉尾就不会压着圈根绝缘层。但也不应留得过少，以免绝缘层被压入。

b. 常见的错误连接法。不弯压接圈，芯线被压在螺钉的单边，极易造成线端接触不良，且极易脱落。绝缘层被压入螺钉内，这样的接法因为有效接触面积被绝缘层占据，且螺钉难以压紧，故会造

图4-23　针孔式接线柱连接要求和方法

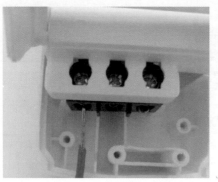
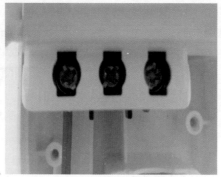

图4-24　针孔式接线柱连接的错误接法

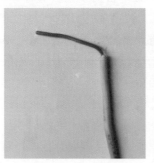

图4-25　小容量平压柱的连接方法

成严重的接触不良。芯线裸露过长，既会留下电气故障隐患，也会影响用电安全。

　　c. 7股线压接圈弯制方法。在照明干线或一般容量的电力线路中，截面积不大于16mm² 的7股绝缘硬线，可采用压接圈套上接线柱螺栓的方法进行连接。但7股线压接圈的制作必须正规，不

能把7股芯线直接缠绕在螺栓上。7股线压接圈的弯制方法如图4-26所示。

　　把剥去绝缘层的7股线端头在全长3/5部位重新绞紧（越紧越好），按稍大于螺栓直径的尺寸弯曲圆孔。开始弯曲时，应先把芯线朝外侧折成约45°，然后逐渐弯成圆圈状。形成圆圈后，把余端

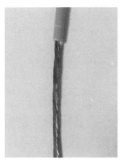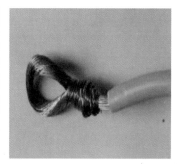

图4-26　7股线压接圈的弯制方法

芯线逐根理直，并贴紧根部芯线。把已弯成圆圈的线端翻转（旋转180°），然后选出处于最外侧且邻近的两根芯线扳成直角（即与圈根部的7股芯线成垂直状）。在离圈外沿约5mm处进行缠绕，加工方法与7股线缠绕对接一样，可参照应用。成型后应经过整修，使压接圈及圈柄部分平整挺直，且应在圈柄部分焊锡后恢复绝缘层。

提示：导线截面积超过16mm^{2}时，一般不应该采用压接圈连接，应采用线端加装接线耳的方法，由接线耳套上接线螺栓后压紧来实现电气连接。

③软线头与接线柱的连接方法

a. 与针孔柱连接，如图4-27所示。把多股芯线进一步绞紧，

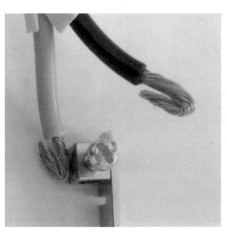

图4-27　软线头与针孔柱的连接

全部芯线端头不应有断股而露出毛刺。把芯线按针孔深度折弯，使之成为双根并列状。在芯线根部（即绝缘层切口处）把余下芯线折成垂直于双根并列的芯线，并把余下芯线按顺时针方向缠绕在双根并列的芯线上，且排列应紧密整齐。缠绕至芯线端头口剪去余端并钳平，不留毛刺，然后插入接线柱针孔内，拧紧螺钉即可。

b. 与平压柱连接，如图 4-28 所示。在连接前，也应先把多股芯线做进一步绞紧。把芯线按顺时针方向围绕在接线柱的螺栓上，应注意芯线根部不可贴住螺栓，应相距 3mm。接着把芯线围绕螺栓一圈后，余端应在芯线根部由上向下围绕一圈。把芯线余端再按顺时针方向围绕在螺栓上。把芯线余端围绕到芯线根部收住，若因余端太短不便嵌入螺栓尾部，可用旋具刀口推入。接着拧紧螺栓后扳起余端在根部切断，不应露毛刺和损伤下面芯线。

④ 头攻头连接。一根导线需与两个以上接线柱连接时，除最后一个接线柱连接导线末端外，导线在处于中间的接点上，不应切断后并接在接线柱中，而应采用头攻头的连接法。这样不但可大大降低连接点的接触电阻，而且可有效地降低因连接点松脱而造成的开路故障。

a. 在针孔柱上连接如图 4-29 所示。按针孔深度的两倍长度，再加 5～6mm 的芯线根部裕度，剥离导线连接点的绝缘层。在剥去绝缘层的芯线中间将导线折成双根并列状态，并在两芯线根部反向折成 90° 转角。把双根并列的芯线端头插入针孔并拧紧螺栓。

b. 在平压柱上连接如图 4-30 所示。按接线柱螺栓直径约 4～7 倍长度剥离导线连接点绝缘层。以剥去绝缘层芯线的中点为基准，按螺栓规格弯曲成压接圈后，用钢丝钳紧夹住压接圈根部，把两根部芯线互绞一圈，使压接圈呈图 4-30 所示形状。把压接圈套入螺栓后拧紧（需加套垫圈的，应先套入垫圈，再套入压接圈）。

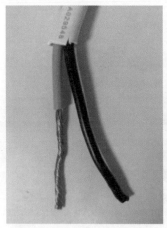

图4-28 软线头与平压柱的连接

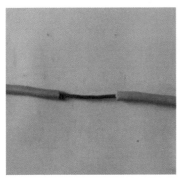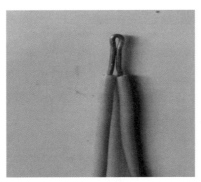

图4-29　头攻头在针孔柱上的连接

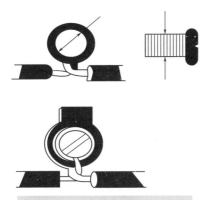

图4-30　头攻头在平压柱上的连接

⑤铝导线与接线柱的连接。截面积小于4mm²的铝质导线，允许直接与接线柱连接。但连接前必须经过清除氧化铝薄膜的技术处理，再弯制芯线的连接点。

端头直接与针孔柱连接时，应先折成双根并列状。端头直接与平压柱连接时，应先弯制压接圈。头攻头接入针孔柱时，应先折成双根T字状。头攻头接入平压柱时，应先弯成连续式压接圈。

各种形状接点的弯制和连接，与小规格铜质导线的方法相同。

13.导线的封端方法

对于导线截面积大于10mm²的多股铜、铝芯导线，一般都必须用接线端子（又称接线鼻或接线耳）对导线端头进行封端，再由接线端与电气设备相连。

①铜芯导线的封端

a.锡焊封端。先剥掉铜芯导线端部的绝缘层，除去芯线表面和接线端子内壁的氧化膜，涂上无酸焊锡膏。再用一根粗铁丝系住铜接线端子，使插线孔口朝上并放到火里加热。把锡条插在铜接线端子的插线孔内，使锡受热后熔化在插线孔内。把芯线的端部插入接线端子的插线孔内，上下插拉几次后把芯线插到孔底。平稳而缓慢地把粗铁丝的接线端子浸到冷水里，使液态锡凝固，芯线焊牢。用锉刀把铜接线端子表面的焊锡除去，用砂布打光后包上绝缘带，即可与电气接线柱连接。

b. 压接封端。把剥去绝缘层并涂上石英粉或凡士林油膏的芯线插入内壁也涂上石英粉或凡士林油膏的铜接线端子孔内。用压接钳进行压接，在铜接线端子的正面压两个坑，先压外坑，再压内坑，两个坑要在一条直线上。从导线绝缘层至铜接线端子根部包上绝缘带。

② 铝芯导线的封端。铝芯导线一般采用铝接线端子压接法进行封端。铝接线端子的外形及规格如图 4-31 所示，其各部分尺寸见表 4-31。

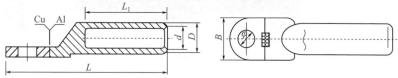

图4-31 铝接线端子的外形及规格

铝芯导线用压接法进行封端的方法：根据铝芯线的截面积查表 4-13 选用合适的铝接线端子，然后剥去芯线端部绝缘层，刷去铝芯表面氧化层并涂上石英粉或凡士林油膏。刷去铝接线端子内壁氧化层并涂上石英粉或凡士林油膏，将铝芯线插到插线孔的孔底。用压线钳在铝接线端子正面压两个坑，先压靠近插线孔处的第一个坑，再压第二个坑，压接坑的尺寸见表 4-14。

表4-13 铝接线端子各部分尺寸

型号	ϕ	D	d	L	L_1	B
DTL-1-10	$\phi8.5$	10	6	68	28	16
DTL-1-16	$\phi8.5$	11	6	70	30	16
DTL-1-25	$\phi8.5$	12	7	75	34	18
DTL-1-35	$\phi10.5$	14	8.5	85	38	20.5
DTL-1-50	$\phi10.5$	16	9.8	90	40	23
DTL-1-70	$\phi12.5$	18	11.5	102	48	26
DTL-1-95	$\phi12.5$	21	13.5	112	50	28
DTL-1-120	$\phi14.5$	23	15	120	53	30
DTL-1-150	$\phi14.5$	25	16.5	126	56	34
DTL-1-185	$\phi16.5$	27	18.5	133	58	37
DTL-1-240	$\phi16.5$	30	21	140	60	40
DTL-1-300	$\phi21$	34	23.5	160	65	50
DTL-1-400	$\phi21$	38	27	170	70	55
DTL-1-500	$\phi21$	45	29	225	75	60
DTL-1-630	—	54	35	245	80	80
DTL-1-800	—	60	38	270	90	100

表4-14 铝接线端子压接坑尺寸

导线截面积 / mm^2	端子各部分尺寸 /mm			压模深 /mm
	d	D	ϕ	
16	5.5	10	6.5	5.5
25	6.8	12	8.5	5.9
35	7.7	14	8.5	7.0
50	9.2	16	10.5	7.8
70	11.0	18	10.5	8.9
95	13.0	21	13.0	9.9

在剥去绝缘层的铝芯导线和铝接线端子根部包上绝缘带（绝缘带要从导线绝缘层包起），并刷去接线端子表面的氧化层。

三、导线绝缘处理操作

对接点包扎

1. 导线接头包扎方法

（1）对接接点包扎　对接接点包扎方法如图4-32所示。

绝缘带（黄蜡带或塑料带）应从左侧的完好绝缘层上开始包缠，应包入绝缘层1.5～2倍带宽，即30～40mm，起包时绝缘带与导线之间应保持约45°倾斜。进行每圈斜叠包缠，包一圈必须压叠住前一圈的1/2带宽。包至另一端也必须包入与始端同样长度的绝缘层，然后接上黑胶带，并应使黑胶带包出绝缘带层至少半个带宽，即必须使黑胶带完全包没绝缘带。黑胶带也必须进行1/2叠包，不可包得过疏或过密；包到另一端也必须完全包没绝缘带，收尾后应用双手的拇指和食指紧捏黑胶带两端口，进行一正一反方向拧旋，利用黑胶带的黏性，将两端口充分密封起来。

（2）分支接点包扎　分支接点包扎方法如图4-33所示。

采用与对接相同的方法从左端开始起包。包至碰到分支线时，应用左手拇指顶住左侧直角处包上的带面，使它紧贴转角处芯线，并应使处于线顶部的带面尽量向右侧斜压（即跨越到右边）。当围绕到右侧转角处时，用左手食指顶住右侧直角处带面，并使带面在干线顶部向左侧斜压，与被压在下边的带面呈"X"状交叉。然后把带再回绕到右侧转角处。带沿紧贴住支线连接处根端，开始在支线上包缠，包至完好绝缘层上约两倍带宽时，原带折回再包至支线连接处根端，并把带向干线右侧斜压（不应该倾斜太多）。

当带围过干线顶部后，紧贴干线右侧的支线连接处开始在干线右侧芯线上进行包缠。包至干线另一端的完好绝缘层上后，接上黑胶带，重复上述方法继续包缠黑胶带。

（3）并头接点包扎　并头连接后的端头通常埋藏在木台或接线盒内，空间狭小，导线和附件较多，往往彼此挤轧在一起，且容易贴着建筑面，所以并头接点的绝缘层必须恢复可靠，否则极容易发生漏电或短路等电气故障。操作步骤和方法如图4-34所示。

为了防止包缠的整个绝缘层脱落，绝缘线在起包前必须插入

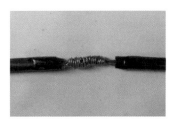

图4-32　对接接点包扎方法

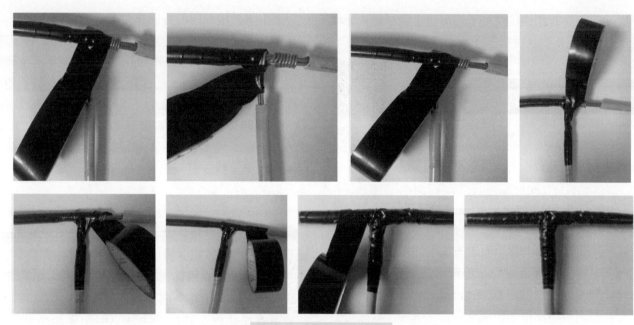

图4-33　分支接点包扎方法

图4-34　并头接点包扎方法

两根导线的夹缝中，然后在包缠时把带头夹紧。起包方法和要求与对接接点一样。由于并头接点较短，叠压宽度紧密，间隔可小于1/2带宽。若并接的是较大的端头，在尚未包缠到端口时，应裹上包裹带，然后在继续包缠中把包裹带扎紧压住；若并接的是较小的端头，不必加包裹带。包缠到导线端口后，应使带面超出导线端口1/2～3/4带宽，然后紧贴导线端口折回伸出部分的带面。把折回的带面掀平掀服，然后用原带缠压住（必须压紧），接着包缠第二层绝缘带，包至下层起包处止。接上黑胶带，并应使黑胶带超出绝缘带层至少半个带宽，并完全包没压住绝缘带。把黑胶带包缠到导线端口，用黑胶带缠裹住端口绝缘带层，要完全压住包没绝缘带层，然后包缠第二层黑胶带至起包处止。用右手拇、食两指紧捏黑胶带断带口，旋紧，使端口密封。

（4）接线耳和多股线压接圈包扎

① 接线耳线端包扎方法如图4-35所示。

从完好绝缘层的40～60mm处缠起，方法与本节对接接点包扎方法相同。绝缘带包缠到接线耳近圆柱体底部处，接上黑胶带；然后朝起包处包缠黑胶带，包出下层绝缘带约1/2带宽后断带，应完全包没压住绝缘带。两手捏紧黑胶带断带口后做反方向扭旋，使两端黑胶带端口密封。

② 多股线压接圈包扎方法如图4-36所示。

步骤和方法，与上述接线耳包扎方法基本相同，但离压接圈根部5mm的芯线应留着不包。若包缠到压接圈的根部，螺栓顶部的平垫圈就会压着恢复的绝缘层，造成接点接触不良。

2. 热缩管绝缘处理

用 $\phi 2.2$～8mm热缩管来替代电工绝缘胶带，外观干净、整洁，非常适合家庭装修应用，如图4-37所示。例如，在导线焊接后可用热缩管做多层绝缘，其方法是：在接线前先将大于裸线段4cm的热缩管穿在各端，接线后先移套在裸线段，用家用热吹风机（或打火机）热缩，冷却后再将另一段穿覆上去热缩。若是接线头，头部热缩后可用尖嘴钳钳压封口。

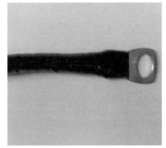

图4-35 接线耳线端包扎方法

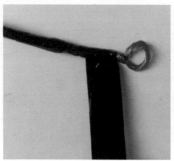

图4-36　多股线压接圈包扎方法

不同型号的热缩带

各种热缩管

封接多芯线

封接不同形式的线材

图4-37　热缩管绝缘

四、家庭线路保护要求

① 线路应采用适当的短路保护、过载保护及接地（零）措施。

② 应严格按照设计图中所标示用户设备的位置，确定管线走向、标高及开关、插座的位置。强弱电应分管分槽铺设，强弱电间距应大于或等于150mm。

③导线穿墙的应穿管保护，两端伸出墙面不小于 10mm，导线间和线路对地的绝缘电阻不应小于 0.5MΩ。

④导线应尽量减少接头。导线在连接和分支处不应受机械的作用，大截面积导线连接应使用与导线同种金属的接线端子。

⑤导线耐压等级应高于线路工作电压，截面积的安全电流应大于负荷电流和满足机械强度要求，绝缘层应符合线路安装方式和环境条件。

⑥家庭用电应按照明回路、电源插座回路、空调回路分开布线。这样，当其中一个回路出现故障时，其他回路仍可正常供电，不会给正常生活带来过多影响。插座上须安装漏电开关，防止因家用电器漏电造成人身电击事故。

第三节　室内配电装置安装

家庭室内配电装置包括配电箱及其控制保护电器、各种照明开关和用电器插座。这些配电装置一般采用暗装方式安装，安装时对工艺要求比较高，既要美观，更要符合安全用电规定。

一、单开单控面板开关控制一盏灯接线

一个开关控制一盏灯，只要将电源、开关、电灯串联在一起就可以了。这样连接的灯只能被一个开关控制。电源接线要求是电源火线接在开关的 L 端上，开关的 L1 与控制灯的控制线连接；灯另一端与电源零线连接。开关要接在火线上，这样才能保证使用过程中的安全性。如图 4-38 所示。

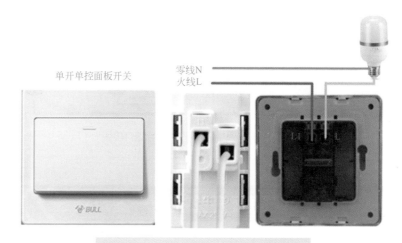

图4-38　单开单控面板开关控制一盏灯接线

二、二开单控面板开关控制两盏灯接线

二开单控面板开关控制两盏灯接线，把火线分别接面板开关 L 端，开关 L1 端和另外一个开关 L1 端接的负载灯线火线端。灯零线端接电源零线。平时维修时如灯不亮把两个 L1 位置对调一下就可以判断哪一个开关坏了。如图 4-39 所示。

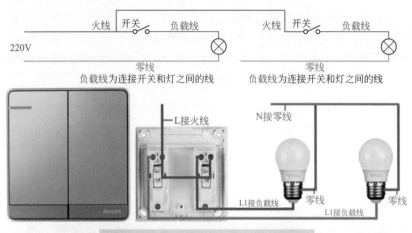

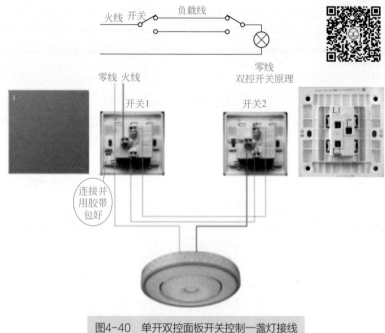

图4-39　二开单控面板开关控制两盏灯接线

三、单开双控面板开关控制一盏灯接线

单开双控面板开关指的是两个不同地方控制一个灯，开关上会有 L、L1、L2 三个接线孔。

接线时火线直接进开关接 L 孔，零线直接接灯，双联接线分别接在两个开关 L1、L2 孔上，控制线一头接在另外一个开关的 L 孔上，并且连接到灯的火线接头端。如图 4-40 所示。

有的双控标注有 com 口，是用来短路火线和零线的，也就是说把两个开关的两个 com 口分别接到火线和零线上（相当于 L 端口）。

图4-40　单开双控面板开关控制一盏灯接线

四、声光控延时开关接线

三线制声光控延时开关，可以兼容多种光源，但要求有零线且必须连接零线，否则对 LED 灯不适用。而两线制声光控开关，一般只适用于白炽灯或小功率不超过 20W 的节能灯。三线制声光控延时开关接线如图 4-41 所示。

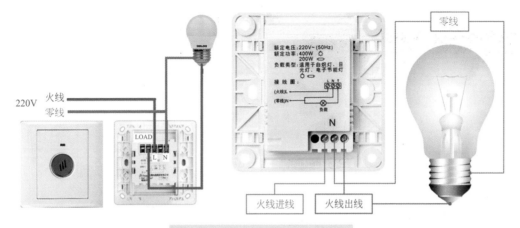

图4-41　三线制声光控延时开关接线

五、家庭暗装配电箱接线

1. 配电箱的基本接线形式

暗装配电箱，配电箱嵌入墙内安装，在砌墙时预留孔洞应比配电箱的长和宽各大 20mm 左右，预留的深度为配电箱厚度加上洞内壁抹灰的厚度。在预埋配电箱时，箱体与墙之间填以混凝土即可把箱体固定住。在安装配电箱时注意如下事项：

① 家庭配电箱的箱体内接线汇流排应分别设立零线、保护接地线、相线，且要完好无损，具良好绝缘。

② 家庭配电箱一般安装标高为 1.8m，这样便于操作，同时进配电箱的 PVC 管必须用锁紧螺帽固定。

③ 断路器的安装标准导轨应光洁无阻并有足够安装断路器的空间。

④ 配电箱内的接线应规则、整齐，端子螺钉必须紧固。

⑤ 在配电箱线路安装时各回路进线必须有足够长度，不得有接头，安装后断路器要标明各回路使用名称，同时家庭配电箱安装完成后须清理配电箱内的残留物。

暗装配电箱接线如图 4-42 所示。

2. 小型断路器的选用

家庭用断路器可分为双极（2P）和单极（1P）两种类型。一般用双极（2P）断路器作为电源保护，用单极（1P）断路器作为分支回路保护，单极（1P）断路器用于切断 220V 相线，双极（2P）断路器用于 220V 相线与零线同时切断。

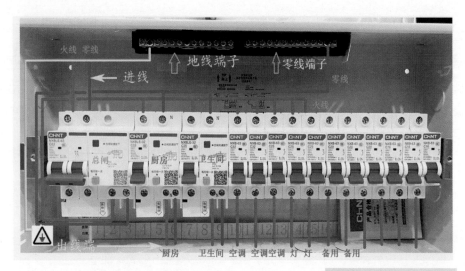

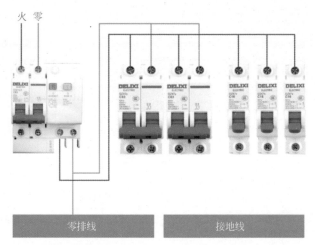

图4-42 暗装配电箱接线

目前家庭使用 DZ 系列的断路器，常见的型号／规格有 C16、C25、C32、C40、C60、C80、C10、C120 等，其中 C 表示脱扣电流，即额定启跳电流。如 C32 表示启跳电流为 32A。

断路器的额定启跳电流如果选择偏小，则易频繁跳闸，引起不必要的停电；如果选择过大，则达不到预期的保护效果。因此正确选择家装断路器额定电流大小很重要。那么，一般家庭如何选择或验算总负荷电流呢？

电风扇、电熨斗、电热毯、电热水器、电暖器、电饭锅、电炒锅等电气设备属于电阻性负载，可用额定功率直接除以电压进行计算，即

$$I = \frac{P}{U} = \frac{\text{总功率}}{220\text{V}}$$

吸尘器、空调、荧光灯、洗衣机等电气设备属于感性负载。具体计算时还要考虑功率因数问题。为便于估算，根据其额定功率计算出来的结果再翻一倍即可。例如，额定功率 20W 的荧光灯的分支电流为

$$I = \frac{P}{U} \times 2 = \frac{20\text{W}}{220\text{V}} \times 2 = 0.18\text{A}$$

电路总负荷电流等于各分支电流之和。知道了分支电流和总电流，就可以选择分支断路器及总断路器、总熔断器、电能表以及各支路电线的规格，或者验算已设计的电气部件规格是否符合安全要求。

在设计、选择断路器时，要考虑到以后用电负荷增加的可能性，为以后需求留有余量。为了确保安全可靠，作为总闸的断路器

的额定工作电流一般应大于 2 倍所需的最大负荷电流。

例如，空调功率计算：

1P=735W，一般可视为 750W。

1.5P=1.5×735W，一般可视为 1125W。

2P=2×735W，一般可视为 1500W。

2.5P=2.5×735W=1837.5W，一般可视为 1900W。

以此类推，可计算出家用空调的功率。

3．总断路器与分断路器的选择

现代家庭用电一般按照明回路、电源插座回路、空调回路等进行分开布线，其好处是当其中一个回路（如插座回路）出现故障时，其他回路仍可以正常供电，如图 4-43 所示。插座回路必须安装漏电保护装置，防止家用电器漏电造成人身电击事故。

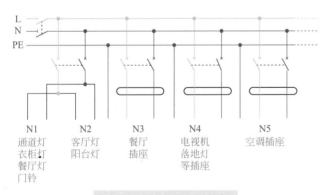

图4-43　家庭配电回路示例

① 住户配电箱总开关一般选择双极 32 ～ 63A 小型断路器。

② 照明回路一般选择 10 ～ 16A 小型断路器。

③ 插座回路一般选择 13 ～ 20A 小型断路器。

④ 空调回路一般选择 13 ～ 25A 小型断路器。

以上选择仅供参考，每户的实际用电器功率不一样，具体选择要按设计为准。

也可采用双极或 1P+N（相线＋中性线）小型断路器。当线路出现短路或漏电故障时，立即切断电源的相线和中性线，确保人身安全及用电设备的安全。

家庭选配断路器的基本原则是"照明小，插座中，空调大"。应根据用户的要求和装修个性的差异性，并结合实际情况进行灵活的配电方案选择。

4．配电箱内部分配

家庭室内配电箱一般嵌装在墙体内，外面仅可见其面板。室内配电箱一般由电源总闸单元、漏电保护单元和回路控制单元构成。

① 电源总闸单元一般位于配电箱的最左边，采用电源总闸（隔离开关）作为控制元件，控制着入户总电源。拉下电源总闸，即可同时切断入户的交流 220V 电源的相线和零线。

② 漏电断路器单元一般设置在电源总闸的右边，采用漏电断路器（漏电保护器）作为控制与保护元件。漏电断路器的开关扳手平时朝上处于"合"位置；在漏电断路器面板上有一试验按钮，供平时检验漏电断路器用。当室内线路或电器发生漏电或有人触电时，漏电断路器会迅速动作切断电源（这时可见开关扳手已朝下处于"分"位置）。

③ 回路控制单元一般设置在配电箱的右边，采用断路器作为控制元件，将电源分若干路向室内供电。对于小户型住宅（如一室一厅），可分为照明回路、插座回路和空调回路。各个回路单独设置各自的断路器和熔断器。对于中等户型、大户型住宅（如两室一厅一厨一卫、三室一厅一厨一卫等），在小户型住宅回路的基础上

可以考虑增设一些控制回路，如客厅回路、主卧室回路、次卧室回路、厨房回路、空调 1 回路、空调 2 回路等，一般可设置 8 个以上的回路，居室数量越多，设置回路就越多，其目的是使居民用电安全方便。图 4-44 所示为建筑面积在 90m² 左右的普通两居室配电箱控制回路设计实例。

图4-44 两居室配电箱控制回路设计实例

室内配电箱在电气上，电源总闸、漏电断路器、回路控制 3 个功能单元是顺序连接的，即交流 220V 电源首先接入电源总闸，通过电源总闸后进入漏电断路器，通过漏电断路器后分几个回路输出。

5．配电箱接线过程

（1）箱体安装完毕。

（2）箱内空开、配线导线、配线扎带等已经准备完毕，并且符合设计图纸、配电箱安装要求。

（3）导轨安装。箱体内导轨安装：导轨安装要水平，并与盖板空开操作孔相匹配。如图 4-45 所示。

图4-45 导轨安装

（4）箱体内空开安装。

① 空开安装时首先要注意箱盖上空开安装孔位置，保证空开位置在箱盖预留位置。其次开关安装时要从左向右排列，开关预留位应为一个整位。

② 预留位一般放在配电箱右侧。第一排总空开与分空开之间有预留完整的整位，用于第一排空开配线。如图 4-46 所示。

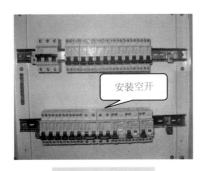

图4-46 空开安装

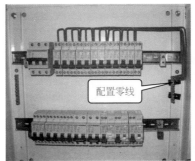

图4-47 空开零线的配置

（5）空开零线配线。

① 零线颜色要采用蓝色。

② 照明及插座回路一般采用 2.5mm² 导线，每根导线所串联空开数量不得大于 3 个。空调回路一般采用 2.5mm² 或 4.0mm² 导线，一根导线配一个空开。

③ 不同相之间零线不得共用，如由 A 相配出的第一根黄色导线连接了两个 16A 的照明空开，那么 A 相所配空开零线也只能配这两个空开，配完后直接连接到零线接线端子上。

④ 箱体内总空开与各分空开之间配线一般走左边，配电箱出线一般走右边。

⑤ 箱内配线要顺直不得有铰接现象，导线要用塑料扎带绑扎，扎带大小要合适，间距要均匀。

⑥ 导线弯曲应一致，且不得有死弯，防止损坏导线绝缘皮及内部铜芯。如图 4-47 所示。

（6）相线配线一。第一排空开配线：

① A 相线为黄、B 相线为绿、C 相线为红。

② 照明及插座回路一般采用 2.5mm² 导线，每根导线所串联空开数量不得大于 3 个。空调回路一般采用 2.5mm² 或 4.0mm² 导线，一根导线配一个空开。

③ 由总开关每相所配出的每根导线之间零线不得共用，如由 A 相配出的第一根黄色导线连接了两个 16A 的照明空开，那这两个照明空开一次侧零线也只从这两个空开一次侧配出直接连接到零线接线端子。

④ 箱体内总空开与各分空开之间配线一般走左边，配电箱出线一般走右边。

⑤ 箱内配线要顺直，不得有铰接现象，导线要用塑料扎带绑扎，扎带大小要合适，间距要均匀。

⑥ 导线弯曲应一致，且不得有死弯，防止损坏导线绝缘皮及内部铜芯。如图 4-48 所示。

（7）相线配线二。第二排空开配线：

① A 相线为黄、B 相线为绿、C 相线为红。

② 照明及插座回路一般采用 2.5mm² 导线，每根导线所串联空

145

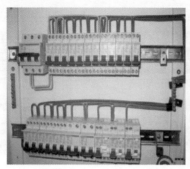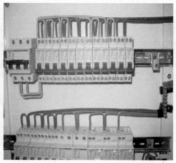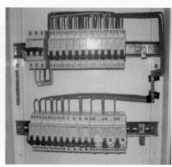

图4-48　相线配线一接线图

开数量不得大于 3 个。空调回路一般采用 2.5mm² 或 4.0mm² 导线，一根导线配一个空开。

③ 由总开关每相所配出的每根导线之间零线不得共用，如由 A 相配出的第一根黄色导线连接了两个 16A 的照明空开，那这两个照明空开一次侧零线也只从这两个空开一次侧配出直接连接到零线接线端子。

④ 箱体内总空开与各分空开之间配线一般走左边，配电箱出线一般走右边。

⑤ 箱内配线要顺直不得有铰接现象，导线要用塑料扎带绑扎，扎带大小要合适，间距要均匀。

⑥ 导线弯曲应一致，且不得有死弯，防止损坏导线绝缘皮及内部铜芯。如图 4-49 所示。

图4-49　相线配线二接线图

（8）导线绑扎。

① 导线要用塑料扎带绑扎，扎带大小要合适，间距要均匀，一般为 100mm。

② 扎带扎好后，不用的部分要用钳子剪掉。如图 4-50 所示。

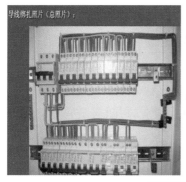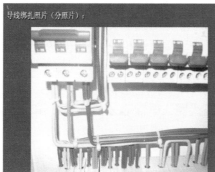

图4-50　导线的绑扎

6. 配电箱安装注意事项

① 配电箱规格型号必须符合国家现行统一标准的规定；箱体材质为铁质时，应有一定的机械强度，周边平整无损伤，涂膜无脱落，厚度不小于 1.0mm；进出线孔应为标准的机制孔，大小相适配，通常将进线孔靠箱左边，出线孔安排在中间，管间距在 10～20mm 之间，并根据不同的材质加设锁扣或护圈等，工作零线汇流排与箱体绝缘，汇流排材质为铜质；箱底边距地面不小于 1.5m。

② 箱内断路器和漏电断路器安装牢固；质量应合格，开关动作灵活可靠，漏电装置动作电流不大于 30mA，动作时间不大于 0.1s；其规格型号和回路数量应符合设计要求。

③ 箱内的导线截面积应符合设计要求，材质合格。

④ 箱内进户线应留有一定余量，一般为箱周边的一半。走线规矩、整齐，无铰接现象，相线、工作零线、保护地线的颜色应严格区分。

⑤ 工作零线、保护地线应经汇流排配出，室内配电箱电源总断路器（总开关）的出线截面积不应小于进线截面积，必要时应设相线汇流排。10mm² 及以下单股铜芯线可直接与设备器具的端子连接，小于或等于 2.5mm² 多股铜芯线应先拧紧搪锡或压接端子后与设备器具的端子连接，大于 2.5mm² 多股铜芯线除设备自带插接式端子外，应接续端子后与设备器具的端子连接，但不得采用开口端子，多股铜芯线与插接式端子连接前端部拧紧搪锡；对可同时断开相线、零线的断路器的进出导线应左边端子孔接零线，右边端子孔接相线。箱体应有可靠的接地措施。

⑥ 导线与端子连接紧密，不伤芯，不断股；插接式端子线芯不应过长，应为插接端子深度的 1/2；同一端子上导线连接不多于 2 根，且截面积相同；防松垫圈等零件应齐全。

⑦ 配电箱的金属外壳应可靠接地，接地螺栓必须加弹簧垫圈进行防松处理。

⑧ 配电箱内回路编号应齐全，标识正确。

⑨ 若设计与国家有关规范相违背，应及时与设计师沟通，经修改后再进行安装。

六、单相电能表与漏电保护器的接线电路

1. 电路原理图与工作原理

选好单相电能表后，应进行检查安装和接线。如图 4-51 所示，1、3 为进线，2、4 接负载，接线柱 1 要接相线（即火线），漏电保护器多接在电表后端，在我国，目前这种电能表接线应用最多。

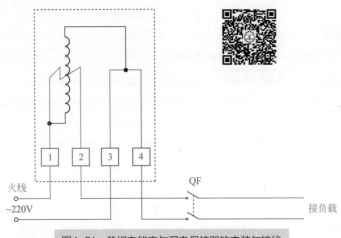

图4-51　单相电能表与漏电保护器的安装与接线

2. 电路接线组装（如图 4-52 所示）

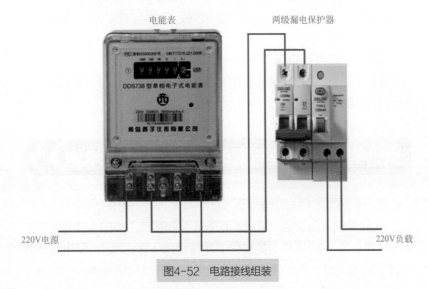

图4-52　电路接线组装

七、三相四线制交流电能表的接线电路

1. 电路原理图与工作原理

三相四线制交流电能表共有 11 个接线端子，其中 1、4、7 端子分别接电源相线，3、6、9 是相线出线端子，10、11 分别是中性线（零线）进、出线接线端子，而 2、5、8 为电能表三个电压线圈接线端子，电能表电源接上后，通过连接片分别接入电能表三个电压线圈，电能表才能正常工作。图 4-53 为三相四线制交流电能表的接线示意图。

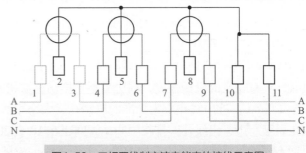

图4-53　三相四线制交流电能表的接线示意图

2. 电路接线组装

三相四线制交流电能表的接线电路如图 4-54 所示。

三相四线电能表

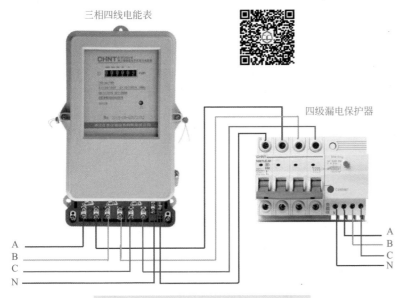

四级漏电保护器

A
B
C
N

A
B
C
N

图4-54　三相四线制交流电能表的接线电路

八、三相三线制交流电能表的接线电路

1．电路原理图与工作原理

三相三线制交流电能表有 8 个接线端子，其中 1、4、6 为相线进线端子，3、5、8 为出线端子，2、7 两个接线端子空着，目的是与接入的电源相线通过连接片取到电能表工作电压并接入电能表电压线圈。图 4-55 为三相三线制交流电能表接线示意图。

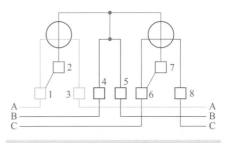

2

7

1　3　4　5　6　8

A
B
C

A
B
C

图4-55　三相三线制交流电能表接线示意图

2．电路接线组装

三相三线制交流电能表的接线电路如图 4-56 所示。

三相三线电能表

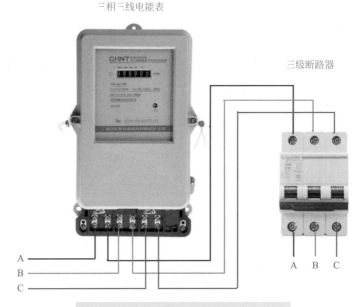

三级断路器

A
B
C

A　B　C

图4-56　三相三线制交流电能表的接线电路

九、几种常用室内配线实物图解

如图 4-57 ～ 图 4-59 所示。

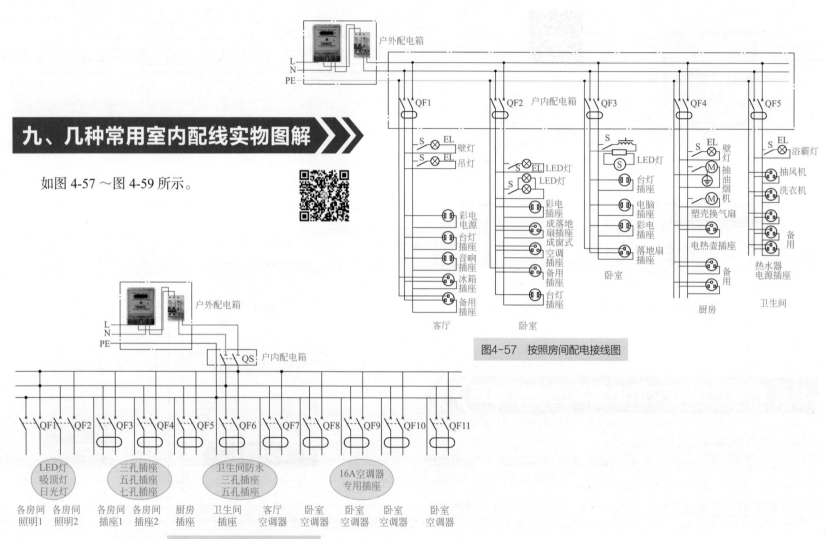

图4-57　按照房间配电接线图

图4-58　按照用途配电接线图

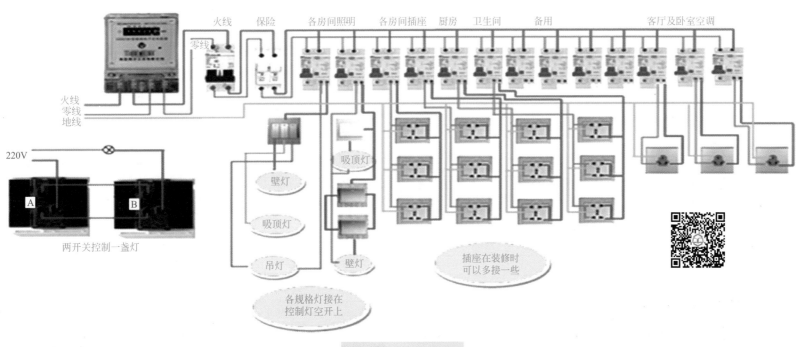

火线　保险　各房间照明　各房间插座　厨房　卫生间　备用　客厅及卧室空调

零线

火线
零线
地线

220V

A　B

两开关控制一盏灯

壁灯

吸顶灯

吸顶灯

吊灯

壁灯

各规格灯接在
控制灯空开上

插座在装修时
可以多接一些

图4-59　按照用途配电

第四节　电源插头、插座的选用与安装

一、电源插头、插座的选用 》》》

插座用于电器插头与电源的连接。家庭居室使用的插座均为单相插座。按照国家标准规定，单相插座可分为两孔、三孔、五孔及多孔插座，如图4-60所示。

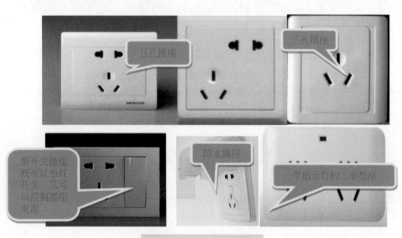

图4-60　多种家用插座

单相插座常用的规格为：250V/10A 的普通照明插座，250V/16A

的空调、热水器用三孔插座。

家庭常用的电源插座面板有 86 型、120 型、118 型和 146 型。目前最常用的是 86 型插座，其面板尺寸为 86mm×86mm，安装孔中心距为 60.3mm。

值得注意的是，目前各国插座的标准有所不同，如图4-61所示。选用插座时一定要看清楚，否则与家庭所用电器的插头不匹配，则安装的插座就成了摆设。同样，选用插头时也应注意与插座匹配（图4-62）。

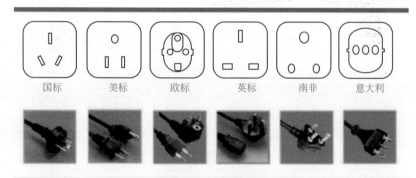

图4-61　各国插座的标准

中规两扁插 C1

美规两扁插(带孔) C2

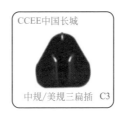
中规/美规三扁插 C3

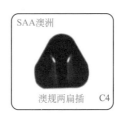
澳规两扁插 C4

欧规高台两圆插 ϕ 4.5 C5

韩规高台两圆插 ϕ 4.8 C6

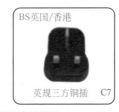
英规三方铜插 C7

法规两圆插 C8

图4-62 各国插头标准

二、插座的安装

1. 电源插座的安装位置

电源插座的安装位置必须符合安全用电的规定，同时要考虑将来用电器的安放位置和家具的摆放位置。为了插头插拔方便，室内插座的安装高度为 0.3 ~ 1.8m。安装高度为 0.3m 的称为低位插座，安装高度为 1.8m 的称为高位插座。按使用需要，插座可以安装在设计要求的任何高度。

① 厨房插座可装在橱柜以上吊柜以下，为 0.82 ~ 1.4m，一般的安装高度为 1.2m 左右。抽油烟机插座应根据橱柜设计，安装在距地面 1.8m 处，最好能被排烟管道所遮蔽。近灶台上方处不得安装插座。

② 洗衣机插座距地面 1.2 ~ 1.5m 之间，最好选择开关三孔插座。

③ 电冰箱插座距地面 0.3m 或 1.5m（根据电冰箱位置而定），且宜选择单三孔插座。

④ 分体式、壁挂式空调插座宜根据出线管预留洞位置距地面 1.8m 处设置，窗式空调插座可在窗口旁距地面 1.4m 处设置，柜式空调电源插座宜在相应位置距地面 0.3m 处设置。

⑤ 电热水器插座应在电热水器右侧距地面 1.4 ~ 1.5m，注意不要将插座设在电热水器上方。

⑥ 厨房、卫生间的插座安装应尽可能远离用水区域。如靠近，应加配插座防溅盒。台盆镜旁可设置电吹风和剃须用电源插座，以离地 1.2 ~ 1.6m 为宜。

⑦ 露台插座距地面应在 1.4m 以上，且尽可能避开阳光、雨水所及范围。

⑧ 客厅、卧室的插座应根据家具（如沙发、电视柜、床）的尺寸来确定。一般来说，每个墙面的两个插座间距离应不大于 2.5m，在墙角 0.6m 范围内至少安装一个备用插座。

2. 插座的接线

① 单相两孔插座有横装和竖装两种。横装时，面对插座的右极接相线（L），左极接零线（中性线 N），即"左零右相"；竖装时，面对插座的上极接相线，下极接中性线，即"上相下零"。

② 单相三孔插座接线时，保护接地线（PE）应接在上方，下方的右极接相线，左极接中性线，即"左零右相中 PE"。单相插座的接线方法如图 4-63、图 4-64 所示。

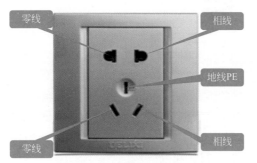
(a) 实物示意图

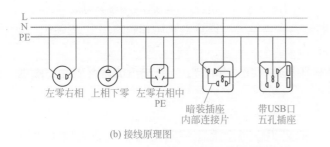
(b) 接线原理图

图4-63 单相插座接线正视图

单联插座与带开关插座的接线

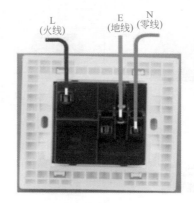

图4-64 单相插座接线后视图

③ 多个插座导线连接时，不允许拱头连接，应采用 LC 型压接帽压接总头后，再进行分支线连接。

④ 暗装电源插座安装步骤及方法：首先要把墙壁开关插座安装工具准备好，开关插座安装工具：测量要用的卷尺（但水平尺也

可以进行测量）、线坠、电钻和螺丝刀（钻孔用）、绝缘手套和剥线钳等。如图 4-65 所示。

墙壁开关插座安装准备：在电路电线、底盒安装以及封面装修完成后安装。

墙壁开关插座的安装需要满足重要作业条件：安装的墙面要刷白，油漆和壁纸在装修工作完成后才可开始操作。一些电路管道和盒子需铺设完毕，要完成绝缘遥测。

动手安装时天气要晴朗，房屋要通风干燥，要切断开关闸刀电箱电源。

3. 插座安装过程

第一次安装电源墙壁开关插座要保证它的安全性和耐用性，建议咨询一下专业装修工人如何安装。

安装及更换开关盒前先用手机拍几张开关内部接线图，在拆卸时对开关插座盒中的接线必须要认清楚。安装工作要仔细进行，不允许出现接错线和漏接线的情况。

开关安装流程主要按清洁→接线→固定来进行。

第一步，墙壁开关插座底盒在拆卸好后，对底盒墙内部进行清洁。如图 4-66 所示。

开关插座安装于木工工作和油漆工工作等之后进行，而久置的底盒难免堆积大量灰尘。在安装时先对开关插座底盒进行清洁，特别是将盒内的灰尘杂质清理干净，并用湿布将盒内残存灰尘擦除。这样做可预防特殊杂质影响电路使用的情况。

第二步，电源线处理：将盒内甩出的导线留出维修长度，然后削出线芯，注意不要碰伤线芯。将导线按顺时针方向盘绕在开关或插座对应的接线柱上，然后旋紧压头，要求线芯不得外露。如图 4-67 所示。

剥线钳

螺丝刀

电工胶带

水平尺

图4-65 安装插座准备材料工具

图4-66　清理底盒

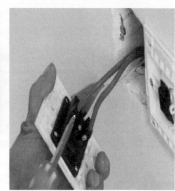

图4-68　接线

图4-67　削出线芯

第三步，插座三线接线方法：火线接入开关两个孔中的一个 A 标记，再从另一个孔中接出绝缘线接入下面的插座三个孔中的 L 孔内接牢。零线直接接入插座三个孔中的 N 孔内接牢。地线直接接入插座 3 个孔中的 E 孔内接牢。如图 4-68 所示。若零线与地线错接，使用电器时会出现跳闸现象。

先将盒子内甩出的导线由塑料台的出线孔中穿出，再把塑料台紧贴于墙面，用螺钉固定在盒子上。固定好后，将导线按各自的位置从开关插座的线孔中穿出，按接线要求将导线压牢。

第四步，开关插座固定安装：将开关或插座贴于塑料台上，找正并用螺钉固定牢，盖上装饰板，如图 4-69 所示。

图4-69　螺钉固定与盖上装饰板

对于多联插座的安装，可以按照下面的步骤进行。

将单座安装在支架上，如图 4-70 所示。

按入单联座

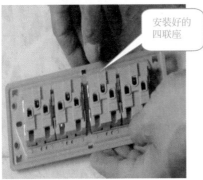

单联座方向
要一致

安装好的
四联座

图4-70　安装单座

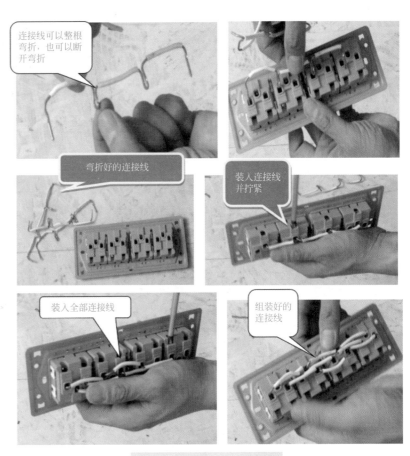

连接线可以整根
弯折，也可以断
开弯折

弯折好的连接线

装入连接线
并拧紧

装入全部连接线

组装好的
连接线

图4-71　连接线的制作与安装

制作连接线与安装连接线如图 4-71 所示。将四联座装入墙壁暗盒，如图 4-72 所示。

固定四联座并安装面板，如图 4-73 所示。

4．电源插座安装注意事项

① 插座必须按照规定接线，对照导线的颜色对号入座，相线

确认好相线、中线与接地线，单独出接头时要焊接并做好绝缘

按标准接入线

固定连接线

连接好的四联座

图4-72 四联座装入暗盒

用螺钉固定四联座

安装面板，方向要正确(标识字)

图4-73 固定四联座安装面板

要接在规定的接线柱上（标注有"L"字母），220V 电源进入插座的规定是"左零右相"。

②单相三孔插座最上端的接地孔一定要与接地线接牢、接实、接对，绝不能不接。零线与保护接地线切不可错接或接为一体。

③接线一定要牢靠，相邻接线柱上的电线要保持一定的距离，接头处不能有毛刺，以防短路。

④安装单相三孔插座时，必须是接地线孔在上方，相线零线孔在下方，单相三孔插座不得倒装。

⑤插座的额定电流应大于所接用电器负载的额定电流。

⑥在卫生间等潮湿场所不宜安装普通型插座，应安装防溅型插座。

三、插头的安装

电度表、插头、插座的接线

1. 二脚插头的安装

将两根导线端部的绝缘层剥去，在导线端部附近打一个电工扣；拆开端头盖，将剥好的多股线芯拧成一股，固定在接线端子上。注意不要露铜丝毛刷，以免短路。盖好插头盖，拧上螺钉即可。如图 4-74 所示。

2. 三脚插头的安装

三脚插头的安装与两脚插头的安装类似，不同的是导线一般选用三芯护套软线。其中一根带有黄绿双色绝缘层的芯线接地线，其余两根一根接零线，一根接火线。如图 4-75 所示。

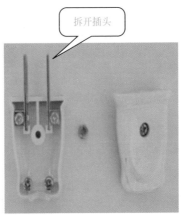

（a）插头结构　　　　　（b）插头结构做电工扣接线

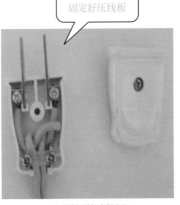

（c）用线压接板固定　　　　　（d）插头接好图

图4-74　二脚插头的安装

三脚插座接法

(a) 外形

(b) 接线

(c) 接线完毕

图4-75 三脚插头的安装

第五节 家装电工改电的操作过程

一、电路定位

电工首先要根据业主对电的用途进行电路定位，如图4-76所示，最好画出施工图。

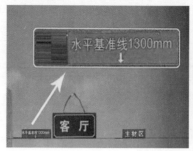

水平基准线1300mm

客厅 主材区

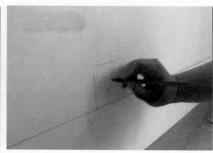

图4-76 定位过程

二、开槽

定位完成后，电工根据定位和电路走向，分别用云石机、电锤、电镐等工具开布线槽。开线槽很有讲究，严格要求横平竖直，尽量不要开横槽，因为会影响墙的承受力。开槽过程如图4-77所示。

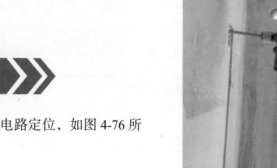

开槽时喷一些水，防止灰尘

图4-77　开槽过程

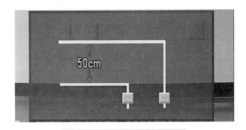

图4-78　强弱电的间距

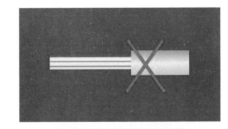

图4-79　强弱电错误穿法

三、布管、布线

布线一般采用线管暗埋的方式。线管有冷弯管和 PVC 管两种。冷弯管可以弯曲而不断裂，是布线的最好选择（因为它的转角是有弧度的，线管可以随时更换，而不用开墙）。布线应遵循的原则如下：

① 如图 4-78 所示，强弱电的间距要在 30 ～ 50cm 之间，以免出现干扰。

② 强弱电更不能同穿一根管内，如图 4-79 所示。

③ 管内导线总截面面积要小于电线保护管截面面积的 40%，比如 ϕ20mm 管内最多穿 4 根 2.5mm^2 的线，如图 4-80 所示。

④ 长距离的线管尽量用整管，如图 4-81 所示。

图4-80　截面积比例

图4-81 管子选择

图4-83 转角的连接

⑤ 线管如果需要接头连接时，接头和线管要用胶粘好，如图 4-82、图 4-83 所示。

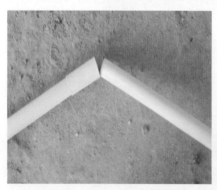

图4-82 直管的连接

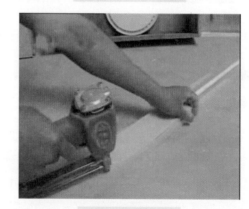

图4-84 地面固定

⑥ 如果有线管在地面上，应立即保护起来，防止踩裂，影响以后的检修。如果线管和电盒在墙上，要用快粘粉进行固定，如图 4-84、图 4-85 所示。

图4-85 墙面固定

⑦ 当布线长度超过 15m 或中间有 3 个弯曲时，在中间应该加装一个接线盒（因为拆装电线时太长或弯曲多了，电线从穿线管过不去），如图 4-86 所示。

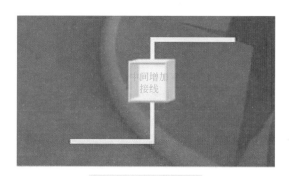

图4-86　中间加线盒

⑧ 空调插座安装应离地面 2m 以上，电线线路要和煤气管道相距 40cm 以上，如图 4-87 所示。

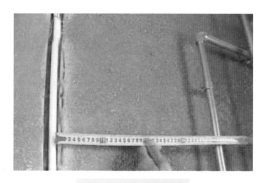

图4-87　水电气距离

⑨ 插座安装应离地 30cm 高度，空调插座应在空调安装位置附近 30cm 位置，如图 4-88 所示。

图4-88　墙壁插座

⑩ 开关、插座面对面板应左零右相，绿黄双色线或黑线为地线，红线、黄线多用于相线，蓝线、绿线多为零线。在装修过程中，如果确定了相线、零线、地线的颜色，那么任何时候颜色都不能用混了，如图 4-89 所示。

图4-89　线的分类安装

⑪ 在家庭装修中，电线接法应为并头连接。接头处采用按压接线法，必须要结实牢固，接好的线要立即用绝缘胶布包好，如图4-90所示。

单线缠绕接线头

其他接线头折弯压紧

包裹胶带

图4-90　接头与包裹绝缘胶布

⑫ 配电箱分组布线，每一路单独控制，接好面板后做好标记，如图4-91、图4-92所示。

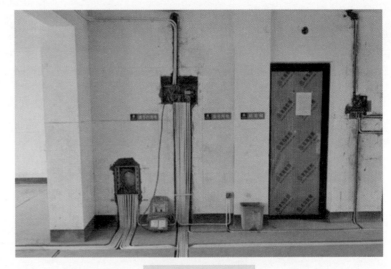

图4-91　整体布线图

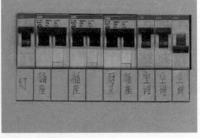

图4-92　配电箱分组连接

四、弯管

冷弯管要用弯管工具，弧度应该是线管直径的 10 倍，这样穿线或拆线时才能顺利，如图 4-93 所示。

五、穿线

建筑施工中留有预埋管路，在改造过程中可以直接穿线。有的预埋管路中有拉线，可以直接带线拉线，如图 4-94 所示。

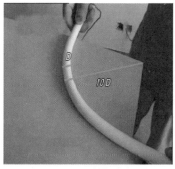

图4-93　弯管

图4-94　预埋管尼龙拉线

有的管路没有拉线或者拉线被拉断，此时应用钢丝穿入管内进行拉线，如图 4-95 所示。

(a) 一端穿入钢丝

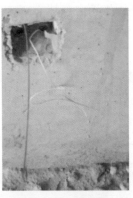

(b) 从另一端穿出的钢丝

(c) 钢丝与带线的连接方法

(d) 送线

(e) 钢丝拉线

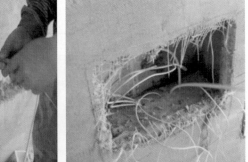

(f) 拽出后的线

图4-95　穿线过程图

六、电路规范走线

① 木隔断处预留的电源插座要另外加固，如图 4-96 所示。

② 根据线管尺寸开槽，不要开太宽，也不要开太窄。拐弯时要切割好 45° 的槽，如图 4-97 所示。

图4-96　预留电源插座

图4-97　45° 的槽

③ 十字交叉管勿高于地面，强弱电分管穿线，一般保持间距50cm以上，如图 4-98 所示。强弱电如果仅仅有交叉，基本不会有影响。

图4-98　十字交叉管

④ 如果客厅铺地板，隔断处线管可以不用开槽。线管如果只有 1～2 根沿着墙角走也可以不开槽，如图 4-99 所示。

图4-99　线管不开槽

⑤ 壁灯处用黄蜡管进行出线保护，如图 4-100 所示。

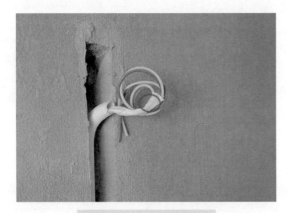

图4-100　壁灯处出线保护

⑥ 客卫的镜前灯出口要固定，如图 4-101 所示。

多加一层绝缘套管

图4-101　客卫的镜前灯出口

⑦ 墙边可走线 1 ～ 2 根，其他地方不能这样走线。因为此处装修过程有踢脚线，可以遮盖线管，如图 4-102 所示。

墙边不开槽可走线1~2根，其他地方不行

图4-102　墙边的走线

⑧ 房间主灯位置要调整，开槽不可太深，如图 4-103 所示。

图4-103　房间主灯位置调整

七、房间配电设置参考实例

① 书房和卧房要根据实际家具尺寸准确放样。床和床头柜都放样好了，插头和插座的位置就很好安排了，如图4-104所示。

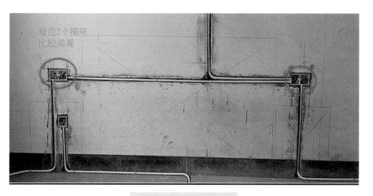

图4-104 卧房插座

② 书房除桌下安装电源插座外，桌面上也应考虑安装电源插座，便于手机充电和使用台灯，如图4-105所示。

图4-105 书房电源插座

③ 房间的壁挂电视机底盒，如无其他电器配置要求，采用一个双盒或四盒就可以。小孩子的房间插座要距离地面1.3m以上，如图4-106所示。

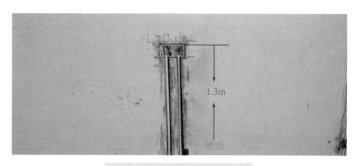

图4-106 小孩子的房间插座

④ 房间电话插座高度30cm，床头柜可以挡住，如图4-107所示。

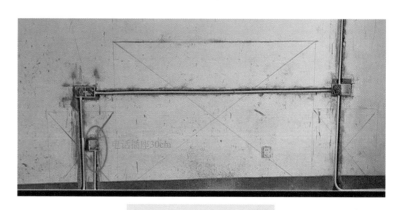

图4-107 房间电话插座高度

⑤ 等电位联结。等电位对用电安全、防雷以及电子信息设备的正常工作和安全使用都是十分必要的。根据理论分析，等电位联结作用范围越小，电气上越安全。等电位联结主要起以下各种防护作用：雷击保护、静电保护、电磁干扰保护、触电保护、接地故障保护，现已列入国家建筑强制标准。通俗地说，在民宅建筑多用于潮湿区，如卫生间等，淋浴时更安全。要是装修时没有封闭等电位端子，则完全可以避免雷击卫生间事件，当然低空雷击事件概率是极低的。等电位移位必须使用 $6mm^2$ 以上电线，可不套 PVC 线管。等电位改造联结如图 4-108 所示。

图4-108   等电位改造联结

当移动等电位后，原来的等电位可以用瓷砖封死，移位后可以加一个盖子。

八、通用照明开关和智能开关的安装

1. 照明开关的种类

照明开关是用来接通和断开照明线路电源的一种低压电器。开关、插座不仅是一种家居装饰功能用品，更是照明用电安全的主要零部件，其产品质量、性能材质对于预防火灾、降低损耗都有至关重要的作用。

照明开关的种类很多，下面介绍几种家庭照明电路比较常用的照明开关。

① 按面板型分，有 86 型、120 型、118 型、146 型和 75 型，目前家庭装修应用最多的有 86 型和 118 型，见表 4-15。

表4-15   86型和118型面板开关图示及说明

开关型号	图示	说明
86 型	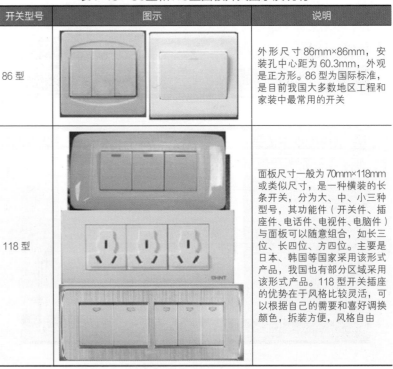	外形尺寸 86mm×86mm，安装孔中心距为 60.3mm，外观是正方形。86 型为国际标准，是目前我国大多数地区工程和家装中最常用的开关
118 型		面板尺寸一般为 70mm×118mm 或类似尺寸，是一种横装的长条开关，分为大、中、小三种型号，其功能件（开关件、插座件、电话件、电视件、电脑件）与面板可以随意组合，如长三位、长四位、方四位。主要是日本、韩国等国家采用该形式产品，我国也有部分区域采用该形式产品。118 型开关插座的优势在于风格比较灵活，可以根据自己的需要和喜好调换颜色，拆装方便，风格自由

② 按开关连接方式分，有单极开关、两极开关、三极开关、三极加中线开关、有公共进入线的双路开关、有一个断开位置的双路开关、两极双路开关、双路换向开关（或中向开关）。

③ 按开关触点的断开情况分，有：正常间隙结构开关，其触点分断间隙大于或等于 3mm；小间隙结构开关，其触点分断间隙小于 3mm 但必须大于 1.2mm。

④ 按启动方式分，有旋转开关、跷板开关、按钮开关、声控开关、触屏开关、倒板开关、拉线开关。部分开关的外形如图 4-109 所示。

(a) 跷板开关　　(b) 旋转开关　　(c) 按钮开关

(d) 触屏开关　　(e) 声控开关

图4-109　部分开关的外形图

⑤ 按有害进水的防护等级分，有普通防护等级 IPX0 或 IPX1 开关（插座）、防溅型防护等级 IPX4 开关（插座）、防喷型防护等级 IPXe 开关（插座）。

⑥ 按接线端子分，有端子外露开关和端子不外露开关两种，选择端子不外露开关更安全，如图 4-110 所示。

看不到接线端子

图4-110　接线端子不外露的开关

⑦ 按安装方式分，有明装式开关和暗装式开关。

2. 照明开关的选用

① 照明开关的种类很多，选择时应从实用、质量、美观、价格、装修风格等几个方面加以综合考虑。选用时，每户的开关、插座应选用同一系列的产品，最好是同一厂家的产品。

② 一般进门开关建议使用带提示灯的，为夜间使用提供方便。否则时间久了开关边上的墙会变脏。

③ 开关面板的尺寸应与预埋的开关接线盒的尺寸一致。

④ 安装于卫生间内的照明开关宜与排气扇共用，采用双联防溅带指示灯型。开关装于卫生间门外则选带指示灯型；过道及起居室的部分开关应选用带指示灯型的两地双控开关。

⑤ 楼梯间开关用节能延时开关，其种类较多。通过几年的使

用，已不宜用声控开关，因为不管在室内或室外只要有声音达到其动作值时，就会灯亮，若这时楼梯间无人，则不需灯亮。现在大多采用的是"神箭牌"GYZ系列产品，该产品是灯头内设有一特殊的开关装置，夜间有人走入其控制区（7m）内灯亮，经过延时3min灯自熄。比常规方式省掉了一个开关和灯至开关间电线及其布管，经使用效果不错，作为楼梯间照明值得选用。

⑥ 跷板开关在家庭装修中用得很普遍。这种类型的开关由于受到用户的欢迎，故生产厂家极多，不同厂家的产品价格相差很大，质量也有很大的差别。质量的好坏可从开关活动是否轻巧、接触是否可靠、面板是否光洁等来衡量。

⑦ 家庭用防水开关是在跷板开关外加一个防水软塑料罩制成的。目前市场上还有一种结构新颖的防水开关，其触点全部密封在硬塑料罩内，在塑料罩外利用活动的两块磁铁来吸合罩内的磁铁，以带动触点的分合，操作十分灵活。

⑧ 开关的款式、颜色应该与室内的整体风格相吻合。例如，室内装修的整体色调是浅色，则不应该选用黑色、棕色等深色的开关。

⑨ 一般来说，轻按开关功能件，滑板式声音轻微、手感顺畅、节奏感强则质量较优；反之，启闭时声音不纯、动感涩滞且有中途间歇状态的声音则质量较差。

⑩ 根据所连接电器的数量，开关又分为一开、二开、三开、四开等多种形式。家庭中最常见的开关是一开单控，即一个开关控制一个或多个电器。双控开关也是较常见的，即两个开关同时控制一个或多个电器，根据所连电器的数量分为一开双控、二开双控等多种形式。双控开关用得恰当，会给家庭生活带来很多便利。例如，卧室的顶灯一般由进门处的开关控制，但如果床头再接一个开关同时控制这个灯，那么进门时可以用门开关打开灯，关灯时直接用床头开关就可以了，不必再下床去关灯。

⑪ 延时开关也很受欢迎（不过家装很少设计用延时开关，一般常用转换开关）。卫生间里经常让灯和排气扇合用一个开关，有时很不方便，关上灯则排气扇也跟着关上，以致污气还没有排完。除了装转换开关可以解决问题外，还可以装延时开关，即使关上灯，排气扇还会再转几分钟才会关闭，很实用。

⑫ 荧光开关也很方便，夜里可以根据它发出的荧光很容易地找到开关的位置。

⑬ 可以设置一些带开关的插座，这样不用拔插头也可以切断电源，也不至于拔下来的电线吊着影响美观。例如，洗衣机插座不用时可以关上，空调插座在淡季关上不用拔掉。

3. 单控开关的安装

单控开关如图4-111所示。

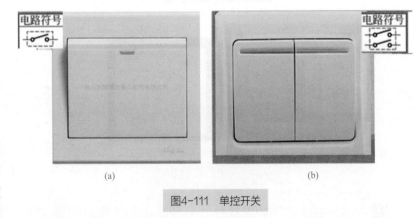

图4-111 单控开关

① 单控开关安装前，应首先对其单控开关接线盒进行安装，

然后将单控开关固定到单控开关接线盒上，完成单控开关的安装。

② 单控开关接线盒的安装如图 4-112 所示。

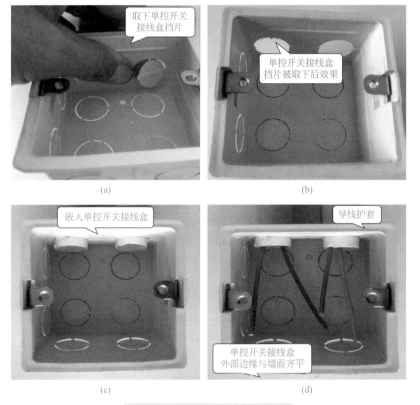

图4-112　单控开关接线盒的安装

● 开关在安装接线前，应清理接线盒内的污物，检查盒体有无变形、破裂、水渍等易引起安装困难及事故的遗留物。

● 先把接线盒中留好的导线理好，留出足够操作的长度，长

出盒沿 10 ～ 15cm。注意不要留得过短，否则很难接线；也不要留得过长，否则很难将开关装进接线盒。

● 用剥线钳把导线的绝缘层剥去 10mm，把线头插入接线孔，用小螺丝刀把压线螺钉旋紧。注意线头不得裸露。

③ 面板安装如图 4-113 所示。

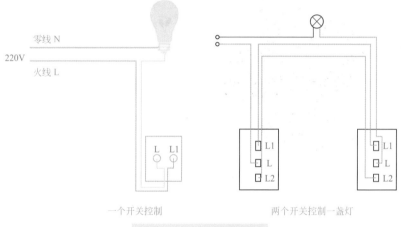

图4-113　面板接线原理图

开关面板分为两种类型：一种是单层面板，面板两边有螺钉孔；另一种是双层面板，把下层面板固定好后，再盖上第二层面板。

● 单层开关面板安装方法：先将开关面板后面固定好的导线理顺盘好，把开关面板压入接线盒。压入前要先检查开关跷板的操作方向，一般按跷板下部，跷板上部凸出时，为开关接通灯亮的状态；按跷板上部，跷板下部凸出时，为开关断开灯灭的状态。再把螺钉插入螺钉孔，对准接线盒上的螺母旋入。在螺钉旋紧前应注意面板是否平齐，旋紧后面板上边要水平，不能倾斜。

● 双层开关而板安装方法：双层开关面板的外边框是可以拆掉的，安装前用小螺丝刀把外边框撬下来，把底层面板先安装好，再把外边框卡上去，如图4-114所示。

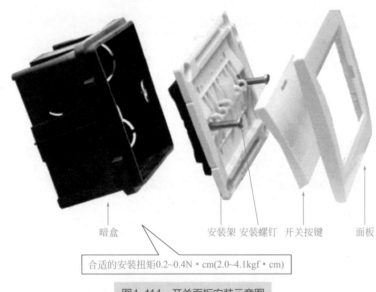

图4-114　开关面板安装示意图

4. 双控开关与多控开关

双控开关是指可以对照明灯具进行两地控制的开关，该开关主要使用于两个开关控制一盏灯的环境下。双控开关可分为单位双控开关、双位双控开关和多位双控开关等，单位双控开关的外形结构同单控开关，但背部的接线柱有所不同，线路的连接方式也有很大的区别，因此可以实现双控的功能。

图 4-115 是双控开关的设计规划图。根据设计要求，采用双控

开关控制客厅内吊灯的启停工作。双控开关安装在客厅的两个进门处，安装位置同单控开关，距地面的高度应为 1.3m，距门框的距离应为 0.12 ～ 0.2m。从双控开关接线示意图可看出双控开关控制照明灯的线路是通过两个单刀双掷开关进行的。

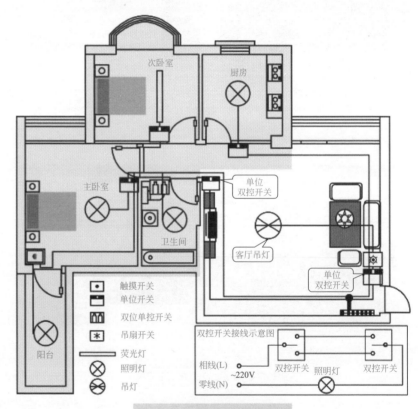

图4-115　双控开关设计规划图

多控开关外形及接线示意图如图 4-116 所示。

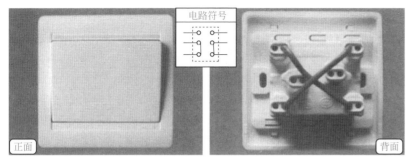

(a) 多控开关外形图

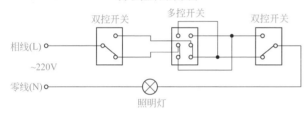

(b) 多控开关接线示意图

图4-116　多控开关外形图及接线示意图

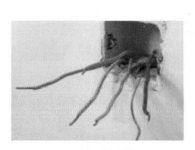

(a) 内部预留导线

5．双控开关的安装

双控开关控制照明线路时，按动任何一个双控开关面板上的开关按钮，都可控制照明灯的点亮和熄灭，也可按动其中一个双控开关面板上的按钮点亮照明灯，然后通过另一个双控开关面板上的按钮熄灭照明灯。

双控开关接线盒内预留导线及线路的敷设方式如图4-117所示。

进行双控开关的接线时，其中一个双控开关的接线盒内预留5根导线，而另一个双控开关接线盒内只需预留3根导线，即可实现双控。连接时，需根据接线盒内预留导线的颜色进行正确的连接。

双控开关的安装主要可以分为双控开关接线盒的安装、双控开关的接线、双控开关面板的安装三部分内容。

（1）双控开关接线盒的安装　双控开关接线盒的安装方法同单控开关接线盒的安装方法，在此不再表述。

（2）双控开关的接线　双控开关安装时也应做好安装前的准备工作，将其开关的护板取下，便于拧入固定螺钉将开关固定在墙面上，如图4-118所示。

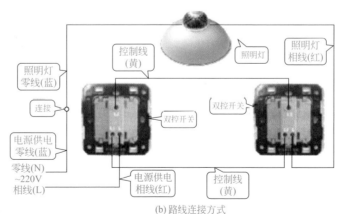

(b) 路线连接方式

图4-117　接线盒预留导线及线路的敷设方式

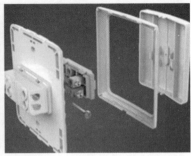

图4-118 双控开关拆卸

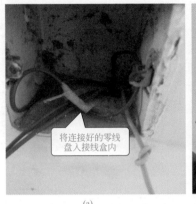

将连接好的零线
盘入接线盒内

剪断多余的
连接端子

(a)　　　　　　　　(b)

图4-119 接线后整理

● 使用一字螺丝刀插入双控开关护板和双控开关底座的缝隙中，撬动双控开关护板将其取下，取下后即可进行线路的连接了。

● 双控开关的接线操作需分别对两地的双控开关进行接线和安装操作。安装时，应严格按照开关接线图和开关上的标识进行连接，以免出现错误连接，不能实现双控功能。

① 双控开关与5根预留导线的连接如下：

● 由于双控开关接线盒内预留的导线接线端子长度不够，需使用尖嘴钳分别剥去预留5根导线一定长度的绝缘层，用于连接双控开关的接线柱。

● 剥线操作完成后，将双控开关接线盒中电源供电的零线（蓝）与照明灯的零线（蓝色）进行连接。由于预留的导线为硬铜线，因此在连接零线时需要借助尖嘴钳进行连接，并使用绝缘胶带对其进行绝缘处理。

● 将连接好的零线盘绕在接线盒内，然后进行双控开关的连接。由于与双控开关连接导线的接线端子过长，因此需要将多余的连接线剪断，如图4-119所示。

● 对双控开关进行连接时，使用合适的螺丝刀将三个接线柱上的固定螺钉分别拧松，以进行线路的连接，如图4-120所示。

拧松接线柱螺钉　拧松接线柱螺钉　拧松接线柱螺钉

(a)　　　　　(b)　　　　　(c)

图4-120 拧松螺钉

● 将电源供电端相线（红色）的预留端子插入双控开关的接线柱L中，插入后选择合适的十字螺丝刀拧紧该接线柱的固定螺钉，固定电源供电端的相线，如图4-121所示。

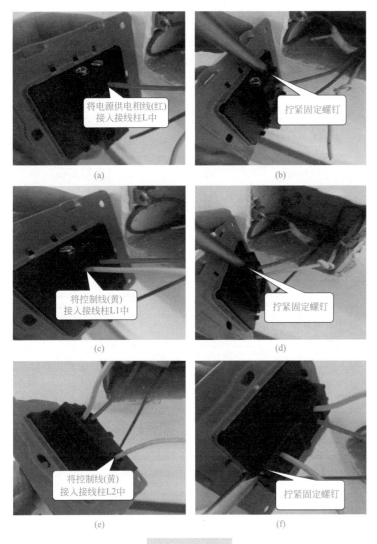

图4-121　接线

将两根控制线（黄色）的预留端子分别插入双控开关的接线柱L1和L2中，插入后选择合适的十字螺丝刀拧紧该接线柱的固定螺钉，固定控制线，如图4-122所示。

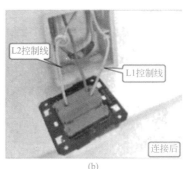

图4-122　接线完成

控制线包括L1和L2，连接时应注意导线上的标记。该导线接线盒中，网扣的为L2控制线，另一个则为L1控制线，连接时应注意。

到此，双控开关与5根预留导线的接线便完成了。

② 双控开关与3根预留导线的连接如下：将两根控制线（黄色）的预留端子分别插入开关的接线柱L1和L2中，插入后选择合适的十字螺丝刀拧紧该接线柱的固定螺钉，固定控制线，如图4-123所示。连接时，需通过网扣辨别控制线L1和L2。

将照明灯相线（红色）的预留端子插入双控开关的接线柱L中，插入后选择合适的十字螺丝刀拧紧该接线柱的固定螺钉，固定照明灯相线，如图4-124所示。到此，双控开关与3根预留导线的接线便完成了。

（3）双控开关面板的安装　两个双控开关接线完成后，即可使用固定螺钉将双控开关面板固定到双控开关接线盒上，完成双控开关的安装。

图4-123 双控开并关与3根预留导线的连接

双控开关接线完成后，将多余的导线盘绕到双控开关接线盒内，并将双控开关面板放置到双控开关接线盒上，使其双控开关面板的固定点与双控开关接线盒两侧的固定点相对应，但发现双控开

关的固定孔被双控开关的面板遮盖住，此时，需将双控开关面板取下，如图 4-125 所示。

图4-124 连接相线

图4-125 面板安装

如图 4-126 所示，取下双控开关面板后，在双控开关面板与双控开关接线盒的对应固定孔中拧入固定螺钉，固定双控开关，然后再将双控开关面板安装上。

拧入
固定螺钉

双控开关接线盒

安装开关面板

(a)　　　　　　　　　　　(b)

图4-126　固定开关

将双控开关护板安装到双控开关面板上，使用同样方法将另一个双控开关面板安装上。至此，双控开关面板的安装便完成了，如图4-127所示。

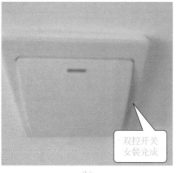

盖好护板框

双控开关
安装完成

(a)　　　　　　　　　　　(b)

图4-127　安装完成

安装完成后，也要对安装后的双控开关进行检验操作。将室内的电源接通，按下其中一个双控开关，照明灯点亮，然后按下另一个双控开关，照明灯熄灭。因此，说明双控开关安装正确，可以使用。

6. 智能开关的安装

智能控制开关是指通过各种方法控制电路通断的开关，也叫智能开关。如触摸控制、声控、光控等。智能开关都是通过感应和接收不同的介质实现控制的，根据其自身特点应用于不同的环境中，可代替传统开关，方便用户的使用。

例如，触摸延时控制开关是通过接收人体触摸信号来控制电路通断的，适用于安装在楼道、走廊等环境中；声控延时开关接收声音信号激发内部的拾音器进行声电转换，来控制电路的通断，适用于安装在楼道、走廊、车库、地下室等环境中；光控开关通过接收自然光的亮度大小来控制电路的接通与断开，适用于日熄夜亮的环境中，如接到宿舍走廊等，可节约用电。

触摸延时开关适用于不需要长时间照明的环境中，如楼道照明，它具有一定的延时功能，可以控制照明灯点亮一定时间后自动关闭。如图4-128所示。

图4-128　触摸延时开关

触摸延时开关安装前，也应根据应用环境且便于用户使用的原则对触摸延时开关的安装位置进行规划，规划后应进行合理的布线。并在开关安装处预留出足够长的导线，用于开关的连接。图 4-129 是触摸延时开关的设计规划图。根据设计要求，采用触摸延时开关控制每个楼层楼道内照明灯的启停工作。触摸延时开关安装在楼梯口处，安装高度与单控开关的要求相同，即距地面的高度应为 1.3m，距墙或窗的距离应为 0.12 ～ 0.2m。

图 4-130 为触摸延时开关接线示意图，（a）图为单只开关控制，（b）图为两只开关控制一盏灯的电路。

选配触摸延时开关面板和触摸延时开关接线盒时，触摸延时开关接线盒要与触摸延时开关面板相匹配，且触摸延时开关接线盒应当与墙面中的凹槽相符。在固定触摸延时开关接线盒时，也要在触摸延时开关接线盒上安装与之相匹配的护套，以保护导线，防止穿过触摸延时开关接线盒时，出现磨损现象。

触摸延时开关的安装主要可以分为触摸延时开关接线盒的安装、触摸延时开关的接线、触摸延时开关面板的安装三部分内容。

（1）触摸延时开关接线盒的安装 触摸延时开关接线盒的安装方法同单控开关接线盒的安装方法，在此不再赘述。

（2）触摸延时开关的接线 触摸延时开关的接线操作也是将照明灯具的零线与电源供电的零线相连，其相线分别接在触摸延时开关的两个接线柱中。

检查触摸延时开关接线盒内预留的导线接线端子长度是否符合触摸延时开关的连接要求，若不符合连接要求，则需使用尖嘴钳对预留导线接线端子进行接线操作。

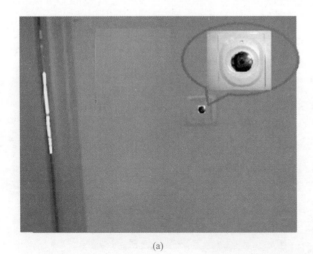

(a)

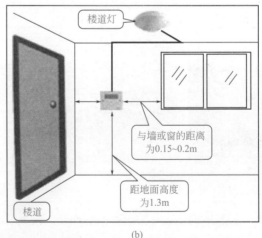

(b)

图4-129 触摸延时开关的设计规划图

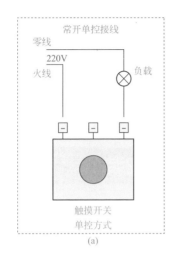
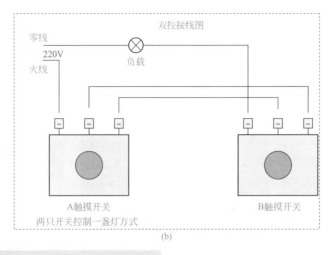

图4-130 触摸延时开关接线示意图

将电源供电端的零线（蓝色）与照明灯一端的零线（蓝色）进行连接。由于预留的导线为硬铜线，连接时需借助尖嘴钳，连接完成后，再使用绝缘胶带进行绝缘处理，如图 4-131 所示。

将电源供电端预留的相线（红色）和照明灯预留的相线（红色）连接到触摸延时开关上时应先使用十字螺丝刀分别将触摸延时开关接线柱处的固定螺钉拧松，如图 4-132 所示。

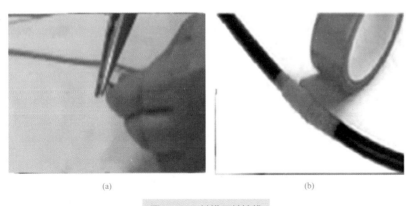

图4-131 触摸开关接线

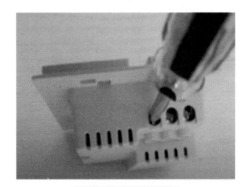

图4-132 拧松螺钉

将电源供电端的相线（红色）连接端子插入触摸延时开关一端的接线柱中，选择合适的十字螺丝刀将该接线柱的固定螺钉拧紧，固定电源供电端的相线，如图4-133所示。

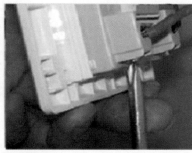

图4-133　开关接线

将照明灯一端的导线预留的相线（红色）端子插入触摸延时开关的另一个接线柱内，选择合适的十字螺丝刀将该接线柱的固定螺钉拧紧，固定照明灯相线，如图4-134所示。到此，触摸延时开关的接线就完成了。

日光灯、开关、插座、线管与线槽接线

图4-134　连接灯线

（3）**触摸延时开关面板的安装**　触摸延时开关接线完成后，即可将其触摸延时开关面板固定在触摸延时开关接线盒上，完成触摸延时开关的安装。连接完成后，向外拉伸连接后的导线。确保导线端子连接牢固后，将剩余的导线盘绕在接线盒内。

九、浴霸的安装

所谓的五开浴霸，指的就是有五个开关的浴霸，主要有换气、照明、取暖三个方面，以灯泡浴霸系列为主，采用两盏或者是四盏灯泡，照明效果集中，一开灯泡就可以取暖，不需要提前进行预热，适合快节奏生活的人群；PTC系列的浴霸，也是现如今浴霸品种中的一个系列产品，主要以PTC陶瓷发热元件为主，热效率高，也很稳定，取暖效果也不错。另外还有不伤眼不爆炸的浴霸、双暖流浴霸系列等。五开浴霸开关示意图如图4-135所示。

（1）**五开浴霸开关接线图含义**　浴霸，家居生活中非常重要的一个组成部分，在使用浴霸时，也涉及了照明、排风、取暖、装饰，浴霸是小家电，那么就不得不涉及用电方面。说到电，那么就得有开启和关闭的动作，不能开不起，也不能一直都亮着。而五开浴霸开关接线图中，我们可以看出，和平时开关接线图的原理差不多，最关键的位置则是五开浴霸开关接线图的安装方法和接线方式。如图4-136所示。

（2）**五开浴霸开关接线图说明**　由于浴霸装置在卫生间中，使用的时候难免会碰到水或者蒸汽。一般开关都很少安装在水或者是蒸汽的环境当中，但是又必须用到开关，所以从五开浴霸开关接线图上来看，安装位置和开关接法是有一定的讲究的，接得好能够在长时间使用之下，不出现任何的安全事故。既然是五开浴霸开关接线图，其意思就是有五个开关，一般情况下，浴霸开关都是四开，最大的有六开，五开的当然也有。五开浴霸开关接线图如图4-137所示。

图4-136　五开浴霸开关实物接线图

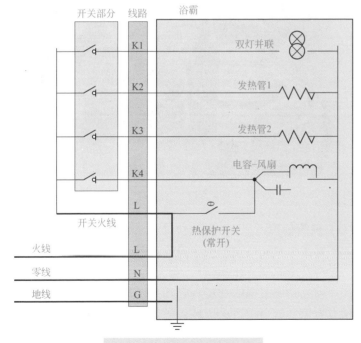

图4-135　五开浴霸开关示意图

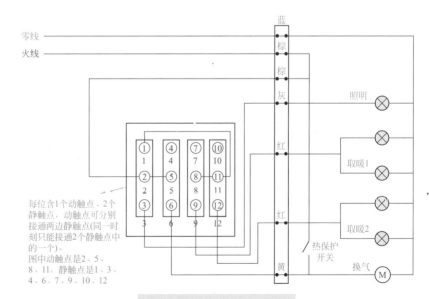

每位含1个动触点、2个静触点。动触点可分别接通两边静触点(同一时刻只能接通2个静触点中的一个)。
图中动触点是2、5、8、11，静触点是1、3、4、6、7、9、10、12

图4-137　五开浴霸开关接线图

（3）**开关按钮** 既然是五开浴霸，那么就有灯泡、换气 1/ 换气 2、照明、转向等几个开关，要让总电源控制中心控制所有的开关按钮，其他的开关能够自主独立地运作，这种方式的浴霸开关接线图，背后操作起来非常困难和复杂。一般六开的浴霸，总共有 18 根接线头、16 个接线柱，全部要自己排列接线，可想而知五开的浴霸，也好不到哪里去。再看现在的浴霸开关接线图，生产厂家在浴霸接线方面，已经做了简化，相比以往，要简单不少。如图 4-138 所示。

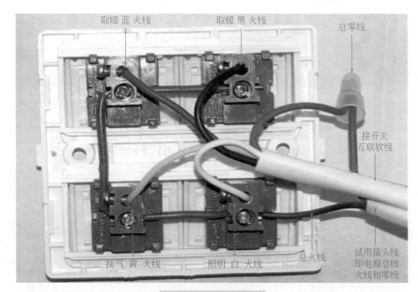

图4-138 开关按钮

（4）**接线原理** 看着这个五开的浴霸开关接线图，不了解的人，确实会被搞得晕头转向。其实懂得浴霸开关接线图其中原理之

后，才觉得一切都那么简单。不同的线头要接在不同的接线柱上，刚开始安装的时候，也容易手忙脚乱，要先观察接线的位置，记住不同的颜色以及对应的接线柱颜色，以新换旧，在原来的位置上，把一个个对应颜色的线头接上，并固定在原来的位置，如图 4-139 所示。接线电线颜色及功能区分见表 4-16。

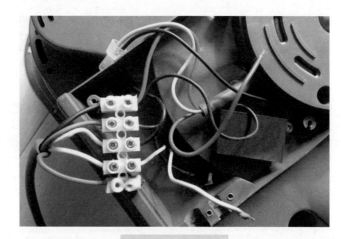

图4-139 接线原理

（5）**接线位置** 以上的接线方法，其实也不能适用于所有浴霸开关的安装。看完以上浴霸开关接线图，对于浴霸接线方法，确实有一个令人比较头痛的地方：安装在浴室内，又担心出现安全事故，而且大功率浴霸的功能有好几个，开关接线也不是那么容易的，稍有不慎，就会把浴霸烧坏，或者是出现漏电事故；安装在室外，虽然减少了一定的事故发生，但是又不方便在洗澡的时候开关浴霸，有经验的家居主人，一般都会购买防水罩来保护浴霸开关，或者是预留防水地方来安装浴霸。见图 4-140。

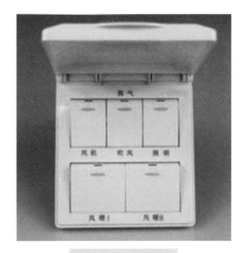

图4-140 防水开关

表4-16 浴霸常用的电线颜色与功能对照表

序号	芯线颜色	对应功能	线径要求 /mm
1	蓝色	中性线	1.5
2	棕色	火线	1.5
3	白色	风暖1	1
4	红色	灯暖	1
5	黄色	换气	0.75
6	黑色	吹风	0.75
7	橙色	风暖2	0.75
8	绿色	负离子	0.5
9	绿色	低速	0.75
10	绿色	导风	0.5
11	灰色	照明	0.75
12	黄绿色	接地	1

注：本表线径以目前浴霸主机相同颜色中较粗的一款为准，不同品牌的颜色有所区别，应以浴霸上的接线图为准。

十、储水式电热水器的安装

1. 储水式电热水器安装步骤

安装位置：确保墙体能承受两倍于灌满水的热水器重量，固定件安装牢固；确保热水器有检修空间。

水管连接：热水器进水口处（蓝色堵帽）连接一个泄压阀，热水管应从出水口（红色堵帽）连接。在管道接口处都要使用生料带，防止漏水，同时安全阀不能旋得太紧，以防损坏。如果进水管的水压与安全阀的泄压值相近时，应在远离热水器的进水管道上安装一个减压阀。如图4-141所示。

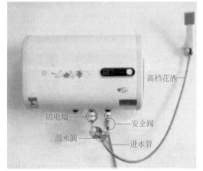

图4-141 热水器的安装效果图

充水：所有管道连接好之后，打开水龙头或阀门，然后打开热水将热水器充水，排出空气直到热水龙头有水流流出，表明水已加满。关闭热水龙头，检查所有的连接处是否漏水。如果漏水，排空水箱，修好漏水连接处，然后重新给热水器充水。

电气：热水器应可靠接地。商用电热水器应安装带过载保护和漏电保护的空气开关。在热水器没有充满水之前，不得使热水器通电。

2. 储水式电热水器安装注意事项

① 储水式电热水器安装是否合格，关系到家人的安全问题，因此在安装储水式电热水器的时候，一定要请专业的工人上门安装，有什么疑问一定要详细询问。

② 普通功率比较大，对线路要求高，需求大功率插座和电线；假如是还没开始装修的新房，可在卫生间装备接地电线，而假如是老房，则不能选择此种热水器。

③ 储水式电热水器安装时需考虑卫生间面积，并安装在承重墙上。

④ 储水式电热水器安装高度。一般100L以下的可以直接悬挂在墙上（前提是承重墙）。悬挂的位置距离地面一定要2m以上，而且要尽量远离安装插座，并且反方向安装在使用花洒的方向，这样可以避免使用热水器过程中水溅到插座或者电源线。最好是在插座那里安装防水罩，可防止水汽进入插座或者淋湿漏电保护器。

第五章　水暖施工基础识图

第一节　管道工程图

一、管道线条图

用单根线条表示管道画出的图，称为单线图。用双线表示管道画出的图，称为双线图。

1. 管子的单、双线图

图 5-1（a）是管子（立管）垂直放在空间的双线图表示法，平面图和立面图上的管子均应画上中心线。

图 5-1（b）是立管单线图的两种表示法，立面图用铅垂线表示，平面图用圆圈或圆圈加点表示。

2. 弯头的单、双线图

图 5-2 是 90° 弯头和 45° 弯头的双线图表示法。图 5-3（a）是 90° 弯头的单线图表示法。在平面图上先看到立管断口，后看到横管，画图时与管子单线图表示方法相同，立管断口的投影画成有圆心的小圆圈，也可以画成一个小圆圈。在侧面图（左视图）上，先看到立管，横管的断口在背面看不到。这种看到弯头背部的，用直线画入小圆中心的方法表示。图 5-3（b）是 45° 弯头的单线图表示法。45° 弯头的画法与 90° 弯头的画法很相似，但弯头背部的投影用直线加半圆圈表示。

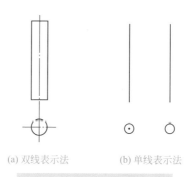

(a) 双线表示法　　　(b) 单线表示法

图5-1　管子单、双线图表示法

187

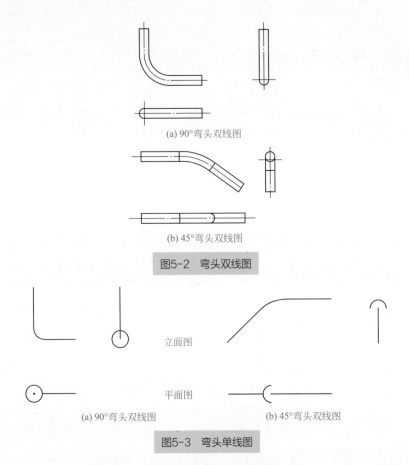

(a) 90°弯头双线图

(b) 45°弯头双线图

图5-2 弯头双线图

(a) 90°弯头双线图   (b) 45°弯头双线图

图5-3 弯头单线图

两个弯头在同一平面上的组合，一般称为来回弯。图 5-4 是来回弯的三面投影图，立面图显示了来回弯的实形，它由弯头 1 和弯头 2 组成；在平面图里，弯头 1 投影时先看到立管断口而画成了带点的小圆圈，弯头 2 投影时看到弯头背部，用水平线进入小圆圈中心来表示；侧面图由两条铅垂线和一个小圆圈组成，弯头 1 投影时

看到背部，用直线进入圆圈中心表示，弯头 2 被弯头 1 遮住，用直线画至小圆圈边表示。

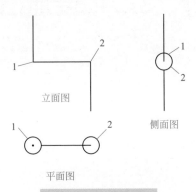

图5-4 来回弯单线图

两个弯头互成 90° 的组合，一般称为摇头弯。图 5-5 是摇头弯的三面投影图，平面图里，弯头 1 投影看到背部，画成水平线进入

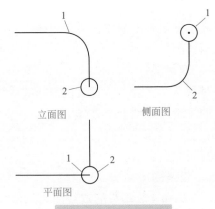

图5-5 摇头弯单线图

小圆圈中，弯头 2 被弯头 1 遮住，用铅垂线画到小圆圈边表示；侧面图里，弯头 1 投影看到管子断口，用小圆圈加点和铅垂线表示，弯头 2 显示了侧面实形。

3. 三通的单、双线图

图 5-6 是等径三通双线图，图 5-6（a）是等径正三通双线图，图 5-6（b）是等径斜三通双线图，等径三通两管的交线均为直线。

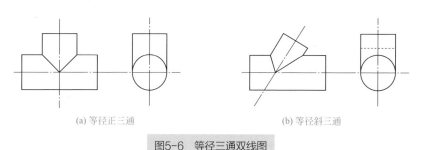

(a) 等径正三通　　　　　　(b) 等径斜三通

图5-6　等径三通双线图

图 5-7（a）是异径正三通双线图，图 5-7（b）是异径斜三通双线图，异径三通两管交线为圆弧形。

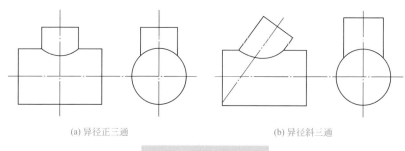

(a) 异径正三通　　　　　　(b) 异径斜三通

图5-7　异径三通双线图

图 5-8（a）是正三通的单线图。在平面图上先看到立管断口，所以把立管画成一个圆心带点的小圆圈，横管画在小圆圈边上；在左侧立面图上先看到横管的断口，所以把横管画成一个圆心带点的小圆圈，立管画在小圆圈的两边；在右侧立面图上先看到立管，后看到横管，这时横管画成小圆圈，立管通过小圆的圆心。在单线图里，不论是等径正三通还是异径正三通，其单线图表示形式均相同。等径斜三通和异径斜三通在立面图和侧面图的单线图表示法如图 5-8（b）所示。

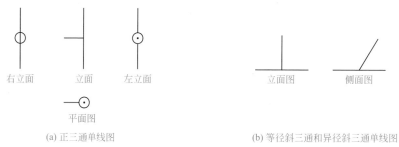

右立面　　　立面　　　左立面　　　　　立面图　　　侧面图

平面图

(a) 正三通单线图　　　　　(b) 等径斜三通和异径斜三通单线图

图5-8　三通的单线图

4. 四通的单、双线图

图 5-9（a）是等径四通双线图，两根管子十字相交处，其交线呈"×"形直线。图 5-9（b）是等径和异径正四通的单线图。

5. 异径管的单、双线图

异径管有同心和偏心之分。图 5-10（a）是同心异径管的单线图和双线图，同心异径管画成等腰梯形，在单线图里也可以画成等腰三角形。图 5-10（b）是偏心异径管的单线图和双线图，偏心异径管不论在平面图，还是在立面图上都用梯形表示。

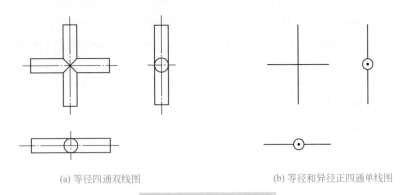

(a) 等径四通双线图　　　　　　　(b) 等径和异径正四通单线图

图5-9　四通的单、双线图

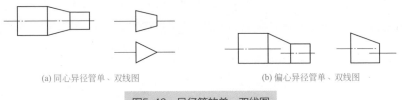

(a) 同心异径管单、双线图　　　　　　(b) 偏心异径管单、双线图

图5-10　异径管的单、双线图

6. 阀门的单、双线图

管道工程中阀门种类很多，各类阀门在图纸上的表示方法也不尽相同。在单线图里一般用两个相连接的三角形或实心圆圈加手柄线条表示，如图 5-11 所示。有的双线图和工艺管道的单线图要求画出阀杆的安装方向，这时凡是投影先看到手轮的，用圆圈画在阀门符号上表示；手柄在后面被遮住的用半圆画在阀门符号上表示。

图5-11　阀门单线图表示法

二、管道施工图中的交叉重叠表示法

1. 管道交叉表示法

空间敷设的管道经常出现交叉情况，在管道工程图里必须表示清楚管道的前后或高低。在管道图内，交叉表示方法的基本原则是：先投影到的管道全部完整显示，后投影到的管道应断开，在双线图里用虚线表示。

图 5-12 是两条管道交叉的平、立面图。在立面图里，凡是在前面的管道均全部显示，在后面的管道于相交处断开或画虚线。

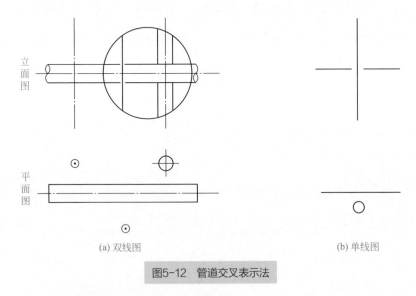

(a) 双线图　　　　　　　(b) 单线图

图5-12　管道交叉表示法

2. 管道重叠表示法

几条管道处在同一铅垂线上或处于同一水平面上，这几条管道

在立面或水平面上的投影就重合在一起了，这就是管道的重叠。

① 管道重叠可以用管线编号标注的方法表示。在平、立面图里只要编号相同，即表示为同一根管线，如图5-13所示。

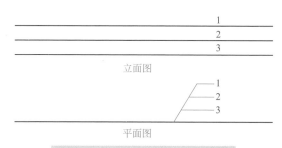

图5-13　三根重叠管线的平、立面图

② 管道重叠还可以用折断显露法表示。所谓折断显露法，就是几根管线处于重叠状态时，假想从前向后逐根将管子截去一段，同时显露出后面几根管子的表示方法。图5-14所示为四根重叠管线用折断显露法表示的平、立面图。

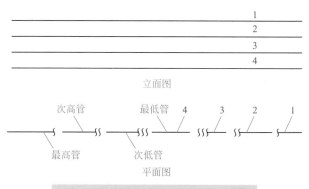

图5-14　用折断显露法表示的平、立面图

弯管和直管线重叠时，如先看到直管线，采用折断显露法表示，如图5-15（a）所示；如先看到弯管，则在弯管和直管之间空开3～4mm，直管段可不画折断符号，如图5-15（b）所示。

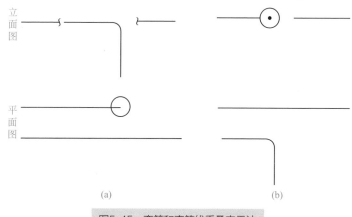

(a)　　　　　　　　　(b)

图5-15　弯管和直管线重叠表示法

3. 管道连接表示法

管道连接形式有好几种，其中法兰连接、螺纹连接、焊接连接及承插连接是最常见的，它们的连接符号如表5-1所示。

表5-1　管道连接形式及其规定符号

管道连接形式	规定符号	管道连接形式	规定符号
法兰连接	—‖—	螺纹连接	—┤—
承插连接	—⊃—	焊接连接	—●—

4. 管道支架表示法

管道支架有固定型支架和滑动型支架，固定型支架用两条打叉

191

的直线表示；滑动型支架用两条与管线平行的短线表示。支架在单根管线和多根管上的表示方法如图 5-16 所示。

图名前加注中间有一横线的两个相同的数字或字母，如 1—1 或 A—A。

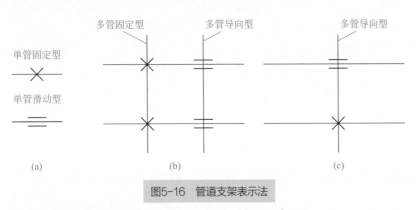

图5-16　管道支架表示法

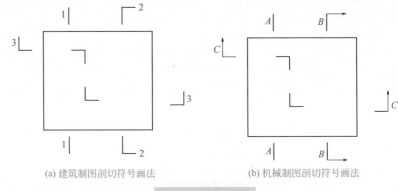

(a) 建筑制图剖切符号画法　　(b) 机械制图剖切符号画法

图5-17　剖切符号

三、管道剖面图表示方法

1. 剖切符号

剖切符号由剖切位置线和剖视方向线组成。剖切位置线用断开的两段短粗实线表示，绘图时，剖切位置线不宜与图面上的线条接触。在剖切位置线两端的同侧各画一段与它垂直的短粗实线，表示投影方向，这条线就是剖视方向线。剖切位置线与剖视方向线互成直角。建筑制图标准规定剖视方向线的长度比剖切位置线短，机械制图标准规定剖视方向线应画上箭头，如图 5-17 所示。在管道工程图中，剖切符号的两种画法都适用。

剖面和断面的编号一般采用数字或英文字母，按顺序编排，该数字或英文字母分别注写在剖切位置线的两端。在剖面图和断面图的

2. 管道剖面图的表示方法

（1）**管道间的剖面图**　管道剖面图是一种利用剖切符号，将空间管路系统剖切后，重新投影而画出的管路立面布置图。图 5-18 是用双线表示的管道平、立面图，图内有两组管线，1 号管线由来回弯组成，管线上带有阀门；2 号管线由摇头弯组成，管线上还带有大小头。

（2）**管道间的阶梯剖面图**　管路系统比较复杂时，为了反映管线在不同位置上的状况，可以用两个相互平行的剖切平面，对管线进行剖切，这样得到的剖面图就是管道阶梯剖面图。管道阶梯剖面图又称为管道转折剖面图，按照规定管道阶梯剖面图只允许转折一次，如图 5-19（a）所示，管道在两个剖切平面的分界线处，双线管应画成平口，不能画成圆口，单线管切口处不得画折断符号，如图 5-19（b）所示。

根据图 5-20，各个剖面图的情况如下：由于 1—1 剖面的剖切位置在管路的前面，只切去一段前后走向的短管，因此 1—1 剖面图与立面图相同；2—2 剖面图是两个三通与一个来回弯的左视立面图；3—3 剖面图是摇头弯的右视立面图；4—4 剖面图是整个管路的背立面图。以上各剖面图见图 5-20。

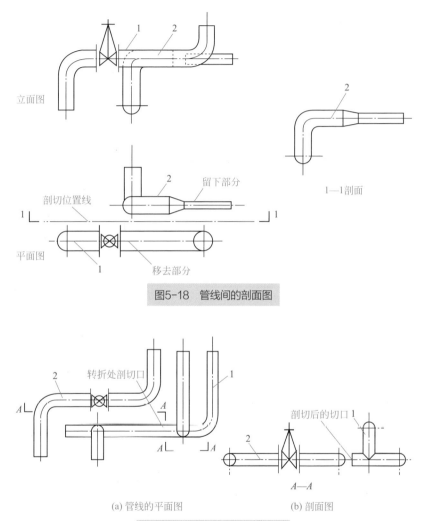

立面图

平面图

剖切位置线

留下部分

移去部分

图5-18　管线间的剖面图

1—1剖面

2

图5-19　管线间的阶梯剖面图

转折处剖切口

剖切后的切口1

(a) 管线的平面图

(b) 剖面图

A—A

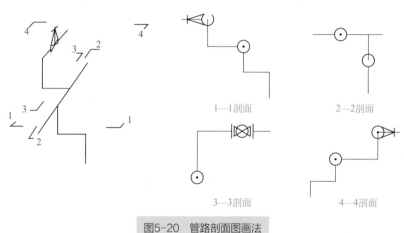

1—1剖面

2—2剖面

3—3剖面

4—4剖面

图5-20　管路剖面图画法

四、管道轴测图表示方法

轴测图是用平行投影法，将物体长、宽、高三个方向的形状在一个投影面上同时反映出来的图形。轴测图根据投影面与投影线方向不同，可以分为正轴测图和斜轴测图两大类。当物体长、宽、高三个方向的坐标轴与投影面倾斜，投影线与投影面相垂直所形成的投影图，称为正轴测图；当物体两个方向的坐标轴与投影面平行，投影线与投影面倾斜所形成的投影图，称为斜轴测图，如图5-21所示。

右，登高向后再向右；另一路在三通处向前再向下，在向下的立管上装有一个阀门。

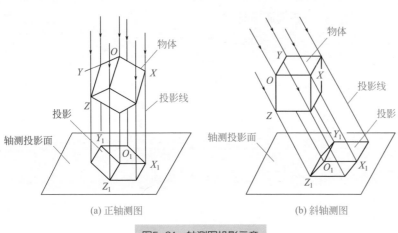

(a) 正轴测图   (b) 斜轴测图

图5-21 轴测图投影示意

管道系统轴测图也分为两大类。当三个轴测轴之间夹角为120°时，画出的管道系统图称为管道正等测图；当三个轴测轴之间夹角一个为90°，而另外两个为135°时，画出的管道系统图称为管道斜等测图。

图5-22是一组管路的平、立面图及管路正等测图。通过对三幅图样的分析，可以看出管路由三根立管、三根前后走向管线及两根左右走向管线组成。管路的空间走向，从左面开始是自上而下的立管，立管上装一个阀门，然后向前再向右。在这根左右走向的横管上装有一个阀门，同时由三通开始分成两路。一路自左继续向

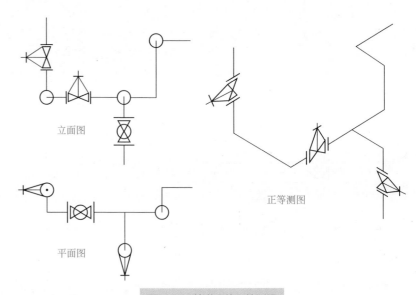

图5-22 管道系统正等测图

图5-23是一组管路的平、立面图及管路斜等测图。通过对三幅图样的分析，可以看出管路由一个90°弯管、一个来回弯和一个摇头弯分别以三通形式连接而成。管路上有三个阀门、三根立管、三根前后走向管线及两根左右走向管线。管路走向从下面开始，然后自前向后，登高再向后，在立管上开三通，一路自左向右，转弯向后再向下，另一路在上面前后走向，管线上开三通向左，再转弯向上。

它是基本建设概预算中施工图预算和组织施工的主要依据文件。建筑给水排水施工图表示一幢建筑物的给水系统和排水系统，它由设计说明、平面布置图、系统图、详图和设备及材料明细表等组成。

1. 设计说明

设计说明是用文字来说明设计图样上用图形、图线或符号表达不清楚的问题，主要包括：采用的管材及接口方式，管道的防腐、防冻、防结露的方法，卫生器具的类型及安装方式，所采用的标准图号及名称，施工注意事项，施工验收应达到的质量要求，系统的管道水压试验要求及有关图例等。

设计说明可直接写在图样上，当工程较大、内容较多时，则要另用专页进行编写。如果有水泵、水箱等设备，还须写明其型号规格及运行管理要求等。

2. 平面布置图

根据建筑规划，在设计图纸中，用水设备的种类、数量，要求的水质、水量，均要在给水和排水管道平面布置图中标示。各种功能管道、管道附件、卫生器具、用水设备，如消火栓箱、喷头等，均应用各种图例（详见制图标准）表示。各种横干管、立管、支管的管径、坡度等，均应标出。平面图上管道都用单线绘出，沿墙敷设不注管道距墙面距离。

一张平面图上可以绘制几种类型管道，一般来说给水和排水管道可以在一起绘制。若图纸管线复杂，也可以分别绘制，以图纸能清楚表达设计意图且图纸数量少为原则。

建筑内部给水排水，以选用的给水方式来确定平面布置图的张数，底层及地下室必绘，顶层若有高位水箱等设备，也必须单独绘出。

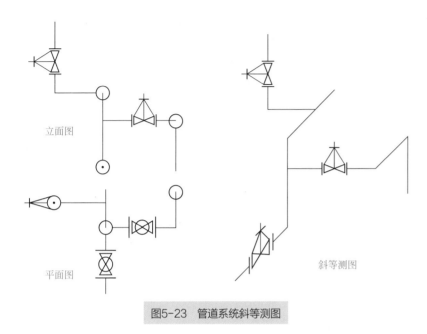

立面图

平面图

斜等测图

图5-23　管道系统斜等测图

第二节　给排水施工图表示方法

一、建筑给水排水施工图的内容

建筑给水排水施工图是工程项目中单位工程的组成部分之一。

建筑中间各层，如卫生设备或用水设备的种类、数量和位置都相同，绘一张标准层平面布置图即可。否则，应逐层绘制。各层图面若给水、排水管垂直相重，平面布置可错开表示。平面布置图的比例，一般与建筑图相同。常用的比例尺为 1：100，施工详图可取 1：50 ~ 1：20。在各层平面布置图上，各种管道、立管应编号标明。

3．系统图

系统图也称"轴测图"，取水平、轴测、垂直方向，完全与平面布置图比例相同。系统图上应标明管道的管径、坡度，标出支管与立管的连接处，管道各种附件的安装标高。标高的 +0.000 应与建筑图一致。系统图上各种立管的编号应与平面布置图一致。系统图均应按给水、排水、热水等各系统单独绘制，以便于施工安装和概预算应用。系统图中对用水设备及卫生器具的种类、数量和位置完全相同的支管、立管，可不重复完全绘出，但应用文字标明。当系统图立管、支管在轴测方向重复交叉影响识图时，可断开移到图面空白处绘制。建筑居住小区给排水管道，一般不绘系统图，但应绘出管道纵断面图。

4．详图

当某些设备的构造或管道之间的连接情况在平面图或系统图上表示不清楚又无法用文字说明时，将这些部位进行放大的图称作详图。详图表示某些给水排水设备及管道节点的详细构造及安装要求。有些详图可直接查阅标准图集或室内给水排水设计手册等。

5．设备及材料明细表

为了能使施工准备的材料和设备符合图样要求，对重要工程中的材料和设备，应编制设备及材料明细表，以便做出预算施工备料。设备及材料明细表应包括：编号、名称、型号规格、单位、数量、质量及附注等项目。

施工图中涉及的管材、阀门、仪表、设备等均需列入表中，不影响工程进度和质量的零星材料，允许施工单位自行决定时可不列入表中。

施工图中选定的设备对生产厂家有明确要求时，应将生产厂家的厂名写在明细表的附注里。此外，施工图还应绘出工程图所用图例。所有以上图纸及施工说明等应编排有序，写出图纸目录。

二、给水排水施工图的识读

阅读主要图纸之前，应当先看说明和设备及材料明细表，然后以系统为线索深入阅读平面图和系统图及详图。阅读时，应将三种图相互对照一起看。先看系统图，对各系统做到大致了解。看给水系统图时，可由建筑的给水引入管开始，沿水流方向经干管、立管、支管到用水设备。看排水系统图时，可由排水设备开始，沿排水方向经支管、横管、立管、干管到排出管。

1．平面图的识读

建筑给水排水管道平面图是施工图纸中最基本和最重要的图纸，常用的比例是 1：100 和 1：50 两种。它主要表明建筑物内给水排水管道及卫生器具和用水设备的平面布置。图上的线条都是示意性的，同时管配件，如活接头、补芯、管箍等也不画出来，因此在识读图纸时还必须熟悉给排水管道的施工工艺。

2．系统图的识读

给排水管道系统图主要表明管道系统的立体走向。在给水系统图上，卫生器具不画出来，只需画出龙头、淋浴器莲蓬头、冲洗水箱等符号。用水设备，如锅炉、热交换器、水箱等则画出示意性的立体图，并在旁边注以文字说明。在排水系统图上也只画出相应的卫生器具的存水弯或器具排水管。

3．详图的识读

室内给排水工程的详图包括节点图、大样图、标准图，主要是管道节点、水表、消火栓、水加热器、开水炉、卫生器具、过墙套管、排水设备、管道支架等的安装图。这些图都是根据实物用正投影法画出来的，画法与机械制图画法相同，图上都有详细尺寸，可供安装时直接使用。

成套的专业施工图首先要看它的图样目录，然后再看具体图样，并应注意以下几点：

① 给水排水施工图所表示的设备和管道一般采用统一的图例，在识读图样前应查阅和掌握有关的图例，了解图例代表的内容。

② 给水排水管道纵横交错，平面图难以表明它们的空间走向，一般采用系统图表明各层管道的空间关系及走向。识读时应将系统图和平面图对照识读，以便了解系统全貌。

③ 系统图中图例及线条较多，应按一定流向进行，一般给水系统识读顺序为：房屋引入管—水表井—给水干管—给水立管—给水横管—用水设备；排水系统识读顺序为：排水设备—排水支管—横管—立管—排出管。

④ 结合平面图、系统图及说明看详图，了解卫生器具的类型、安装形式、设备规格型号、配管形式等，注意系统的详细构造及施工的具体要求。

⑤ 识读图样时应注意预留孔洞、预埋件、管沟等的位置及对土建的要求，还需对照查看有关的土建施工图样，以便于施工配合。

4．图例

（1）管道类别应以汉语拼音字母表示，并符合表 5-2 的要求。

表5-2　管道图例

序号	名称	图例	备注
1	生活给水管	—— J ——	
2	热水给水管	—— RJ ——	
3	热水回水管	—— RH ——	
4	中水给水管	—— ZJ ——	
5	循环给水管	—— XJ ——	
6	循环回水管	—— XH ——	
7	热媒给水管	—— RM ——	
8	热媒回水管	—— RMH ——	
9	蒸汽管	—— Z ——	
10	凝结水管	—— N ——	
11	废水管	—— F ——	可与中水源水管合用
12	压力废水管	—— YF ——	
13	通气管	—— T ——	
14	污水管	—— W ——	
15	压力污水管	—— YW ——	
16	雨水管	—— Y ——	
17	压力雨水管	—— YY ——	
18	膨胀管	—— PZ ——	
19	保温管	 ∿∿∿∿	
20	多孔管	 ↑　↑　↑	

序号	名称	图例	备注
21	地沟管		
22	防护套管		
23	管道立管	XL-1 平面　XL-1 系统	X: 管道类别 L: 立管 1: 编号
24	伴热管		
25	空调凝结水管	—— KN ——	
26	排水明沟	坡向 →	
27	排水暗沟	坡向 →	

注: 分区管道用加注角标方式表示, 如 J_1、J_2、RJ_1、RJ_2 等。

（2）管道附件的图例应符合表 5-3 的要求。

表5-3　管道附件图例

序号	名称	图例	备注
1	套管伸缩器		
2	方形伸缩器		
3	刚性防水套管		
4	柔性防水套管		
5	波纹管		
6	可曲挠橡胶接头		
7	管道固定支架		
8	管道滑动支架		

序号	名称	图例	备注
9	立管检查口		
10	清扫口	平面　系统	
11	通气帽	成品　铅丝球	
12	雨水斗	YD- 平面　YD- 系统	
13	排水漏斗	平面　系统	
14	圆形地漏		通用。如为无水封, 地漏应加存水弯
15	方形地漏		
16	自动冲洗水箱		
17	挡墩		
18	减压孔板		
19	Y形除污器		
20	毛发聚焦器	平面　系统	
21	防回流污染止回阀		
22	吸气阀		

（3）管道连接的图例应符合表 5-4 的要求。

表5-4　管道连接图例

序号	名称	图例	备注
1	法兰连接	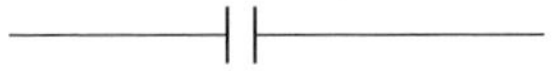	
2	承插连接	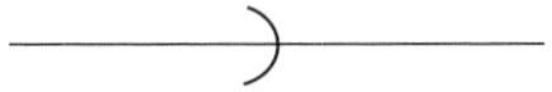	
3	活接头		
4	管堵		
5	法兰堵盖		
6	弯折管		表示管道向后及向下弯转90°
7	三通连接		
8	四通连接		
9	盲板		
10	管道丁字上接	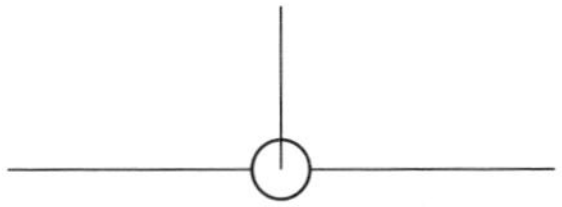	
11	管道丁字下接	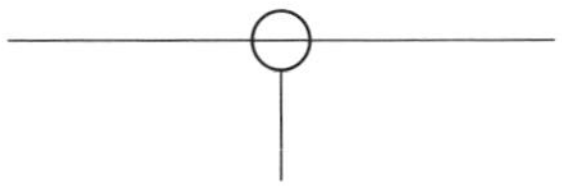	
12	管道交叉		在下方和后面的管道应断开

（4）管件的图例应符合表 5-5 的要求。

表5-5　管件图例

序号	名称	图例	备注
1	偏心异径管		
2	异径管	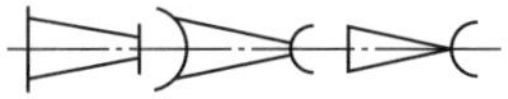	
3	乙字管		
4	喇叭口		
5	转动接头	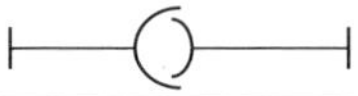	
6	短管		
7	存水弯		
8	弯头		
9	正三通	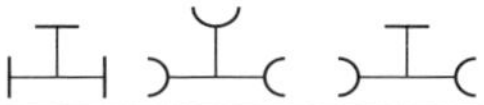	
10	斜三通		
11	正四通	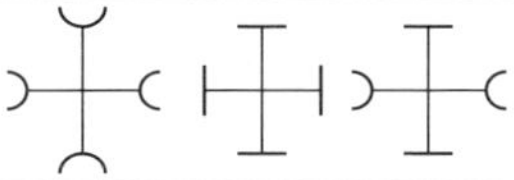	
12	斜四通	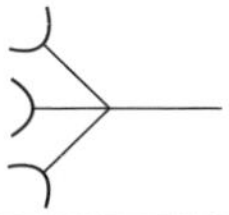	
13	浴盆排水件		

（5）阀门的图例应符合表 5-6 的要求。

表5-6　阀门图例

序号	名称	图例	备注
1	闸阀		
2	角阀	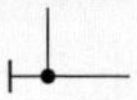	
3	三通阀		
4	四通阀	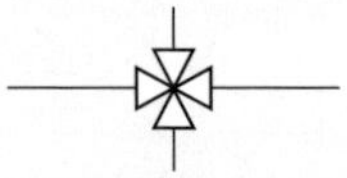	
5	截止阀	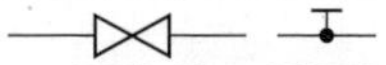 DN≥50　DN<50	
6	电动阀		
7	液动阀	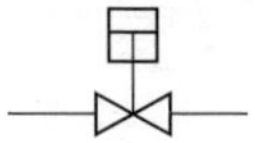	
8	气动阀	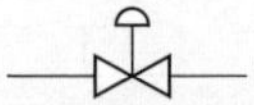	
9	减压阀	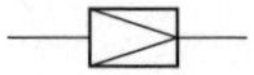	左侧为高压端
10	旋塞阀	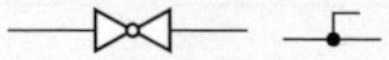 平面　系统	
11	底阀		
12	球阀		
13	隔膜阀	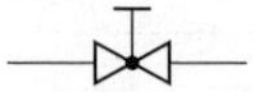	
14	气开隔膜阀	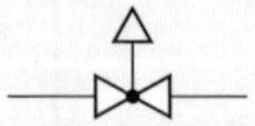	

续表

序号	名称	图例	备注
15	气闭隔膜阀		
16	温度调节阀		
17	压力调节阀	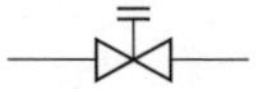	
18	电磁阀	 M	
19	止回阀		
20	消声止回阀		
21	蝶阀	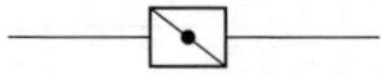	
22	弹簧安全阀	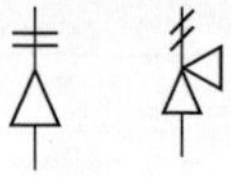	左为通用
23	平衡锤安全阀		
24	自动排气阀	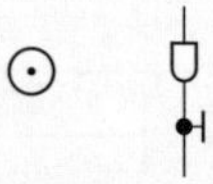 平面　系统	
25	浮球阀	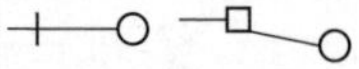 平面　系统	
26	延时自闭冲洗阀		
27	吸水喇叭口	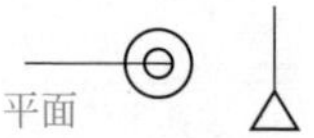 平面　系统	
28	疏水器		

（6）给水配件的图例应符合表 5-7 的要求。

表5-7　给水配件图例

序号	名称	图例	备注
1	放水龙头		左侧为平面，右侧为系统
2	皮带龙头		左侧为平面，右侧为系统
3	洒水（栓）龙头		
4	化验龙头		
5	肘式龙头		
6	脚踏开关		
7	混合水龙头		
8	旋转水龙头		
9	浴盆带喷头混合水龙头		

（7）消防设施的图例应符合表 5-8 的要求。

表5-8　消防设施图例

序号	名称	图例	备注
1	消火栓给水管	—— XH ——	

续表

序号	名称	图例	备注
2	自动喷水灭火给水管	—— ZP ——	
3	室外消火栓		白色为开启面
4	室内消火栓（单口）	平面　　系统	
5	室内消火栓（双口）	平面　　系统	
6	水泵接合器		
7	自动喷洒头（开式）	平面　　系统	
8	自动喷洒头（闭式）	平面　　系统	下喷
9	自动喷洒头（闭式）	平面　　系统	上喷
10	自动喷洒头（闭式）	平面　　系统	上下喷
11	侧墙式自动喷洒头	平面　　系统	
12	侧喷式喷洒头	平面　　系统	
13	雨淋灭火给水管	—— YL ——	
14	水幕灭火给水管	—— SM ——	
15	水炮灭火给水管	—— SP ——	
16	干式报警阀	平面　　系统	

续表

序号	名称	图例	备注
17	水炮		
18	湿式报警阀	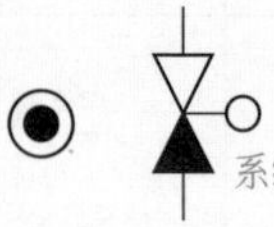 平面 ● ◢系统	
19	预作用报警阀	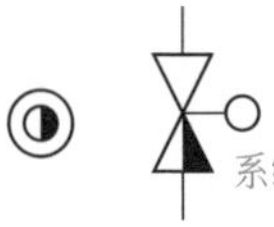 平面 ◐ ◢系统	
20	遥控信号阀	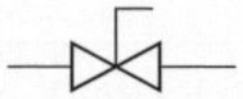	
21	水流指示器		
22	水力警铃		
23	雨淋阀	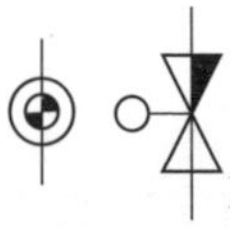 平面 ◢系统	
24	末端测试阀	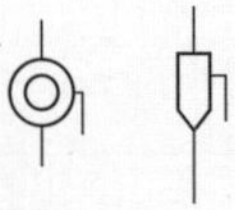 平面 系统	
25	手提式灭火器		
26	推车式灭火器		

注：分区管道用加注角标方式表示，如 XH₁、XH₂、ZP₁、ZP₂ 等。

（8）卫生设备的图例应符合表 5-9 的要求。

表5-9　卫生设备图例

序号	名称	图例	备注
1	立式洗脸盆		
2	台式洗脸盆	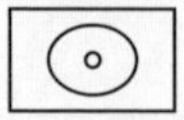	
3	挂式洗脸盆		
4	浴盆	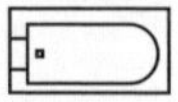	
5	化验盆、洗涤盆	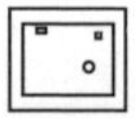	
6	带沥水板洗涤盆		不锈钢制品
7	盥洗槽	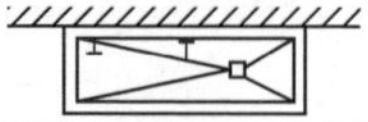	
8	污水池		
9	妇女卫生盆		
10	立式小便器		
11	壁挂式小便器		
12	蹲式大便器	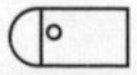	
13	坐式大便器	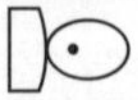	
14	小便槽		
15	淋浴喷头		

（9）给排水设备的图例应符合表 5-10 的要求。

表5-10　给排水设备图例

序号	名称	图例	备注
1	水泵	平面　　系统	
2	潜水泵	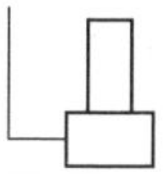	
3	定量泵		
4	管道泵		
5	卧式热交换器	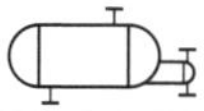	
6	立式热交换器		
7	快速管式热交换器		
8	开水器		
9	喷射器	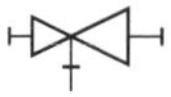	小三角为进水端
10	除垢器	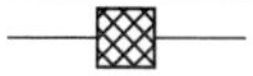	
11	水锤消除器	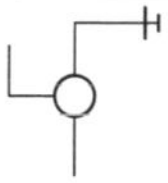	
12	浮球液位器	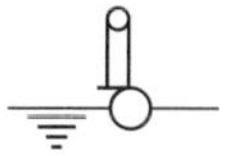	
13	搅拌器	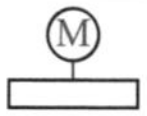	

（10）给排水专业所用仪表的图例应符合表 5-11 的要求。

表5-11　仪表图例

序号	名称	图例	备注
1	温度计		
2	压力表		
3	自动记录压力表		
4	压力控制器		
5	水表		
6	自动记录流量计	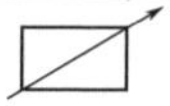	
7	转子流量计		
8	真空表		
9	温度传感器	T	
10	压力传感器	P	
11	pH 传感器	pH	
12	酸传感器	H	
13	碱传感器	Na	
14	余氯传感器	Cl	

第三节　暖通系统施工图表示方法

一、建筑采暖系统施工图的内容

采暖系统施工图包括设计和施工说明、平面图、系统图、详图和设备及主要材料明细表。

1. 设计和施工说明

采暖设计和施工说明书一般写在图纸的首页上，内容较多时也可单独使用一张图。主要内容有：热媒及其参数；建筑物总热负荷；热媒总流量；系统形式；管材和散热器的类型；管子标高是指管中心还是指管底；系统的试验压力；保温和防腐的规定以及施工中应注意的问题等。设计和施工说明书是施工的重要依据。

2. 平面图

平面图是用正投影原理，采用水平全剖的方法，连同房屋平面图一起画出的。它是施工中的重要图纸，又是绘制系统图的依据。

（1）楼层平面图　楼层平面图指中间层（标准层）平面图，应标明散热设备的安装位置、规格、片数（尺寸）及安装方式（明设、暗设、半暗设），还有立管的位置及数量。

（2）顶层平面图　除有与楼层平面图相同的内容外，对于上分式系统，要标明总立管、水平干管的位置；标明干管管径大小、管道坡度以及干管上的阀门、管道固定支架及其他构件的安装位置；热水采暖要标明膨胀水箱、集气罐等设备的位置、规格及管道连接情况。

（3）底层平面图　除有与楼层平面图相同的有关内容外，还

应标明供热引入口的位置、管径、坡度及采用的标准图号（或详图号）。下分式系统表明干管的位置、管径和坡度；上分式系统表明回水干管（蒸汽系统为凝水干管）的位置、管径和坡度。管道地沟敷设时，平面图中还要标明地沟位置和尺寸。

3. 系统图

采暖系统中，系统图用单线绘制，与平面图比例相同。系统图是表示采暖系统空间布置情况和散热器连接形式的立体轴测图，反映系统的空间形式。

系统采用前实后虚的画法，表达前后的遮挡关系。系统图上标注各管段管径的大小，水平管的标高、坡度、散热器及支管的连接情况，对照平面图可反映系统的全貌。

4. 详图

采暖平面图和系统图难以表达清楚而又无法用文字加以说明的问题，可以用详图表示。详图包括有关标准图和绘制的节点详图。

（1）标准图　在设计中，有的设备、器具的制作和安装，某些节点的结构做法和施工要求是通用的、标准的，因此设计时直接选用国家和地区的标准图集和设计院的重复使用图集，不再绘制这些详细图样，只在设计图纸上注出选用的图号，即通常使用的标准图。有些图是施工中通用的，但非标准图集中使用的，所以，习惯上人们把这些图与标准图集中的图一并称为重复使用图。

（2）节点详图　用放大的比例尺，画出复杂节点的详细结构，一般包括用户入口、设备安装、分支管大样、过门地沟等。

5. 设备及主要材料明细表

在设计采暖施工图时，应把工程所需的散热器的规格和分组片数、阀门的规格型号、疏水器的规格型号以及设计数量和质量列在设备表中，把管材、管件、配件以及安装所需的辅助材料列在主要材料表中，以便做好工程开工前的准备。

二、建筑采暖系统施工图的识读

1. 平面图的识读

识读平面图时，要按底层、顶层、中间楼层平面图的识读顺序分层识读，重点注意以下环节：

① 采暖进口平面位置及预留孔洞尺寸、标高情况。

② 入口装置的平面安装位置，对照设备材料明细表查清选用设备的型号、规格、性能及数量，对照节点图、标准图，注意各入口装置的安装方法及安装要求。

③ 明确各层采暖干管的定位走向、管径及管材、敷设方式及连接方式。

明确干管补偿器及固定支架的设置位置及结构尺寸。对照施工说明，明确干管的防腐、保温要求，明确管道穿越墙体的安装要求。

④ 明确各层采暖立管的形式、编号、数量及其平面安装位置。

⑤ 明确各层散热器的组数、每组片数及其平面安装位置，对照图例及施工说明，查明其型号、规格、防腐及表面涂色要求。当采用标准层设计时，因各中间层散热器布置位置相同而只绘制一层，而将各层散热器的片数标注于一个平面图中，识读时应按不同楼层读得相应片数。散热器的安装形式，除四、五柱型有足片可落地安装外，其余各型散热器均为挂装。散热器有明装、明装加罩、半暗装、全暗装加罩等多种安装方式，应对照建筑图纸、施工说明予以明确。

⑥ 明确采暖支管与散热器的连接方式（单侧连、双侧连、水平串联、水平跨越等）。

⑦ 明确各采暖系统辅助设备（膨胀水箱、集气罐、自动排气阀等）的平面安装位置，并对照设备材料明细表，查明其型号、规格与数量，对照标准图明确其安装方法及安装要求。

2. 系统图的识读

系统图应按平面图规划的系统分别识读。为避免图形重叠，系统图常分开绘制，使前、后部投影绘成两个或多个图形，因此还需分片识读。不论何种识读，均应自入口总管开始，沿供水总管、干管、立管、支管、散热设备、回水支管、立管、干管、回水总管的识读路线循环一周。

室内采暖系统图识读时应重点注意以下技术环节：

① 总管（供、回水）及其入口装置的安装标高。

② 各类管道的走向、标高、坡度、支承与固定方法、相互连接方式、管材及管径，与采暖设备的连接方法等。

③ 明确各类管道附件的类型、型号、规格及其安装位置与标高，明确管道转弯、分支、变径等采用管件的类型、规格。

④ 对照标准图，重点明确管道与设备、管道与附件的具体连接方法及安装要求。

⑤ 在通过分片识读已经清楚分片系统情况的基础上，将各分片系统衔接成整体。务必掌握各独立采暖系统的全貌，明白设备与管道连接的整体情况，明确全系统的安装细部要求。

3. 图例

（1）水、汽管道代号应按表 5-12 选用。

（2）自定义水、汽管道代号应避免与表5-12矛盾或重复，并应在相应图中说明。

表5-12　水、汽管道代号

序号	代号	管道名称	备注
1	R	（供暖、生活、工艺用）热水管	①用粗实线、粗虚线区分供水、回水时，可省略代号 ②可附加阿拉伯数字1、2区分供水、回水 ③可附加阿拉伯数字1、2、3……表示一个代号，不同参数的多种管道
2	Z	蒸汽管	需要区分饱和、过热、自用蒸汽时，可在代号前分别附加B、G、Z
3	N	凝结水管	
4	P	膨胀水管、排污管、排气管、旁通管	需要区分时，可在代号后附加一位小写拼音字母，即Pz、Pw、Pq、Pt
5	G	补给水管	
6	X	泄水管	
7	XH	循环管、信号管	循环管为粗实线，信号管为细虚线。不致引起误解时，循环管也可为"X"
8	Y	溢排管	

（3）水、汽管道阀门和附件的图例应按表5-13采用。

表5-13　水、汽管道阀门和附件图例

序号	名称	图例	备注
1	阀门（通用）、截止阀	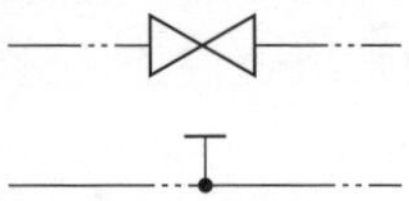	①没有说明时，表示螺纹连接。法兰连接时，用———表示；焊接时，用———表示   ②轴测图画法。 阀杆为垂直 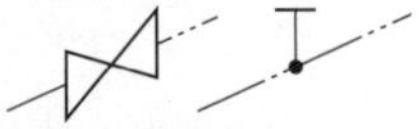 
2	闸阀		阀杆为水平

序号	名称	图例	备注
3	手动调节阀	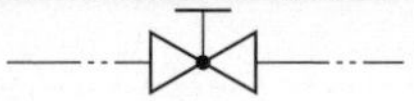	
4	球阀、转心阀		
5	蝶阀	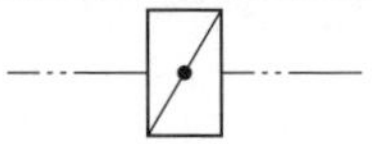	
6	角阀	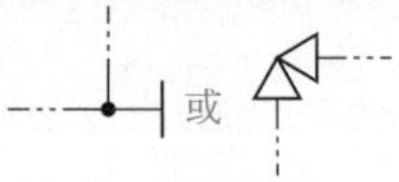 或	
7	平衡阀		
8	三通阀	 或	
9	四通阀	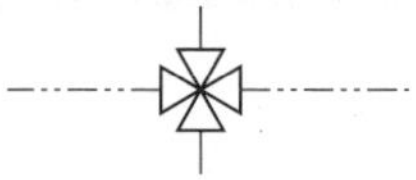	
10	节流阀		
11	膨胀阀	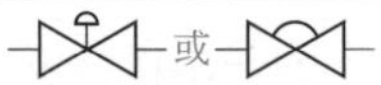 或	也称"隔膜阀"
12	旋塞	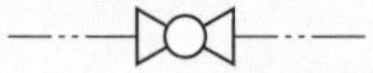	
13	快放阀		也称"快速排污阀"
14	止回阀	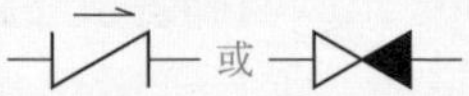 或	左图为通用阀、右图为升降式止回阀，流向同左，其余同阀门类推
15	减压阀	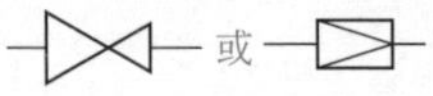 或	左图小三角为高压端，右图右侧为高压端，其余同阀门类推
16	安全阀		左图为通用阀，中间为弹簧安全阀，右图为重锤安全阀
17	疏水阀	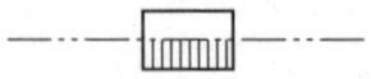	也称"疏水器"，不致引起误解时，也可用———表示 

续表

序号	名称	图例	备注
18	浮球阀	 或	
19	集气罐、排气装置	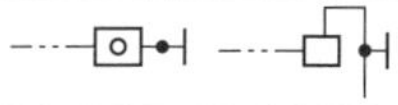	左图为平面图
20	自动排气阀		
21	除污器（过滤器）		左图为立式除污器，中间为卧式除污器，右图为Y形过滤器
22	节流孔板、减压孔板		在不致引起误解时，也可用  ——‖——表示
23	补偿器	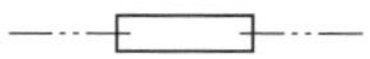	也称"伸缩器"
24	矩形补偿器		
25	套管补偿器	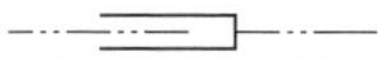	
26	波纹管补偿器		
27	弧形补偿器		
28	球形补偿器	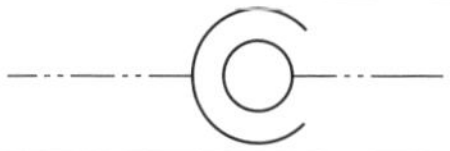	
29	变径管、异径管		左图为同心异径管，右图为偏心异径管
30	活接头	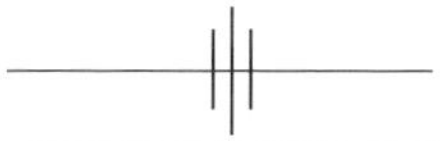	
31	法兰		
32	法兰盖		
33	丝堵		也可表示为  ——‖

续表

序号	名称	图例	备注
34	可屈挠橡胶软接头		
35	金属软管		也可表示为 
36	绝热管		
37	保护套管	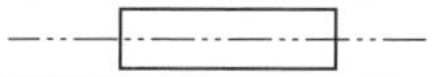	
38	伴热管		
39	固定支架	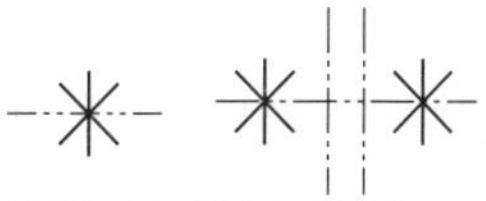	
40	介质流向	 → 或 ⇒	在管道断开处，流向符号应标注在管道中心线上，其余可同管径标注位置
41	坡度及坡向	 $i=0.003$ 或 $i=0.003$	坡道数值不宜与管道起、止点标高同时标注，标注位置同管径标注位置

（4）暖通设备的图例应按表5-14采用。

表5-14　暖通设备图例

序号	名称	图例	备注
1	散热器及手动放气阀	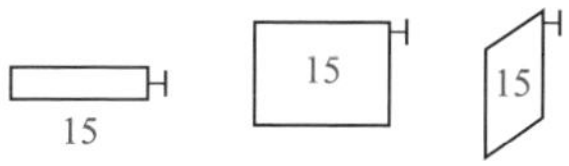 15　15　15	左图为平面图画法，中间为剖面图画法，右图为系统图、Y轴测图画法
2	散热器及控制阀	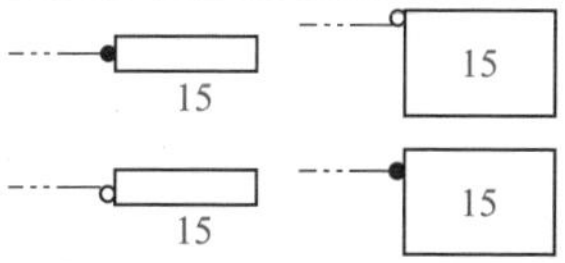 15　15　15　15	左图为平面图画法，右图为剖面图画法
3	板式换热器	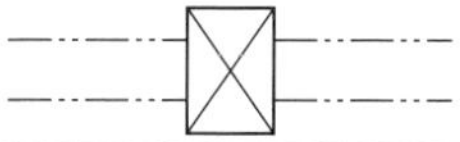	

给排水系统安装制备工艺

第一节　给排水管道预埋件制备与安装

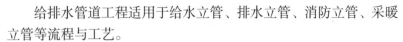

一、施工方案

给排水管道工程适用于给水立管、排水立管、消防立管、采暖立管等流程与工艺。

① 分区进行施工：低区：1～11层，中区：12～23层，高区：24～33层。

② 用18#铁丝分别从11层向2层、23层向12层、33层向24层吊垂直通线，清理预留洞口，切割预留洞口钢筋（从钢筋的当中切断）、安装管道支架，安装好支架后收回垂直通线。

③ 加工定型模板，在模板上开比所安装套管直径小一点的圆孔，以便再次吊垂直通线。模板的大小比预留洞口大1号。

④ 加工套管：根据套管具体的尺寸进行预制，两个或者多个套管并排安装时，按照设计安装尺寸做一个相应的模具，通过模具把套管焊接在一起，这样可以保证套管的间距、垂直度达到设计及施工验收规范要求。

⑤ 土建根据安装要求进行支模，支好模板后在模板上放上相应的套管。

⑥ 再次用铁丝吊垂直通线，线从套管和模板中间穿过，垂直通线必须在安装管道的中心。

⑦ 固定套管：调整套管位置，使垂直通线在套管的中心，其偏差为2mm，焊接时把剪断的钢筋再次焊接到套管上，既固定了套管，又保证了土建结构。

⑧ 土建分两次浇筑套管混凝土，期间派专人看护复核尺寸，以确保套管安装准确无误。

二、预埋件制作过程

（1）模板制作（图6-1）

图6-1　模板制作

（2）套管制作（图6-2）

图6-2　套管制作

（3）支模（图6-3）

图6-3　支模

（4）吊垂直通线（图6-4）

图6-4　吊垂直通线

（5）套管安装（图6-5）

图6-5　套管安装

（6）混凝土浇筑后效果（图6-6）

图6-6　混凝土浇筑后效果

三、管道安装流程

1. 安装流程

安装准备—预制加工—干管安装—立管安装—放线定位—支管安装—卡件固定—封口堵洞—灌水试验—满水排泄试验—通球试验。

2. 质量要求

质量要求需符合《建筑给水排水及采暖工程施工质量验收规范》的规定。排水管道安装质量控制如图6-7所示。

图6-7　排水管道安装质量控制

3. 预防质量通病

①卫生间支管安装必须在楼板下弹线定位，解决定位不准的通病。

②预制好的管段弯曲或断裂，原因是直管堆放未垫实或被暴晒。

③严禁水平管平坡或倒坡。

④做好成品保护，管口封堵用胶带纸和塑料布分两次封堵，加强日常巡视看护，防止成品被破坏。

4. 各种方位管的安装效果

（1）排水立管（图6-8）

图6-8　排水立管的安装效果

（2）排水支管（图6-9）

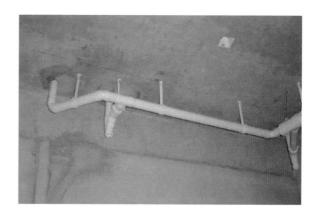

图6-9　排水支管的安装效果

211

第二节　室内给排水管道及附件安装

一、给水管道布置与敷设

1. 管道的布置

室内给水管道布置与建筑物的性质、外形、结构情况和用水设备的布置情况及采用的给水方式有关。管道布置时，应力求长度最短，尽可能与墙、梁、柱平行敷设，并便于安装和检修。

室内给水管道一般布置成枝状，单向供水。对于不允许中断供水的建筑物，在室内应连成环状，双向供水。

为不影响美观，方便安装与维护，室内给水管道的布置应力求管线最短，平行于梁、柱，沿壁面或顶棚做直线布置。

为保证供水可靠，并使口径管道长度最短，给水干管应尽可能靠近用水量最大或不允许中断供水的用水处。

埋地给水管道应避免布置在可能被重物压坏或设备振动处，管道不得穿过设备基础。

工厂车间内的管道应布置在不妨碍生产操作，遇水不能引起爆炸、燃烧或损坏原料、产品、设备的地方。

给水管道不得穿过橱窗、壁柜、木装修面，不得穿过大小便槽。

给水管道不得穿过伸缩缝，必须通过时，应采取相应的技术措施。

给水管道可与其他管道同沟或共架敷设，但给水管应布置在排水管、冷冻管的上面，热水管或蒸汽管的下面。

给水管道不宜与输送易燃、易爆或有害气体及液体的管道同沟

敷设。

给水管道横管应有 0.002 ～ 0.005 的坡度坡向泄水装置。

2. 管道的敷设

根据建筑物的性质和卫生、美观要求的不同，室内给水管道有明设和暗设两种敷设形式，见表 6-1。

表6-1　室内给水管道的敷设方式

敷设方式	操作方法	优点	缺点	适用范围
明设	管道沿墙、梁、柱、地板或桁架敷设	安装维修方便，造价低	室内欠美观，管道表面积灰尘，夏天产生结露	民用建筑和生产车间
暗设	管道敷设在地下室、吊顶、地沟、墙槽或管井内	不影响室内美观和整洁	安装复杂，维修不便，造价高	适用于装饰和卫生标准要求高的建筑物中

3. 管道穿墙

（1）穿过楼板　管道穿过楼板时，应预先留孔，避免在施工安装时凿穿楼板面。管道通过楼板段应设套管，尤其是热水管道。对于现浇楼板，可以采用预埋套管。

（2）通过沉降缝　管道一般不应通过沉降缝。实在无法避免时，可采用如下几种办法处理。

① 连接橡胶软管。用橡胶软管连接沉降缝两边的管道。但橡胶软管不能承受太高的温度，故此法只适用于冷水管道。如图 6-10 所示。

② 连接丝扣弯头。在建筑物沉降过程中，两边的沉降差可用

丝扣弯头的旋转来补偿。此法适用于管径较小的冷热水管道。如图 6-11 所示。

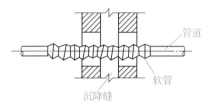

图6-10　橡胶软管连接方法

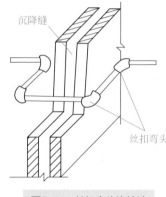

图6-11　丝扣弯头连接法

③ 安装滑动支架　把靠近沉降缝两侧的支架做成只能使用管道垂直位移而不能水平横向位移的滑动支架，如图 6-12 所示。

（3）通过伸缩缝　室内地面以上的管道应尽量不通过伸缩缝，必须通过时，应采取措施使管道不直接承受拉伸与挤压。室内地面以下的管道，在通过有伸缩缝的基础时，可借鉴通过沉降缝的做法处理。

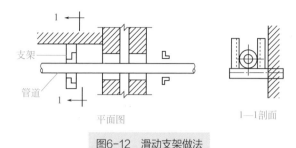

图6-12　滑动支架做法

（4）管道连接　为了确保管道畅通，必须使连接严密。给水管道的连接方式与使用的管材及用途有关，见表 6-2。

表6-2　室内给水管道管材及连接方式

管材	用途	连接方式
镀锌焊接钢管	生活给水管道管径≤150mm	丝扣连接
非镀锌焊接钢管	生产或消防给水管道	管径＞32mm焊接，≤32mm丝扣连接
给水铸铁管	生活给水管道管径≥150mm；管径≥75mm 的埋地生活给水管道；生产和消防水管道	承插连接

4. 给水管道及配件的安装

（1）一般规定

① 给水管道必须采用与管材相适应的管件。生活给水系统所涉及的材料必须满足饮用水卫生标准要求。

② DN≤100mm 的镀锌钢管应采用螺纹连接，套丝扣破坏的镀锌层表面及外露部分应做防腐处理；DN＞100mm 的镀锌钢管应采用法兰或卡套式专用管件连接，镀锌钢管与法兰或卡套式专用管件连接，镀锌钢管与法兰的焊接处应二次镀锌。

③ 给水塑料管和复合管可用橡胶圈接口、黏结接口、热熔连

接、专用管件连接及法兰连接等形式。塑料管和复合管与金属管件、阀门等的连接应使用专用管件连接，而且不得在塑料管上套丝（即套螺纹）。

④ 给水铸铁管道安装时，采用水泥捻口或橡胶圈接口方式连接。

⑤ 铜管可用专用接头或焊接，当管径小于 22mm 时宜采用承插或套管焊接，承口应迎介质流向安装，当管径大于或等于 22mm 时宜采用对口焊接。

⑥ 应在给水立管和装有 3 个及以上配水点的支管始端安装可拆卸的连接件。

⑦ 地下室或地下构筑物外墙有管道穿过时，应采取防水措施。对有严格防水要求的建筑物，必须采用柔性防水套管。

（2）给水管道安装工艺 室内给水管道安装包括引入管、干管、立管、支管的安装。

1）管道安装顺序 管道安装顺序应结合具体条件，合理安排。一般为先地下，后地上；先大管，后小管；先主管，后支管。当管道交叉中发生矛盾时，应按下列原则避让。

① 小管让大管；

② 无压力管道让有压力管道，低压管让高压管；

③ 一般管道让高温管道或低温管道；

④ 辅助管道让物料管道，一般管道让易结晶、易沉淀管道；

⑤ 支管道让主管道。

2）安装前的准备工作

① 认真熟悉图纸，根据施工方案确定的施工方法和技术交底的具体措施做好准备工作。参阅有关专业设备图，核对各种管道的坐标、标高是否有交叉，管道排列所用空间是否合理。

② 根据施工图备料，并在施工前按设计要求检验材料设备的

规格、型号、质量等是否符合要求。

③ 了解室内给排水管道与室外管道的连接位置，穿建筑物的位置、标高及做法。管道穿过基础、墙壁和楼板时，应配合土建做好预留洞的预埋件。

④ 为便于管道安装，确保安装质量符合设计坡度要求，应按设计要求的坡度，放好水平管道坡度线。

3）引入管安装 引入管穿越建筑物基础时，应按设计要求施工。为防止基础下沉而破坏引入管，引入管敷设在预留孔内，应保持管顶距孔壁的净空尺寸不小于 150mm。为方便管道系统试压及冲洗时排水，引入管进入室内，其底部宜用三通连接，在三通底部装泄水阀或管堵。

当有防水要求时，给水引入管应采用防水套管。常用的防水套管如图 6-13 所示。

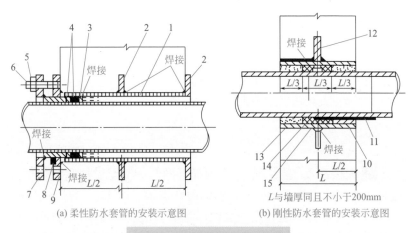

（a）柔性防水套管的安装示意图

（b）刚性防水套管的安装示意图

L 与墙厚同且不小于 200mm

图6-13 防水套管的安装示意图

1—套管；2,12—翼环；3,15—挡圈；4—橡胶条；5—螺母；6—双头螺栓；7—法兰盘；8—短管；9—翼盘；10—钢套管；11—钢管；13—石棉水泥；14—油麻

4）给水干管安装 室内给水干管一般分为下供地埋式（由室外进到室内各立管）和上供架空式（由顶层水箱引至室内各立管）两种。

① 埋地干管安装。埋地干管安装时，首先确定干管的位置、标高、管径等，正确地按设计图纸规定的位置开挖土（石）方至所需深度，若未留墙洞，则需要按图纸的标高和位置在工作面上划好打眼位置的十字线，然后打洞；为方便打洞后按剩余线迹来检验所定管道的位置正确与否，十字线长度应大于孔径。为确保检查维修时能排尽管内余水，埋地总管一般应坡向室外。

给水引入管与排水排出管的水平净距不得小于 1m；室内给水管与排水管平行敷设时，两管间的最小水平净距为 500mm。交叉敷设时，垂直净距为 150mm，给水管应敷设在排水管上方，如给水管必须敷设在排水管下方时应加套管，套管长度不应小于排水管径的 3 倍。

埋地管道安装好后要测压、防腐，对埋地镀锌钢管被破坏的镀锌表层及管螺纹露出部分的防腐，可采用涂铅油或防锈漆的方法；镀锌钢管大面积表面破损则应调换管子或与非镀锌钢管一样，按三油两布的方法进行防腐处理。

② 架空干管安装。地上干管安装时，首先确定干管的位置、标高、管径、坡度、坡向等，正确地按图示位置、间距和标高确定支架的安装位置，在应栽支架的部位画出长度大于孔径的十字线，然后打洞栽支架。也可以采用膨胀螺栓或射钉枪固定支架。

水平支架位置的确定和分配，可采用下法：先按图纸要求测出一端的标高，并根据管段长度和坡度定出另一端的标高；两端标高确定之后，再用拉线的方法确定出管道中心线（或管底线）的位置，然后按图纸要求或表 6-3 的规定来确定和分配管道支架。

表6-3 钢管道支架的最大间距

公称直径 DN/mm		15	20	25	32	40	50	70	80	100	125	150	200	250	300
支架的最大间距/m	保温管	1.5	2	2	2.5	3	3	4	4	4.5	5	6	7	8	8.5
	非保温管	2.5	3	3.5	4	4.5	5	6	6	6.5	7	8	9.5	11	12

栽支架的孔洞不宜过大，且深度不得小于 120mm。支架的安装应牢固可靠，成排支架的安装应保证其支架台面处在同一水平面上，且垂直于墙面。

管道支架一般在地面预制，支架上的孔眼宜用钻床钻得，若钻孔有困难而采用氧割时，为保证支架洁净美观和安装质量，必须将孔洞上的氧化物清除干净。支架的断料，宜采用锯断的方法。如用氧割，则应保证美观和质量。

栽好的支架，应使埋固砂浆充分牢固后才可安装管道。

干管安装一般可在支架安装完毕后进行。可先在主干管中心线上定出各分支主管的位置，标出主管的中心线，然后将各主管间的管段长度测量记录并在地面进行预制和预组装（组装长度应以方便吊装为宜），预制时同一方向的主管应保证在同一直线上，且管道的变径应在分出支管之后进行。组装好的管子，应在地面检查有无歪斜扭曲，如有则应调直。

上管时，为防止管道滚落伤人，应将管道滚落在支架上，随即用预先准备好的 U 形卡将管子固定，干管安装后，应保证整根管子水平面和垂直面都在同一直线上。

干管安装注意事项如下：

① 地下干管在上管前，应将各分支口堵好，防止泥沙进入管内；为保证管路畅通，在上主管时，要将各管口清理干净。

② 预制好的管子要保护好螺纹，上管时不得碰撞。可用加装临时管件方法加以保护。

③ 安装完的干管，不得有塌腰、拱起的波浪现象及左右扭曲的蛇弯现象。

管道安装应横平竖直。水平管道纵横方向弯曲的允许偏差当管径小于 100mm 时为 5mm，当管径大于 100mm 时为 10mm，横向弯曲全长 25m 以上为 25mm。

④ 在高空上管时，要注意防止管钳打滑而发生安全事故。

⑤ 支架应根据图纸要求或管径正确选用，其承重能力必须达到设计要求。

5）给水立管安装　立管安装前，首先根据图纸要求或给水配件及卫生器具的种类确定支管的高度。在墙面上画出横线，再用线坠吊在立管的位置上，在墙上弹出或画出垂直线，并根据立管卡的高度在垂直线上确定出立管卡的位置并画好横线，然后再根据所画横线和垂直线的交点打洞栽管卡。立管管卡安装，当层高小于或等于 5m 时，每层须安装一个，当层高大于 5m 时，每层不得少于两个；管卡的安装高度应距地面 1.5～1.8m；两个以上的管卡应均匀安排，成排管道或同一房间的立管卡和阀门等的安装高度应保持一致。

安装时，按立管上的编号从一层干管甩头处往上逐层进行安装。两人配合操作时，一人在下端托管，一人在上端上管，并注意支管的接入方向。安装好后为保证立管在垂直度和管道之间的距离符合设计要求，使其正面和侧面都在同一垂直线上，应进行检查，最后收紧管卡。立管一般沿房间的墙角或墙、梁、柱敷设。

立管安装有明装和暗装两种方式：

① 立管明装时，每层从上至下统一吊线安装卡件，将预制好的立管按编号分层排开，按顺序安装。支管留甩口均加好丝堵。安装完毕后，用线坠吊直找正，配合土建堵好楼板洞。

② 立管暗装时，竖井内立管安装的卡件宜在管井设置型钢，上下统一吊线安装卡件。安装在墙内的立管应在结构施工时预留管槽，立管安装后吊直找正，用卡件固定。支管留甩口加好临时丝堵。

立管安装注意事项有以下几方面：

① 调直后的管道上的零件如有松动，必须重新上紧。

② 立管上的阀门要考虑便于开启和检修。下供式立管上的阀门，当设计未标明高度时，应安装在地平面上 300mm 处，且阀柄应朝向操作者的右侧并与墙面形成 45° 夹角处，阀门后侧必须安装可拆装的连接件。

③ 当使用膨胀螺栓时，应先在安装支架的位置用冲击电钻钻孔，孔的直径与套管外径相等，深度与螺栓长度相等。然后将套管套在螺栓上，带上螺母一起打入孔内，到螺母接触孔口时，用扳手拧紧螺母，使螺栓的锥形尾部将开口的套管尾部张开，螺栓便和套管一起固定在孔内。这样就可在螺栓上固定支架或管卡。

④ 上管应注意安全，且应保护好末端的螺纹，不得碰坏。

⑤ 多层及高层建筑，每隔一层在立管上要安装一个活接头（油任）。

6）支管安装　支管是指从给水立管上接出，连接用水设备的管道。其中，连接单个用水设备的给水管称支管；连接数个用水设备的给水管称为横支管。横支管可预制安装，依次与立管连接。支管有明装和暗装两种方式。

① 支管明装。将预制好的支管从立管甩口依次逐段进行安装，有阀门应将阀门盖卸下再安装。核定不同卫生器具的冷热水预留口

高度、位置是否正确，找坡找正后栽支管卡件，上好临时丝堵。

② 支管暗装。支管暗装时，确定支管高度后画线定位，剔出管槽，将预制好的支管敷设在槽内，找平、找正、定位后用钩钉固定。卫生器具的冷热水预留口要做在明处，加好丝堵。

7）支、吊架的安装 为固定室内管道的位置，防止管道在自重、温度和外力影响下产生位移，水平管道和垂直管道应每隔一定距离装设支吊架。常用的支吊架有立管管卡、托架和吊环等。管卡和托架固定在墙梁柱上，吊环吊在楼板下，如图6-14、图6-15所示。

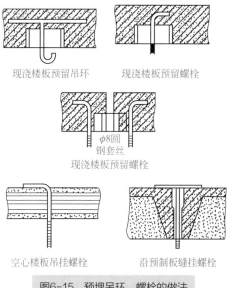

现浇楼板预留吊环　　现浇楼板预留螺栓

φ8圆钢套丝
现浇楼板预留螺栓

空心楼板吊挂螺栓　　沿预制板缝挂螺栓

图6-15　预埋吊环、螺栓的做法

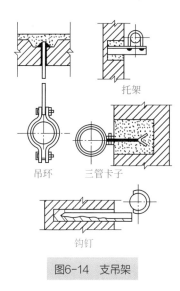

托架

吊环　　三管卡子

钩钉

图6-14　支吊架

① 埋栽法。埋栽法主要用于墙上有预留洞或允许打洞的结构物上。其施工步骤为放线—定位—打洞—插埋支架—校核支架位置和标高等。如图6-16所示。

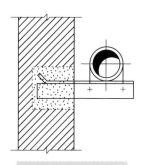

图6-16　埋栽法支架

a. 放线也称放坡，即按管道的设计安装标高及坡度要求，弹出管道安装坡度线，按支架间距定出每个支架位置；

b. 需要打洞时，宜用电锤和凿子打洞，用力要适当。打洞完毕应清除洞内碎渣及灰土，并用水将洞内四周湿透，待插埋支架；

c. 插埋支架，为加强支架牢固性，先在支架上画出应插入的深度线，并在栽入墙内端做成开脚。栽入深度不小于150mm，将支架放入洞内、找正、找平、标高正确后，用细石混凝土填满捣实，洞口凹进 3～5mm。为墙面抹灰修饰。

②焊接法。焊接法主要适用于混凝土结构物上安装支吊架。如图 6-17 所示。

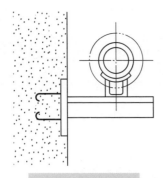

图6-17　焊接法支架

a. 在浇筑混凝土时将支架预埋件按要求位置预埋好；

b. 待拆模后将预埋件表面灰浆、铁锈清除干净；

c. 在预埋钢板上画出支架中心线及标高位置；

d. 经验收无误后，即可将支架点焊在预埋件上，符合要求，再按焊接要求进行施焊、除渣，为下道工序创造条件。

③膨胀螺栓法。如图 6-18 所示。

a. 先在支架安装膨胀螺栓孔位置上画上十字线；

b. 用冲击式电钻（电锤）在安装构件上进行钻孔；

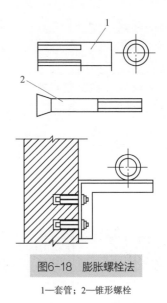

图6-18　膨胀螺栓法

1—套管；2—锥形螺栓

c. 安装膨胀螺栓，将套管的开口端朝向螺栓的锥形尾部，将膨胀螺栓打入孔内；

d. 校核螺栓位置、标高，满足要求后，稳装支架，将螺母带在螺栓上，用扳手拧紧螺母，随着螺母的拧紧，螺栓的锥形尾部将开口的套管尾部胀开，使螺栓和套管一同紧固在孔内。

④抱箍法。抱箍法主要适用于沿柱子敷设管道支架。如图 6-19 所示。

a. 支架的位置、标高、坡度应符合设计或规范的要求。

b. 支架安装要平整、牢固，与管道接触应紧密。

c. 固定在建筑结构上的管道支吊架不得影响结构安全。

d. 支架焊缝不得有漏缝、欠焊、裂纹、咬肉、砂眼等缺陷。

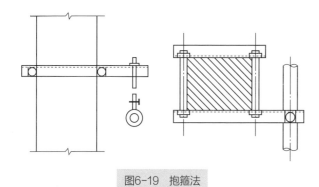

图6-19　抱箍法

e. 无热位移的管道，吊架的吊杆应垂直安装，有热位移的管道，吊杆应向位移相反方向的位移量 1/2 倾斜安装。

f. 管道水平安装的支架间距和立管管卡位置应符合设计和规范的规定。

8）水表安装　水表设置位置应按设计确定，如设计未注明则应尽量装设在便于检修、拆换，不致冻结，不受雨水或地面水污染，不会受到机械性损伤，便于查读之处。一般情况下，是在进户给水管的适当部位建造水表井，水表设在水表井内。

为方便水表拆换和检修，水表的前后应安装阀门，对用水量不大、用水可以间断的建筑，安装水表节点时一般不设旁通，只需在水表前后安装阀门即可。对于用水要求较高的建筑物，安装水表节点时应设置旁通管，旁通管由阀门两侧的三通引出，中间加阀门连接。

安装任何型号的水表时，必须注意水表外壳上箭头指示的方向一定要与水流方向一致。还应注意不同型号的水表有不同的安装要求。

二、室内排水系统安装

1. 排水管道布置与敷设

（1）排水管道的布置原则

① 卫生器具及生产设备中的污水或废水应就近排入立管。

② 使用安全可靠、不影响室内环境卫生。

③ 便于安装、维修及清通。

④ 管道尽量避震、避基础及伸缩缝、沉降缝。

⑤ 在配电间、卧室等处不宜设管道。

⑥ 管线尽量横平竖直，沿梁柱走，使总管线最短，工程造价低。

⑦ 占地面积小，美观。

⑧ 防止水质污染。

⑨ 管道位置不得妨碍生产操作、交通运输或建筑物的使用。

（2）排水管道布置要求

① 自卫生器具至排出管的距离应最短，管道转弯应最少。

② 排水立管宜靠近排水量最大的排水点。

③ 架空管道不得敷设在对生产工艺或卫生有特殊要求的生产厂房以及食品和贵重商品仓库、通风小室、变配电间和电梯机房内。

④ 排水管道不得穿过沉降缝、伸缩缝、变形缝、烟道和风道。

⑤ 排水埋地管道，不得布置在可能受重物压坏处或穿越生产设备基础。

⑥ 排水立管不得穿越卧室、病房等对卫生、低噪声有较高要

求的房间，并不宜靠近与卧室相邻的内墙。

⑦排水管道不宜穿越橱窗、壁柜。

⑧塑料排水立管应避免布置在易受机械撞击处，如不能避免时，应采取保护措施。

⑨塑料排水立管应避免布置在热源附近，如不能避免，并导致管道表面受热温度大于60℃时，应采取隔热措施。塑料排水立管与家用灶具边净距不得小于0.4m。

⑩排水管道外表面如可能结露，应根据建筑物性质和使用要求，采取防结露措施。

⑪排水管道不得穿越生活饮用水池部位的上方。

⑫室内排水管道不得布置在遇水会引起燃烧、爆炸的原料、产品和设备的上面。

⑬排水横管不得布置在食堂、饮食业厨房的主副食操作烹调备餐的上方。当受条件限制不能避免时，应采取防护措施。

⑭排水管道宜地下埋设或在地面上、楼板下明设，如建筑有要求时，可在管槽、管道井、管窿、管沟或吊顶内暗设，但应便于安装和检修。在气温较高、全年不结冻的地区，可沿建筑物外墙敷设。

⑮住宅卫生间的卫生器具排水管不宜穿越楼板进入他户。

（3）排水管道敷设 室内排水管道的敷设有明装和暗装两种方式。明装是指管道沿墙、梁、柱直接敷设在室内，其优点是安装、维修、清通方便，工程造价低，但是不够美观，且因暴露在室内，易积灰结露影响环境卫生。明装一般用于对环境要求不高的住宅、饭店、集体宿舍等建筑。

对于室内美观程度要求高的建筑物或管道种类较多时，应采用暗装敷设的方式。

2．排水管道安装

（1）一般规定

1）室内排水系统管材应符合设计要求。当无设计规定时，应按下列规定选用：

①生活污水管道应使用塑料管、铸铁管等。

②雨水管道应使用塑料管、铸铁管、镀锌和非镀锌钢管等。

2）在生活污水管道上设置检查口或清扫口时，应符合设计要求。当设计无规定时应符合下列规定：

①在立管上应每隔一层设置一个检查口，且在最底层和有卫生器具的最高层必须设置。检查口中心高度距操作地面一般为1m，允许偏差±20mm，并应高于该层卫生器具上边缘150mm；检查口的朝向应便于检修。

②在连接2个及2个以上大便器或3个及3个以上卫生器具的污水横管上应设置清扫口。

当污水管在楼板下悬吊敷设时，可将清扫口设在上一层楼地面上，污水管起点的清扫口与管道相垂直，与墙面距离不得小于200mm；若污水管起点设置堵头代替清扫口时，与墙面距离不得小于400mm。

③在转角小于135°的污水横管上，应设置检查口或清扫口。

④污水横管的直线管段，应按设计要求的距离设置检查口或清扫口。

3）金属排水管道上的吊钩或卡箍应固定在承重结构上。固定件间距：横管不大于2m；立管不大于3m。立管底部的弯管处应设置支墩或采取固定措施。

4）塑料排水管道支吊架间距应符合表6-4的规定。

表6-4　塑料排水管道支吊架最大间距

管径/mm	50	75	110	125	160
立管/m	1.20	1.50	2.00	2.00	2.00
横管/m	0.50	0.75	1.10	1.30	1.60

5）排水通气管不得与风道或烟道连接，且应符合下列规定。

① 通气管应高出屋面300mm，但必须大于最大积雪厚度。

② 在通气管出口4m以内有门、窗时，通气管应高出门、窗顶600mm或引向无门、窗一侧。

③ 在经常有人停留的平屋顶上，通气管应高出屋面2m，并应根据防雷要求设置防雷装置。

④ 屋顶有隔热层应从隔热层板面算起。

6）未经消毒处理的医院含菌污水管道安装时，不得与其他排水管道直接连接。

7）饮食业工艺设备引出的排水管及饮用水水箱的溢流管，不得与污水管道直接连接。

8）通向室外的排水管，穿过墙壁或基础必须下扳时，应用45°三通和45°弯头连接，并应在垂直管段顶部设置清扫口。

9）由室内通向室外排水检查井的排水管，井内引入管应高于排出管或两管顶相平，并有不小于90°的水流转角，如跌落差大于300mm可不受角度限制。

10）用于室内排水的水平管道与水平管道、水平管道与立管的连接，应采用45°三通或45°四通和90°斜三通或90°斜四通。

11）雨水管道不得与生活污水管道相连接。雨水斗管的连接应固定在屋面承重墙上。

（2）管道安装工艺

1）安装准备。

① 按设计图纸上管道的位置确定标高并放线，经复核无误后，将管沟开挖至设计深度。当设计无要求时，工业厂房内生活排水管埋设深度不得小于表6-5中的规定。

表6-5　工业厂房生活排水管由地面至管顶最小埋设深度

管材	地面种类	
	土地面、碎石地面、砖地面	混凝土地面、水泥地面、菱苦土地面
铸铁管、钢管/m	0.7	0.7
钢筋混凝土管/m	0.7	0.5
陶土管、石棉水泥管/m	1.0	0.6

注：1. 厂房生活间和其他不受机械损坏的房间内，管道的埋设深度可酌减到300mm。
2. 在铁轨下敷设钢管或给水铸铁管，轨底至管顶埋设深度不得小于1m。
3. 在管道有防止机械损伤措施或不可能受机械损坏的情况下，其埋设深度可小于表6-5中及注2规定数值。

② 埋地敷设的管道宜分两段施工。第一段先做±0.000以下的室内部分，至伸出外墙为止。待土建施工结束后，再敷设第二段，从外墙接入检查井。当埋地管为铸铁管，地面以上为塑料管时，底层塑料管插入其承口部分的外侧应先用砂纸打毛。插入后用麻丝填嵌均匀，以石棉水泥捻口。操作时要避免塑料管变形。

③ 凡有隔绝难闻气体要求的卫生洁具和生产污水受水器的泄水口下方的器具排水管，均须设置存水弯。设存水弯有困难时，应在排水支管上设水封井或水封盒，其水封深度应分别不小于100mm和50mm。

④ 排水横支管的位置及走向，应视卫生洁具和排水立管的相对位置而定，可以沿墙敷设在地板上，也可用间距为1～1.5m的吊环悬吊在楼板下。

为防止因管道过长而造成虹吸作用对卫生洁具水封造成破坏，

排水横支管不宜过长，一般不得超过 10m。同时，为减小阻塞及清扫口的数量，要尽量少转弯，尤其是连接大便器的横支管，宜直线与立管连接。排水立管仅设伸顶通气管时，最底排水横支管与立管连接处距排水立管管底的垂直距离，应符合表6-6的要求。排水支管连接在排出管或排水横干管上时，连接点距立管底部的水平距离不宜小于 3.0m。

表6-6　最底横支管与立管连接处至立管底部的垂直距离

立管连接卫生器具的层数/层	垂直距离/m
≤ 4	0.45
5 ～ 6	0.75
7 ～ 19	3.00
≥ 20	6.00

⑤ 按各受水口位置及管道走向进行测量，绘制实测小样图并详细注明尺寸。

⑥ 埋地管道的管沟应底面平整，无突出的尖硬物；对塑料管一般可做 100 ～ 150mm 砂垫层，垫层宽度应不小于管径的 2.5 倍，坡度与管道坡度相同。

⑦ 清除管道及管件承口、插口的污物，铸铁管有沥青防腐层的要用气焊设备将防腐层烤掉。

⑧ 在管沟内安装的，要按图纸和管材、管件的尺寸，先将承插口、三通、阀门等位置确定，并挖好操作坑；如管线较长，可逐段定位。

⑨ 排水管安装，一般为承插管道接口，即以麻丝填充，用水泥或石棉水泥打口（捻口），不得用一般水泥砂浆抹口。

⑩ 地面上的管道安装：按管道系统和卫生设备的设计位置，结合设备排水口的尺寸与排水管管口施工要求，在墙柱和楼地面上

划出管道中心线，并确定排水管道预留管口坐标，做出标记。

⑪ 按管道走向及各管段的中心线标记进行测量，绘制实测小样图，详细注明尺寸。管道距墙柱尺寸为：立管承口外侧与饰面的距离应控制在 20 ～ 50mm 之间。

⑫ 按实测小样图选定合格的管材和管件，进行配管和断管。预制的管段配制完成后，应按小样图核对节点间尺寸及管件接口朝向。

⑬ 为减少管道堵塞的机会，排水立管宜靠近杂质最多、最脏和排水量最大的卫生洁具设置，排水立管一般不允许转弯，当上下层位置错开时，宜用乙字管或两个 45° 弯头连接；错开位置较大时，也可有一段不太长的水平管段。

立管管壁与墙、柱等表面应有 35 ～ 50mm 的安装净距。立管穿楼板时，应加段套管，对于现浇楼板应预留孔洞或镶入套管，其孔洞尺寸较管径大 50 ～ 100mm。

立管的固定常采用管卡，管卡的间距不得超过 3m，但每层必须设一个管卡，宜设于立管接头处。排水立管上应设检查口，其间距不宜大于 10m，以便于管道清通。若采用机械疏通时，立管检查口的间距可达 15m。

⑭ 选定的支承件和固定支架的形式应符合设计要求。吊钩或卡箍应固定在承重结构上。

铸铁管的固定间距，横管不得大于 2m，立管不得大于 3m；层高小于或等于 4m，立管可安设一个固定件，立管底部的弯管处应设支墩。

塑料管支承件的间距，立管外径为 50mm 的，应不大于 1.5m；外径为 75mm 及以上的，应不大于 2m。横管应不大于表 6-7 中的规定。

表6-7　塑料横管支承件的间距

外径/mm	40	50	75	110	160
间距/mm	400	500	750	1100	1600

⑮ 将材料和预制管段运至安装地点，按预留管口位置及管道中心线，依次安装管道和伸缩节，并连接各管口。管道安装一般自下向上分层进行，先安装立管，后安装横管，连续施工。

⑯ 排水横干管要尽量少转弯，横干管与排出管之间、排出管与其同一检查井内的室外排水管之间的水流方向的夹角不得小于90°，以保证水流畅通；当跌落差大于0.3m时，可以不受此限制。为便于排水，排出管与室外排水管连接时，其管顶标高不得低于室外排水管管顶标高。

⑰ 排出管及排水横干管在穿越建筑物承重墙或基础时，要预留孔洞，其管顶上部的净空高度不得小于房屋的沉降量，并且不小于0.15m。排出管穿过地下室外墙或地下构筑物的墙壁处，应采取防水措施。高层建筑的排出管，应采取有效的防沉降措施。

2）施工工艺流程。安装准备工作→管道预制→干管安装→立管安装→支管安装→用水试验→管道防腐。

3）排出管安装。排出管是指室内底层排水横管上的立管三通至室外第一个检查井之间的管段。排出管的室外部分应安装在冻土层以下，且低于明沟的基础，接入窗井时不能低于窗井的流水槽。如图6-20所示。

一般排出管的最小埋深为：混凝土、沥青混凝土地面下埋深不小于0.4m，其他地面下埋深不小于0.7m。排出管穿越基础或地下室墙壁时应预留孔洞，并做好防水处理。

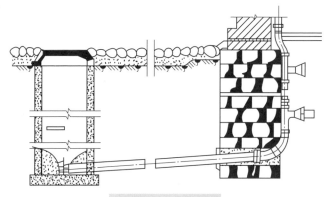

图6-20　排出管安装

4）干管安装。按设计图纸上管道的位置确定标高并放线，经复核无误后，将管沟开挖至设计深度。

① 首先挖好管沟，在挖好的管沟底部，用土回填到管底标高处，铺设管道时，应将预制好的管段按照承口朝来水方向，由出水口处向室内顺序排列。挖好捻灰口的工作坑，将预制好的管段徐徐放入管沟内，封闭堵严总出水口，做好临时支承，按施工图纸的坐标、标高找好位置和坡度，以及各预留管口的方向和中心线，将管段承插口相连。

② 管道铺设捻好灰口后，再将立管首层卫生器具的排水预留管口，按室内地平线、坐标位置及轴线找好尺寸，接至规定高度，将预留管口临时封堵。

③ 按照施工图对铺设好的管道坐标、标高及预留管口尺寸进行自检，确认准确无误后即可从预留管口处灌水做闭水实验。

④ 管道系统经隐蔽验收合格后，临时封堵各预留管口，配合土建填堵孔洞，并按规定回填土。

5）立管与通气管安装。

① 确定立管位置。立管作用上承接横支管排泄的污水，立管的安装位置要考虑到横支管距墙的距离和不影响卫生器具的使用。定出安装距离后，在墙上做出记号，用粉囊在墙上弹出该点的垂直线即是该立管的位置。排水立管与墙面的距离应符合表6-8的规定。

表6-8　排水立管中心与墙面距离及留洞尺寸

管径 /mm	50	75	100	125～150
管中心与墙面距离 /mm	100	110	130	150
楼板留洞尺寸 /mm	100×100	200×200	200×200	300×300

② 安装立管。安装立管时，应两人配合进行。楼上一人楼下一人，用绳子将立管插入下层管承口内，找正甩口及检查口方向，并将管道在楼板洞内临时固定，然后接口。管道安装一般自下向上分层进行，安装时一定要注意将三通口的方向对准横管的方向。每层立管安装后，均应立即以管卡固定。立管底部的弯管处应设置支墩。

立管安装应注意以下几方面内容：

a. 在立管上应按图纸要求设置检查口，如设计无要求时则应每两层设置一个检查口，但在最底层和卫生器具的最高层必须设置。如为五层建筑物，应在一、三、五层设置；如为六层建筑，应在一、四、六层或一、三、六层设置；如为二层建筑，可在底层设置检查口。如有乙字管，则在该层乙字管上部设置检查口，其高度由地面至检查口一般为1m，允许偏差为±20mm，并高于该层卫生器具上边缘150mm。检查口的朝向应便于检修，检查口盖的垫片一般选用厚度不小于3mm的橡胶板。

b. 安装立管时，为避免安装横托管时由于三通口的偏斜而影响安全质量，一定要注意将三通口的方向对准横托管方向。三通口的高度，要由横管的长度和坡度来决定，与楼板的间距一般宜大于或等于250mm，但不得大于300mm。

③ 通气管安装。通气管应安装在立管顶部，是为了使下水管网中的有害气体排至大气中，并保护管网中不产生负压破坏卫生设备的水封而设置的。通气管的安装方法与排水立管相同，不得与风道或烟道连接，只是通气管穿出屋面时，应与屋面工程配合进行。首先安装好通气管，然后将管道和屋面的接触处进行防水处理。伸出屋顶的通气立管高出屋面不小于300mm，且必须大于积雪厚度。如在透气管出口4m以内有门窗，则透气管应高出门窗顶600mm或引向无门窗一侧。在经常有人停留的平面屋顶上，透气管应高出屋面2m，并应根据防雷要求设防雷装置，同时将透气球装在管口上。注意透气管出口不宜设在建筑物的檐口、阳台等挑出部分的下面。

6）横支管安装。预制横管必须对各卫生器具及附件的水平距离进行实测。对承接大便器及拖布盆、清扫口的横管，根据土建图纸和现场测出它们的中心距及三通口的方向。如知大便器的三通口要朝上，而拖布盆由于离墙较远，要用直弯将短支管引到靠墙所规定的位置，因此该三通应有朝墙方向45°的角度。地漏的两个直弯也是朝上的方向。测出尺寸及方向，绘在草图上便可在地面预制，预制后的管子，如果用水泥接口，则要在养护一段时间，待水泥具有初步强度后，才可吊装连接。

首先应在墙上弹画出横管中心线，在楼板内安装吊卡并按横管的长度和规范要求的坡度调整好吊卡的高度。吊装时，用绳子从楼板眼处将管段按排列顺序从两侧水平吊起，放在吊架卡圈上临时卡稳，调横管上三通口的方向或弯头的方向及管道的坡度，调好后方可收紧吊卡。为防止落入异物堵塞管道，应进行接口连接，并将管口堵好，安装好后，应封闭管道与楼板或墙壁的间隙，并且保证所有预留管口被封闭堵严。

7）卫生器具下排水支立管的安装。卫生器具下排水支立管安装时，将管托起，插入横管的甩口内，在管件承口处绑上铁丝，并在楼板上临时吊住，调整好坡度和垂直度后，打麻、捻口，并将其固定在横管上，将管口堵住，然后将楼板洞或墙孔洞用砖塞平，填入水泥砂浆固定。为利于土建抹平地面，补洞的水泥砂浆表面应低于建筑表面 10mm 左右。

第三节　室内消防系统的安装

一、消防管道的安装

1. 消火栓管道的安装

（1）安装准备

① 认真熟悉图纸，根据施工方案、技术交底、安全交底的具体措施选用材料、测量尺寸、绘制草图、预制加工。

② 核对有关专业图纸，查看各种管道的坐标、标高是否有交叉或排列位置不当，及时与设计人员研究解决，办理洽商手续。

③ 检查预埋件和预留洞是否正确。

④ 检查管材、管件、阀门、设备及组件等是否符合设计要求和质量标准。

⑤ 要安排合理的施工顺序，避免工种交叉作业干扰，影响施工。

（2）施工工艺流程　干管安装→立管安装→消火栓及支管安装→消防泵水箱→水泵接合器安装→管道试压、冲压→水火栓配件安装→系统调试。

（3）干管安装

① 喷洒管道一般要求使用镀锌管件（干管直径在 100mm 以上，无镀锌管件时，采用焊接法兰连接，试完压后做好标记拆下来加工镀锌）。需要镀锌加工的管道应选用碳素钢管或无缝钢管，在镀锌加工前不允许刷油和污染管道。需要拆装镀锌的管道应先安排施工。

② 喷洒干管用法兰连接每根配管长度不宜超过 6m，直管段可把几根连接在一起，使用倒链安装，但不宜过长。也可调直后，编号依次顺序吊装，吊装时，应先吊起管道一端，待稳定后再吊起另一端。

③ 管道连接紧固法兰时，检查法兰端面是否干净，采用 3～5mm 的橡胶垫片。法兰螺栓的规格应符合规定。紧固螺栓应先紧最不利点，然后依次对称紧固。法兰接口应安装在易拆装的位置。

④ 消火栓系统干管安装应根据设计要求使用管材，按压力要求选用碳素钢管或无缝钢管。

a. 管道在焊接前应清除接口处的浮锈、污垢及油脂。

b. 当壁厚≤ 4mm，直径≤ 50mm 时，应采用气焊；壁厚≥ 4.5mm，直径≥ 70mm 时，应采用电焊。

c. 不同管径的管道焊接，连接时如两管径相差不超过小管径的 15%，可将大管端部缩口与小管对焊。如果两管相差超过小管径的 15%，应加工异径短管焊接。

d. 管道对口焊缝上不得开口焊接支管，焊口不得安装在支吊架位置上。

e. 管道穿墙处不得有接口（丝接或焊接），管道穿过伸缩缝处应有防冻措施。

f. 碳素钢管开口焊接时要错开焊缝，并使焊缝朝向易观察和维修的方向。

g. 管道焊接时先点焊三点以上，然后检查预留口位置、方向、变径等无误后，找直、找正，再焊接。紧固卡件，拆掉临时固定件。

（4）消防喷洒和消火栓立管安装

① 立管暗装在竖井内时，为防止立管下坠，在管井内预埋铁件上安装卡件固定，立管底部的支吊架要牢固。

② 立管明装时，每层楼板要预留孔洞，立管可随结构穿入。

（5）消防喷洒分层干支管安装

① 管道的分支预留口在吊装前应先预制好，丝接的用三通定位预留口，焊接的可在干管上开口焊上熟铁管箍，调直后吊装。所有预留口均加好临时封堵。

② 需要加工镀锌的管道在其他管道未安装前试压、拆除、镀锌后进行二次安装。

③ 走廊吊顶内的管道安装与通风道的位置要协调好。

④ 喷洒管道不同管径连接不宜采用补芯，应采用异径管箍，弯头上不得用补芯，三通上最多用一个补芯，四通上最多用两个补芯。

⑤ 向上喷的喷洒头有条件的可与分支干管顺序安装好。其他管道安装完后不易操作的位置也应先安装好向上喷的喷洒头。

（6）消火栓及支管安装

① 消火栓箱体要符合设计要求（其材质有木、铁和铝合金等），栓阀有单出口和双出口双控等。产品均应有消防部门的制造许可证及合格证方可使用。

② 消火栓支管要以栓阀的坐标、标高定位甩口，核定后再稳固消火栓箱，箱体找正稳固后再把栓阀安装好。栓阀侧装在箱内时，应在箱门开启的一侧，箱门开启应灵活。

③ 消火栓箱体安装在轻质隔墙上时，应有加固措施。

（7）管道分区、分系统强度试验

① 按设计规定的试验压力分层、分系统进行水压试验，一般当系统设计工作压力等于或小于 1.0MPa 时，水压强度试验压力为设计工作压力的 1.5 倍，并不小于 1.4MPa；当系统设计工作压力大于 1.0MPa 时，水压强度试验压力应为该工作压力加 0.4MPa，但不大于 1.6MPa。

② 水压强度试验的测试点应设在系统的最低点。向管网注水时，应缓慢升压，并及时排净管网内的空气；系统达到试验压力后，稳压 30min，目测管网应无变形、无泄漏且压力降不大于 0.05MPa。

③ 水压严密性试验根据工程进度要求，可以和强度试验同时进行，也可以单独进行。与强度试验同时进行时，应注意强度试验合格后，再将管网水压降到工作压力，稳压 24h，无渗漏为合格。

④ 冬期无保温环境试验时，要采取防冻措施，并及时把管网内的水泄尽，防止冻裂管件。也可采用气压试验，用 0.3MPa 压缩气体（宜采用空气或氮气）进行试验，其压力应保持 24h，压力降不大于 0.01MPa 为合格。

2. 自动喷水灭火管道的安装

（1）施工工艺流程 支架安装供水管安装→报警控制阀安装→

配水立管安装→分层配水干管、支管安装→消防水泵、水箱、水泵接合器安装→管道试压、冲洗喷头短管安装→水流指示器、节流装置安装→报警阀组件、喷头安装→系统调试。

（2）支架的制作与安装

① 按支架的规定间距和位置确定加工数量。此外，自动喷水灭火系统中支架位置与喷头距离不得小于 300mm，距末端喷头的间距不得小于 750mm，在喷头之间每段配水管上至少装一个固定支架，当喷头间距小于 1.8m 时，可隔断设置，支架间距不大于 3.6m。

② 在消防配水干管、立管、干支管及支管部位，应安装防晃支架，以防止喷头喷水时产生大幅度晃动。

③ 防晃支架设置要求。在配水管中点设一个；配水干管及配水管、支管（ l >5m，DN ≥ 50mm）中至少设一个；竖直安装的配水干管宜在终、始端设置各一个；高层建筑每隔一层距地面 1.5 ～ 1.8m 处宜安装防晃支架。

（3）管道的安装

① 自动喷水灭火管道采用镀锌钢管、镀锌无缝钢管，DN ≤ 100 管道接口为螺纹连接，DN>100 应采用法兰连接。若设计要求消防管道采用镀锌无缝钢管法兰连接时，宜采用二次安装法。即在管段上装配碳钢平焊法兰，将组装管段进行预安装并进行逐段编号标志，拆除后送镀锌厂进行热浸镀锌工艺处理，再运至现场进行二次安装。

② 当管道变径时，宜采用镀锌异径管，在弯头处不得使用补芯；当需要采用补芯时，三通上最多用一个，四通上不得超过两个。

③ 自动喷水和水幕消防系统管道应敷设管道坡度。充水系统不小于 0.002，充气系统和分支管应大于 0.004。

④ 管道穿越墙体或楼板应设套管。

⑤ 管道中心距梁、柱、顶棚等最小距离应符合表 6-9 规定。

表6-9　管道中心与梁、柱、顶棚最小距离

公称直径 /mm	25	32	40	50	65	80	100	125	150
距离 /mm	40	40	50	60	70	80	100	125	150

二、消防设施的安装

1. 消火栓的安装

消火栓是具有内螺纹接口的球形阀式龙头，其作用是控制水流，平时关闭，发生火警时开启水流，消火栓一端与消防立管连接，另一端用内螺纹式快速接头与水龙带连接。

SN 系列室内消火栓有直角单出口式（SN 型）、45° 单出口式（SNA 型）和直角双出口式（SNS 型）等几种形式，主要规格性能见表 6-10。常用消火栓出水口径有 50mm 和 65mm 两种。

表6-10　SN系列室内消火栓规格

型号	公称压力 /MPa	进水口规格	出水口规格		主要结构尺寸 /mm				重量 /kg
			公称通径 DN/mm	配套接头型号	宽 L	厚 l	高 H	DN	
SN50	≤ 1.0	G2″	50	KN50	105	22	195	100	4.0
SNA50					140				4.5
SNS50		G2.5″			158	25	205		5.5
SN65			65	KN65	115	25	210	120	5.0
SNA65					155				5.5
SNS65		G3″			166		235	140	110.5

水枪是灭火的主要工具，其喷嘴接口口径分为 13mm、16mm、19mm、22mm 四种规格；水龙带直径一般分为 50mm 和 65mm 两种规格，长度依据设计选定，通常有 10m、15m、20m、25m 几种

规格。消火栓、水龙带、水枪之间均采用内螺纹式快速接扣连接。几种常见水枪的规格性能见表6-11。

表6-11 水枪规格

名称	型号	公称压力 /MPa	进水口径 /mm	喷嘴直径 /mm	射程 /m	其他
直流水枪	QZ16 QZ19	0.6	50 65	13.16 16.19	26.32 32.36	—
直流开光 水枪	QZG6 QZG16 QZG19	0.6	15 50 65	6 16 19	8 31 35	—
直接喷雾 水枪	QZW16 QZW19	0.5	50 65	—	28 30	喷雾射远 > 10m

室内消火栓的安装要求如下:

① 室内消火栓应布置在通道便利之处,并设有明显标志。安装形式分为明装、暗装和半暗装几种形式。消火栓管接口分箱底接口、箱侧边接口两种形式。

② 消火栓箱体位置应按设计位置施工,为避免水龙带因长度不够而产生消防死角,不得随意移动消火栓箱体。箱体安装应横平竖直,稳固可靠。

③ 消火栓栓口距地面为 1.1m,消火栓与消防立管距离不宜过大。栓阀装在箱门开启侧,栓口朝下或与设置消火栓的墙面呈 90° 角。

④ 消防水龙带应折好放在挂架上或卷实盘紧放在箱内,消防水枪应竖直放在箱体内侧,自救式水枪和软管应放在箱底部或挂卡上。水枪与水龙带及快速接头可用铜丝绑扎连接。

⑤ 在建筑物最高位应设置实验消火栓,以备在系统调试中检查水压、水量和监测系统控制的准确和灵活程度。

2. 消防水泵的安装

为便于管理,室内消火栓灭火系统的消防水泵房,宜与其他水泵房合建。高层建筑的室内消防水泵房,宜设在建筑物的底层。独立设置的消防水泵房,其耐火等级不应低于二级。在建筑物内设置消防水泵房时,应采用耐火极限不低于 2h 的隔板和 1.5h 的楼板与其他部位隔开,并应设甲级防火门。水泵房应有自己的独立安全出口,出水管不少于两条并与室外管网相连接。每台消防水泵应设有独立的吸水管,分区供水的室内消防给水系统,每区的进水管也不应少于两条。在水泵的出水管上应装设试验与检查用的出水阀门。水泵装置的工作方式应采用自灌式。固定式消防水泵应设有和主要泵性能相同的备用泵,但室外消防用水量不超过 25L/s 的工厂和仓库或七至九层单元式住宅可不设备用泵。设有备用泵的消防水泵房,应设置备用动力。若采用双电源有困难时,可采用内燃机作动力。

高层工业建筑应在每个室内消火栓外设置直接启动消防水泵的按钮以保证及时启动消防水泵及火场供水。消防水泵应保证在火警后 5min 内开始工作,并在火场断电时仍能正常运转。消防水泵与动力机械应直接连接。消防水泵房宜有与本单位消防队直接联络的通信设备。

3. 室内消防水箱的安装

室内消防水箱的设置应据室外管网的水压和水量来确定。设有能满足室内消防要求的常高压给水系统的建筑物,可不设消防水箱;设置临时高压和低压给水系统的建筑物,应设消防水箱或气压给水装置。消防水箱设在建筑物的最高部位,其高度应能保证室内最不利点消火栓所需水压。若确有困难时,应在每个室内消火栓处设置直接启动消防水泵的设备,或在水箱的消防出水管上安设水流指示器,当水箱内的水一经流入消防管网,立即发出火警信号报警。另外,还可设置增压设施,其增压泵的出水量不应小于 5L/s,增压设施的气压罐调节水量不应小于 450L。

消防用水与其他用水合并的水箱，应有保证消防用水不作他用的技术措施。发生火灾后，由消防水泵供应的水不得进入消防水箱。消防水箱应贮存 10min 的室内消防用水量。对于低层建筑物，当室内消防用水量不超过 25L/s 时，储水量最大为 12m³；当室内消防用水量超过 25L/s 时，储水量最大为 18m³。对于高层建筑物水箱的储水量，一类建筑（住宅除外）不应小于 18m³；二类建筑（住宅除外）和一类建筑的住宅不应小于 12m³；二类建筑的住宅不应小于 6m³。高层建筑物并联给水的分区消防水箱，其消防储水量与高位消防水箱相同。

4. 水泵接合器安装

水泵接合器是消防车或机动泵给室内消防管网供水的连接口。其作用是在室内消防水泵发生故障或室内消防用水不足时，消防车从室外消火栓取水，通过水泵接合器将水送至室内消防给水管网，供灭火设施使用。水泵接合器用于消火栓灭火系统和自动喷水灭火系统。其安装形式分地上式、地下式及墙壁式三种。如图 6-21 所示。

（1）墙壁式水泵接合器　图 6-21（c）为墙壁式水泵接合器，形似室内消火栓，可设在高层建筑物的外墙上，但与建筑物的门、窗、孔洞净距不宜小于 2.0m，安装高度一般为 1.1m。

（2）地上式水泵接合器　地上式水泵接合器形似地上式消火栓，应设置与消火栓区别的固定标志。可设在高层建筑物附近，便于消防人员接近和使用。

（3）地下式水泵接合器　地下式水泵接合器形似地下式消火栓，应采用铸有"消防水泵接合器"标志的铸铁井盖，并在附近设置指示位置的固定标志。

可设在高层建筑物附近的专用井内，专用井应设在消防人员便于接近和使用的地点，但不应设在车行道上。

水泵接合器的设置数量应按室内消防用水量确定。每个水泵接

合器的流量应按 10 ～ 15L/s 计算。当计算出来的水泵接合器数量少于两个时，仍应采用两个，以确保安全。建筑高度小于 50m、每层面积小于 500m² 的普通住宅，在采用两个水泵接合器有困难时，也可采用一个。

水泵接合器已有标准定型产品，其接出口直径有 65mm 和 80mm 两种。

水泵接合器与室内管网连接处应有阀门、止回阀、安全阀等。安全阀的定压一般可高出室内最不利点消火栓要求的压力 0.2 ～ 0.4MPa。

水泵接合器应设在便于消防车使用的地点，其周围 15 ～ 40m 范围内应设室外消火栓、消防水池，或有可靠的天然水源。

5. 湿式报警阀组的安装

湿式报警阀组是一种当火灾发生时能迅速启动消防设备进行灭火，并发出报警信号的设备。如图 6-22 所示。

① 湿式报警阀安装前应先进行渗漏试验，试验压力为额定工作压力的 2 倍，保压 5min 以上，阀瓣处应无渗漏。

② 湿式报警阀装置应竖直地安装在试压和冲洗合格的管路上，注意水流方向，安装位置应考虑维修、保养时有足够的操作空间。

③ 系统管路应进行彻底冲洗，管内应涂有防锈层，保证管路内没有脏物污垢。

④ 各排水口应用管路单独接入下水道，保持畅通无阻便于统一排水。

⑤ 压力表应转向看清读数的位置：水力警铃和报警阀的位置，连接的管路在出厂时已经安装就绪，如需重新安排管路，其水平距离 ≤ 20m，高差 ≤ 5m。

⑥ 管网系统安装完毕后，向系统管路中充水、缓慢升压并将

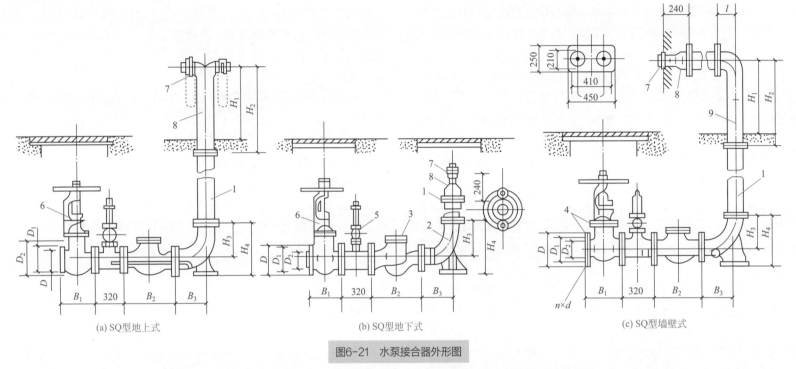

(a) SQ型地上式   (b) SQ型地下式   (c) SQ型墙壁式

图6-21　水泵接合器外形图

1—法兰接管；2—弯管；3—升降式单向阀；4—放水阀；5—安全阀；6—楔式闸阀；7—进水用消防接口；8—本体；9—法兰弯管

管路中的空气排净，升压至系统工作压力，检查整个系统有无渗涌，合格后做报警试验和管路供水试验。

⑦报警试验：开启末端试验阀（装在系统中最末端），水力警铃、压力开关和水流指示器，应做相应的报警动作；或开启湿式报警阀装置上的排水球阀，当流量相当于一只标准喷头（通径为15mm，流量系数 $K=80 \pm 4$）时，水力警铃和压力开关应做相应的报警动作。

⑧打开报警试验球阀，进水侧水流从铜管直接流入报警装置，

在阀瓣不开启的情况下，也可以进行压力开关和水力警铃报警性能试验。

⑨管路供水试验：打开排水球阀，若有大量水流稳定地流出来，则说明管路供水通畅正常，否则要检查管路，进行系统排气，清除堵塞，保证畅通无阻。

6. 喷头的安装

①喷头安装应在系统试压、冲洗合格后进行，喷头连接短管在

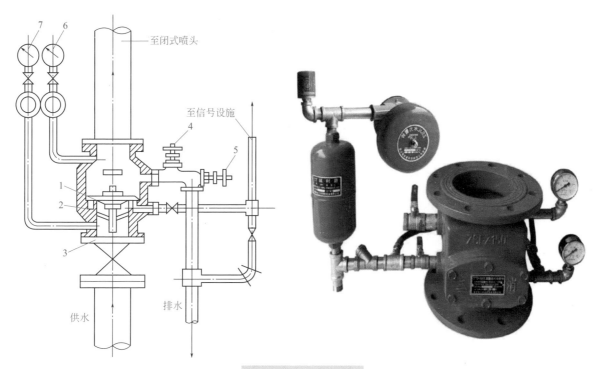

图6-22　湿式报警阀组

1—报警阀及阀芯；2—阀座凹槽；3—总闸阀；4—试铃阀；5—排水阀；6—阀后压力表；7—阀前压力表

闭式系统管径为 DN25，在开式系统为 DN32，与喷头连接一律采用同芯大小头。不得对喷头进行拆装改动，并严禁给喷头加任何涂抹层。

② 应使用专用扳手安装，严禁利用喷头的框架拧紧。喷头框架、溅水盘损坏时，应采用相同型号规格的喷头进行更换，安装在易受机械损伤处的喷头应加防护罩。当喷头的公称直径小于 10mm 时，应在配水干管或支管上设过滤器。

③ 喷水溅水盘与吊顶、顶棚、楼板、屋面板及门窗洞口的距离不宜大于 150mm，距边墙不宜大于 100mm。

7. 消防水池

① 当生活、生产用水量达到最大，市政给水管道、进水管或天然水源不能满足室内外消防用水量时，给水管网为枝状或只有一条进水管，且室内外消防用水量之和大于 25L/s 时，应设消防水池。消防水池的容量应满足在火灾延续时间内，室内外消防用水总量的要求。

② 对于百货楼、展览楼、图书馆等高层建筑和甲、乙、丙类物品仓库，火灾延续时间按 3h 计；易燃、可燃材料的露天、半露天堆场，按 6h 计；居住区、工厂和丁、戊类仓库建筑，按 2h 计；自动喷水灭火设备的用水量，按火灾延续时间 1h 计。

③ 发生火灾时，在能保证向水池连续供水的条件下，计算消防水池容积时，可减去火灾延续时间内连续补充的水量。火灾后消防水池的补水时间不得超过 48h。

④ 供消防车取水的消防水池应设取水口，取水口与被保护建筑物的距离不宜小于 15m，消防车吸水高度不超过 6m，消防水池的保护半径不宜大于 150m。

8．其他组件安装

① 水流指示器　水流指示器应在管道试压和冲洗合格后安装，规格、型号应符合设计要求，应垂直安装在水平管道上游侧，动作方向应与水流方向一致，安装后浆片、膜片应动作灵活，不得与管壁碰刮。水流指示器前后应保持 5 倍管径长度的直管段。

② 节流装置　节流装置应设在直径为 50mm 以上的水平管道上，减压孔板应装在水流转弯处下游一侧的直管段上，且与转弯处的距离不小于管段的 2 倍长度。

③ 压力开关　压力开关应竖直安装在通往水力警铃的报警管路上，不得擅自改动拆装。

④ 信号阀　信号阀应安装在水流指示器之前的管道上，与指示器距离应大于 300mm。

⑤ 排气阀　排气阀应在系统试压和冲洗后安装，安装在配水干、支管末段和配水干管顶部。

⑥ 末端试水设置　末端试水设置应安装在配水干管末端，其前方设压力表，其后方安装试验放水口，并接至排水管。

第四节　钢管（道）的制备工艺与安装

一、钢管的调直、弯曲方法

1．钢管的调直方法

由于搬动装卸过程中的挤压、碰撞，管子往往会产生弯曲变形，这就给装配管道带来困难，因此在使用前必须进行调直。

一般 DN19～25 的钢管可在工作台或铁砧上调直。一人站在管子一端，转动管子，观察管子弯曲的地方，并指挥另一人用木槌敲打弯曲处。在调直时先调直大弯，再调直小弯。管径为 DN29～100 时，用木槌敲打已很困难，为了保证不敲扁管子或减轻手工调直的工作，可在螺旋压力机上对弯曲处加压进行调直。调直后用拉线或直尺检查偏差。DN100 以下的管子在每米长度上的弯曲度允许偏差为 0.5mm。

当管径为 DN100～DN200 时，要经加热后方可调直。做法是将弯曲处加热至 600～800℃（呈樱红色），抬到调直架上加压，调直过程中不断滚动管子并浇水。管子调直后允许 1m 长偏差 1mm。

2．钢管的弯曲方法

施工中常需要将钢管弯曲成某一角度。弯管有冷弯和热弯两种方法。

（1）冷弯　在常温下弯管叫做冷弯。冷弯时管中不需要灌沙。钢材质量也不受加温影响，但冷弯费力，弯 DN25 以下的管子要用弯管机。弯管机形式较多，一般为液压式，由顶杆、胎模、挡轮、手柄等组成。胎模是根据管径和弯曲半径制成的。使用时将管子放入两个挡轮与模之间，用手摇动油柄注油加压，顶杆逐渐伸出，通过模将管子顶弯。该弯管机可应用于 DN50 以下的管子。在安装现场还常采用手工弯管台，如图 6-23 所示。其主要部件是两个轮子，轮子由铸铁毛坯经车削而成，边缘处都有向里凹进的半圆槽，半圆槽直径等于被弯管的外径。大轮固定在管台上，其半径为弯头的弯曲半径。弯制时，将管子用压力钳固定，推动推架，小轮在推架中转动，于是管子就逐渐弯向大轮。靠铁是为防止该处管子变形而设置的。

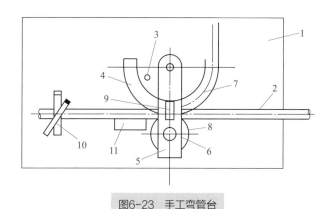

图6-23　手工弯管台

1—管台；2—被弯管子；3—销子；4—大轮；5—推架；6—小轮；7—刻度（指示弯曲角度）；
6　不分界线销子；9—观察孔；10—压力钳；11—靠铁

（2）热弯

① 充沙。管子一端用木塞塞紧，把粒径 1 ~ 5mm 的洁净河沙加热、炒干、灌入管中。弯管最大时应搭设灌沙台，将管竖直排在台前，以便从上向内灌沙。每充一段沙，要用手锤在管壁上敲击振

实，填满后以敲击管壁沙面不再下降为合格，然后用木塞塞紧。

② 画线。根据弯曲半径 R 算出应加热的弧长 L，即

$$L = \frac{2\pi R}{360}\alpha$$

式中，α 为弯曲角度。在确定弯曲点后，以该点为中心两边各取 L/2 长，用粉笔画线，这部分就是加热段。

管子的最小弯曲半径值参考表 6-12。

表6-12　管子的最小弯曲半径　　　　单位：mm

碳素钢、低合金钢		不锈钢	
管子规格	最小弯曲半径	管子规格	最小弯曲半径
$\phi14\times3$	30	$\phi14\times2$	30
$\phi18\times3$	50	$\phi18\times2$	50
$\phi25\times3$	50	$\phi25\times2$	50
$\phi32\times3.5$	70	$\phi32\times2.5$	70
$\phi38\times3.5$	80	$\phi38\times2.5$	80
$\phi45\times4$	100	$\phi45\times3$	100
$\phi57\times5$	150	$\phi57\times3$	170
$\phi73\times5$	200	$\phi73\times4$	220
$\phi89\times6$	250	$\phi89\times4.5$	270

③ 加热。加热在地炉上进行，用焦炭或木炭作燃料，不能用煤（因为煤中含硫，对管材起腐蚀作用，而且用煤加热会引起局部过热）。为了节约焦炭，可用废铁皮盖在火炉上以减少损失。加热时要不时转动管子使加热段温度一致。加热到 950 ~ 1000℃时，管面氧化层开始脱落，表明管中沙子已热透，即可弯管。弯管的加热长度一般为弯曲长度的 1.1 ~ 1.2 倍，弯曲操作的温度区间为 750 ~ 1050℃，低于 750℃时不得再进行弯曲。

管壁温度可由管壁颜色确定：微红色约为 550℃，樱红色约为 700℃，浅红色约为 800℃，深橙色约为 900℃，橙黄色约为 1000℃，浅黄色约为 1100℃。

④弯曲成型。弯曲工作在弯管台上进行。弯管台用一块厚钢板做成，钢板上钻有不同距离的管孔，板上焊有一根钢管作为定销，管孔内插入另一个销子。由于管孔距离不同，就可弯制各种弯曲半径的弯头。把烧热的管子放在两个销钉之间，扳动管子自由端，一边弯曲一边用样板对照，达到弯曲要求后用冷水浇冷，继续弯其余部分，直到与样板完全相符为止。由于管子冷却后会回弹，故样板要较预定弯曲度多弯 3° 左右。弯头弯成后趁热涂上机油，机油在高温弯头表面上沸腾而成一层防锈层，防止弯头锈蚀。在弯制过程中如出现过大椭圆度、鼓包、皱褶时，应立即停止成型操作，趁热用锤修复。

成型冷却后，要清除内部沙粒，尤其注意要把黏结在管壁上的沙粒除净，确保管道内部清洁。

目前在制作各种弯头时，大多采用机械热煨弯技术，加热采用氧 - 乙炔火焰或中频感应电热，制作规范。

热弯成型不能用于镀锌钢管，镀锌钢管的镀层遇热转变成白色氧化锌会脱落掉。

（3）几种常用弯管的制作

①乙字弯的制作。乙字弯又称回管、灯叉管，如图 6-24 所示。它由两个小于 90° 的弯管和中间一段直管 L 组成，两平行直管的中心距为 H，弯管弯曲半径为 R，弯曲角度为 α，一般为 30°、45°、60°。

可按自身条件求出 $l=\dfrac{H}{\sin\alpha}=2R\tan\dfrac{\alpha}{2}$

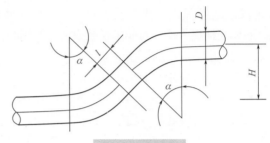

图6-24 乙字弯

当 α=45°、R=4D 时，可化简求出 l=1.414H-3.312D，每个弯管画线长度为 0.785R=3.14D≈3D，两个弯管加 l 长即为乙字弯的划线长 L。

$$L=2\times 3D+1.414H-3.312D=2.7D+1.414H$$

乙字弯在用作室内采暖系统散热器进出口与立管的连接管时，管径为 DN19～20，在工地可用手工冷弯制作。制作时先弯曲一个角度，再由 H 定位第二个角度弯曲点，因为保证两平行管间距离 H 的准确是保证系统安装平、直的关键，这样做可以避免角度弯曲不准、l 定位不准而造成 H 不准。弯制后，乙字弯管整体要与平面贴合，没有翘起现象。

②半圆弯的制作。半圆弯一般由三个弯曲半径相同的两个 60°（或 45°）弯管及一个 120° 弯管组成，如图 6-25 所示。其展开长度 L（mm）为

$$L=\dfrac{3}{4}\pi R$$

制作时，先弯曲两侧的弯管，再用胎管压制中间的 120° 弯。半圆弯管用于两管交叉在同一平面上，一个管采用半圆弯管绕过另一管。

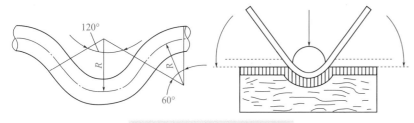

图6-25　半圆弯管的组成与制作

③ 圆形弯管的制作。用作安装压力表的圆形弯管如图 6-26 所示。其画线长度为

$$L = 2\pi R + \frac{3}{2}\pi R + \frac{1}{3}\pi + 2l$$

式中，第一项为一个圆弧长，第二项为一个 120° 弧长，第三项为两边立管弯曲时 60° 总弧长，l 为立管弯曲段以外直管长度，一般取 100mm。如图 6-26 所示，R 取 60mm，r 取 33mm，则画线长度为 737.2mm。

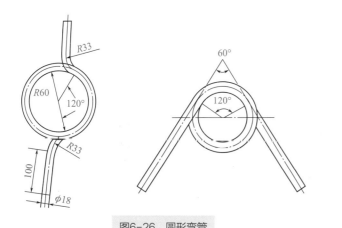

图6-26　圆形弯管

煨制此管用无缝钢管，选择稍小于圆环内圆的钢管做胎具（如选择 ϕ100mm 管），用氧 - 乙炔火焰烘烤，先煨环弯至两侧管子夹角为 60° 状态时浇水冷却后，再煨两侧立管弧管，逐个完成，使两立管在同一中心线上。

（4）制作弯管的质量标准及产生缺陷原因

① 无裂纹、分层、过烧等缺陷。外圆弧应均匀，不扭曲。

② 壁厚减薄率：中低压管 ≤ 15%，高压管 ≤ 10%，且不小于设计壁厚。

③ 椭圆度：中低压管 ≤ 8%，高压管 ≤ 50%。

④ 中低压管弯管的弯曲角度偏差：按弯管段直管长管端偏差 Δ 计，如图 6-27 所示。

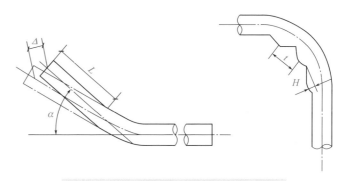

图6-27　弯曲角度管端轴线偏差及弯曲波浪度

机械弯管：$\Delta \leqslant \pm 3$mm/m；当直管长度 $L > 3$m 时，$\Delta \leqslant \pm 10$mm。

地炉弯管：$\Delta \leqslant \pm 5$mm/m；当直管长度 $L > 3$m 时，$\Delta \leqslant \pm 15$mm。

⑤ 中低压管弯管内侧皱褶波浪时，波距 $t \leqslant 4H$，波浪高度 H 允许值依管径而定。当外径 ≤ 108mm 时，$H \leqslant 4$mm；当外径为 133 ~ 219mm 时，$H \leqslant 5$mm；当外径为 273 ~ 324mm 时，

$H \leqslant 7mm$；当外径 $> 377mm$ 时，$H \leqslant 8mm$。

弯管产生缺陷的原因见表6-13。

表6-13　弯管产生缺陷的原因

缺陷	产生缺陷的原因
折皱	① 加热不均匀，浇水不当，使弯曲管段内侧温度过高 ② 弯曲时施力角度与钢管不垂直 ③ 施力不均匀，有冲击现象 ④ 管壁过薄 ⑤ 充沙不实，有空隙
椭圆度过大	① 弯曲半径小 ② 充沙不实
管壁减薄太多	① 弯曲半径小 ② 加热不均匀，浇水不当，使内侧温度太低
裂纹	① 钢管材质不合格 ② 加热燃料中含硫过多 ③ 浇水冷却太快，气温过低
离层	钢管材质不合适
弯曲角度偏差	① 样板画线有误，热弯时样板弯曲度应多弯3°左右 ② 弯曲作业时，定位销活动

二、钢管的切断

在管路安装前，需要根据安装要求的长度和形状将管子切断。钢管切断常用的方法有锯割、刀割、磨割、气割、凿切、等离子切割等。施工时可根据现场条件和管子材质及规格，选用合适的切断方法。

1．钢管切断

（1）锯割　锯割是常用的一种切断钢管的方法，可采用手工锯割和机械锯割。

手工切断即用手锯切断钢管。在切断管子时，应预先画好线。画线的方法是用整齐的厚纸板或油毡缠绕管子一周，然后用石笔沿

样板纸边画一圈即可。锯割时，锯条应保持与管子轴线垂直，用力要均匀，锯条向前推动时加适当压力，往回拉时不宜加力。锯条往复运动应尽量拉开距离，不要只用中间一段锯齿。锯口要锯到管子底部，不可把剩余的部分折断，以防止管壁变形。

为满足锯割不同厚度金属材料的需要，手锯的锯条有不同的锯齿。在使用细齿锯条时，因齿距小，只有几个锯齿同时与管壁的断面接触，锯齿吃力小，而不至于卡掉锯齿且较为省力，但这种齿距切断速度慢，一般只适用于切断直径 40mm 以下的管材。使用粗齿锯条锯管子时，锯齿与管壁断面接触的齿数少，锯齿吃力大，容易卡掉锯齿且较费力，但这种齿距切断速度快，适用于切断直径 19 ～ 50mm 的钢管。机械锯割管子时，将管子固定在锯床上，用锯条对准切断线锯割。用于切割成批量且直径大的各种金属管和非金属管。

（2）切割　切割是指用管子割刀（见图 6-28）切断管子的方法。一般用于切割 DN100 以下的薄壁管，不适用于铸铁管和铝管。管子割刀切割具有操作简便、速度快、切口断面平整的优点，所以在施工中普遍使用。使用管子割刀切割管子时，应将割刀的刀片对准切割线平稳切割，不得偏斜，每次进刀量不可过大，以免管口受挤压使得管径变小，并应对切口处加油。管子切断后，应用铰刀铰去管口缩小部分。

图6-28　管子割刀

操作步骤如下：

❶ 在被切割的管子上画上切割线，放在龙门压力钳上夹紧。

❷ 将管子放在割刀滚轮和刀片之间，刀刃对准管子上的切割线，旋支螺杆手柄夹紧管子，并扳动螺杆手柄绕管子转动，边转动边拧紧，滚刀即逐步切入管壁，直到切断为止。

❸ 管子割刀切割管子会造成管径不同程度的缩小，需用铰刀插入管口，刮去管口收缩部分。

（3）磨割　磨割是指用砂轮切割机（无齿锯）上的砂轮片切割管子。它可用于切割碳钢管、合金钢管和不锈钢管。这种砂轮切割机效率高，并且切断的管子端面光滑，只有少许飞边，用砂轮轻磨或用锉刀锉一下即可除去。这种切割机可以切直口，也可以切斜口，还可以用来切断各种型钢。在切割时，要注意用力均匀和控制好方向，不可用力过猛，以防止将砂轮片折断飞出伤人，更不可用飞转的砂轮磨制钻头、刀片、钢筋头等。

（4）气割　气割又称氧乙炔切割，主要用于大直径碳钢管及复杂切口的切割。它是利用氧气和乙炔燃烧时所产生的热能，使被切割的金属在高温下熔化，产生氧化铁熔渣，然后用高压气流将熔渣吹离金属，此时管子即被切断。操作时应注意以下问题：

❶ 割嘴应保持垂直于管子表面，待割透后将割嘴逐渐前倾，倾斜到与割点的切线呈70°～80°角。

❷ 气割固定管时，一般从管子下部开始。

❸ 气割时，应根据管子壁厚选择割嘴和调整氧气、乙炔压力。

❹ 在管道安装过程中，常用气割方法切断管径较大的管子。用气割切断钢管效率高，切口也比较整齐，但切口表面将附着一层氧化薄膜，需要焊接前除去。

2. 铸铁管切断

铸铁管硬而脆，切断方法与钢管有所不同。目前，通常采用锯割和磨割。如图 6-29 所示。切断过程中，必要时还需有人帮助转动管子。操作人员应戴好防护眼镜，以免铁屑飞溅伤及眼睛。

图6-29　凿切示意图

三、钢管套丝

钢管套丝（套丝又称套螺纹）是指对钢管末端进行外螺纹加工的方法。加工方法有手工套丝和机械套丝两种。

1. 手工套丝

手工套丝是指加工的管子固定在台虎钳上，需套丝的一端管段应伸出钳口外 150mm 左右。把铰板装置放到底，并把活动标盘对准固定标盘与管子相应的刻度上。上紧标盘固定把，随后将后套推入管子至与管牙齐平，关紧后套（不要太紧，能使铰板转动为宜）。人站在管端前方，一手扶住机身向前推进，另一手沿顺时针方向转动铰板把手。当板牙进入管子两扣时，在切削端加上机油润滑并冷却板牙，然后可站在右侧继续用力转动铰板把手，使板牙徐徐而进。

为使螺纹连接紧密，螺纹加工成锥形。螺纹的锥度是利用套丝过程中逐渐松开板牙的松紧螺钉来达到的。当螺纹加工达到规定长度时，一边旋转套丝，一边松开松紧螺钉。DN50～100的管子可由2～4人操作。如图6-30所示。

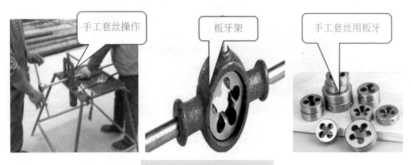

图6-30 手工套丝及工具

要求有相应的偏扣，俗称"歪牙"。歪牙的最大偏离度不能超过15°。歪牙的操作方法是将铰板套进管子一、二扣后，把后卡爪板根据所需略微松开，使螺纹向一侧倾斜，这样套成的螺纹即成"歪牙"。

2. 机械套丝

机械套丝是使用套丝机给管子进行套丝。套丝前，应首先进行空负荷试车，确认运行正常可靠后方可进行套丝工作。

套丝时，先支上腿或放在工作台上，取下底盘里的铁屑筛的盖子，灌入润滑油，再把电插头插入，注意电压必须相符。推上开关，可以看到油在流淌。

套管端螺纹较小时，先在套丝板上装好板牙，再把套丝架拉开，插进管子使管子前后抱紧。在管子挑出一头，用台虎钳予以支承。放下板牙架，把出油管放下，润滑油就从油管内喷出来。把油管调在适当的位置，合上开关，扳动进给把手，使板牙对准管子头，稍加一点压力，套丝操作就开始了。板牙对上管子后很快就套出一个标准丝扣。如图6-31所示。

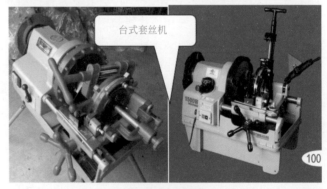

图6-31 套丝机

套丝机一般以低速工作，如有变速箱，要根据套出螺纹的质量情况选择一定速度，不得逐级加速，以防"爆牙"或管端变形。套丝时，严禁用锤击的方法旋紧或放松背面挡脚、进刀手把和活动标盘。

长管套丝时，管后端一定要垫平；螺纹套成后，先将进刀手把和管子夹头松开，再将管子缓缓地退出，防止碰伤螺纹。套丝的次数：DN25mm 以上要分两次进行，切不可一次套成，以免损坏板牙或产生"硌牙"。在套丝过程中要经常加机油润滑和冷却。

管子螺纹应规整，如有断丝或缺丝，不得大于螺纹全扣数的10%。

无论使用手工套丝还是机械套丝，其螺纹使用标准应符合表 6-14 要求。

表6-14 螺纹使用标准表

公称直径 DN	mm	—	15	20	25	32	40
	in	—	1/2	3/4	1	$1\frac{1}{4}$	$1\frac{1}{2}$
螺纹拧入深度 /mm		—	10.5	12	13.5	15.5	16.5
螺纹最大加工长度 /mm	一般连接	14	16	18	20	22
	长螺纹连接	45	50	55	65	70
	连接阀门端螺纹长度	12	13.5	15	17	19
螺纹外径 /mm		—	20.96	26.44	33.25	41.91	47.81
螺纹内径 /mm		—	13.63	24.12	30.29	38.95	44.85

四、塑料管的制备

塑料管包括聚乙烯管、聚丙烯管、聚氯乙烯管等。这些管材质

软，在 200℃左右即产生塑性变形或能熔化，因此加工十分方便。

1. 塑料管的切割与弯曲

使用细齿手锯或木工圆锯进行切割，切割口的平面度偏差为：DN<50mm，为 0.5mm；DN50～160mm，为 1mm；DN>160mm，为 2mm。管端用锉刀锉出倒角，距管口 50～100mm 处不得有毛刺、污垢、凸疤，以便进行管口加工及连接作业。

公称直径 DN≤200mm 的弯管，有成品弯头供应，一般为弯曲半径很小的急弯弯头。需要制作时可采用热弯，弯曲半径 R=（3.9～4）DN。

塑料管热弯工艺与弯钢管的不同：

① 不论管径大小，一律填细沙。

② 加热温度为 130～150℃，在蒸汽加热箱或电加热箱内进行。

③ 用木材制作弯管模具时，木块的高度稍高于管子半径。管子加热至要求温度迅速从加热箱内取出，放入弯管模具内，因管材已成塑性，所以用力很小，再用浇冷水方法使其冷却定型，然后取出沙子，并继续进行水冷。管子冷却后要有 1°～2°的回弹，因此制作模具时把弯曲角度加大 1°～2°。

允许弯曲半径见表 6-15。

表6-15 塑料管道允许弯曲半径

管道公称外径 D/mm	允许弯曲半径 R/mm
D≤50	30D
50<D≤160	50D
160<D≤250	75D

2. 塑料管的连接

塑料管的连接方法可根据管材、工作条件、管道敷设条件而

定。壁厚大于 4mm、DN ≥ 50mm 的塑料管均可采用对口接触焊；壁厚小于 4mm、DN ≤ 150mm 的承压管可采用套管或承口连接；非承压的管子可采用承口粘接、加橡胶圈的承口连接；与阀件、金属部件或管道相连接，且压力低于 2MPa 时，可采用卷边法兰连接或平焊法兰连接。

（1）对口焊接 塑料管的对口焊接有对口接触焊和热空气焊两种方法。对口接触焊的操作方法：塑料管放在焊接设备的夹具上夹牢，清除管端氧化层，将两根管子对正，管端间隙在 0.7mm 以下，电加热盘正套在接口处加热，使塑料管外表面 1～2mm 熔化，并用 0.9～0.25MPa 的压力加压使熔融表面连接成一体。

热空气加热至 200～250℃，可以调整焊枪内电热丝电压以控制温度。压缩空气保持压力为 0.09～0.1MPa。焊接时将管端对正，用塑料条对准焊缝，焊枪加热将管件和焊枪条熔融并连接在一起。

（2）承接口连接 承插口连接的方法是先进行试插，检查承插口长度及间隙（长度以管子公称直径的 1～1.5 倍为宜，间隙应不大于 0.3mm）；然后用酒精将承口内壁、插管外壁擦洗干净，并均匀涂上一层胶黏剂，即时插入，保持剂压 2～3min，擦净接口外挤出的胶黏剂，固化后在接口外端可再行焊接，以增加接口强度。胶黏剂可采用过氯乙烯树脂与二氯乙烷（或丙酮）质量比 1∶4 的调和物（该调和物称为过氯乙烯胶黏剂），也可采用市场上供应的多种胶黏剂。

如塑料管没有承口，还要自行加工制作。方法是在扩张管端采用蒸汽加热或用甘油加热锅加热，加热长度为管子直径的 1～1.5倍，加热温度为 130～150℃，此时可将插口的管子插入已加热的管端，使其扩大为承口。此外，也可用金属扩口模具扩张。为了使

插入管能顺利地插入承口，可在扩张管端及插入管端先做成 30° 斜口，如图 6-32 所示。

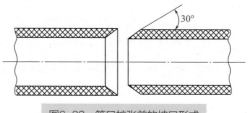

图6-32　管口扩张前的坡口形式

（3）套管连接 套管连接：先将管子对焊起来，并把焊缝铲平；再在接头上加套管。套管可用塑料板加热卷制而成。套管与连接管之间涂上胶黏剂，套管的接口、套管两端与连接管还可焊接起来，增加强度。套管尺寸见表 6-16。

表6-16　套管尺寸

公称直径 DN/mm	25	32	40	50	65	80	100	125	150	200
套管长度 /mm	56	72	94	124	146	172	220	272	330	436
套管厚度 /mm	3			4		5		6		7

（4）法兰连接 采用钢制法兰时，首先将法兰套入管内，然后加热管进行翻边。采用塑料板材制成的法兰或与塑料管进行焊接时，塑料法兰应在内径两面车床上车出 45° 坡口，两面都应与管子焊接。紧固法兰时应把密垫垫好，并在螺栓两端加垫圈。

塑料管管端翻边的工艺：将要翻边的管端加热至 140～150℃，套上钢法兰，推入翻边模具。翻边模具为钢质（见图 6-33），尺寸见表 6-17。翻边模具推入前先加热至 80～100℃，不使管端冷却，

推入后均匀地使管口翻成垂直于管子轴线的翻边，翻边后不得有裂纹和皱褶等缺陷。

均匀涂在管子承口的内壁和插口的外壁，等溶剂作用后承插并固定一段时间形成连接。连接前，应先检验管材与管件不应受外部损伤，切割面平直且与轴线垂直，清理毛刺、切削坡口合格，黏合面如有油污、尘沙、水渍或潮湿，都会影响黏接强度和密封性能，因此必须用软纸、细棉布或棉纱擦净，必要时用蘸丙酮的清洁剂擦净。插口插入承口前，在插口上标出插入深度，管端插入承口必须有足够深度，目的是保证有足够的黏合面，插口处可用板锉锉成 $15° \sim 30°$ 坡口。坡口厚度宜为管壁厚度的 $1/7 \sim 1/2$。坡口完成后应将毛刺处理干净。

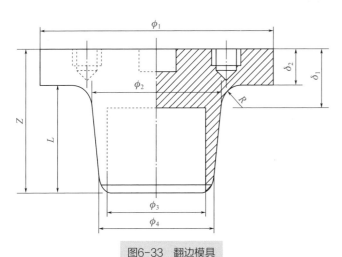

图6-33　翻边模具

表6-17　翻边模具尺寸　　　　单位：mm

管子规格	ϕ_1	ϕ_2	ϕ_3	ϕ_4	L	δ_1	δ_2	δ_3
65×4.5	105	56	40	46	65	30	20.5	9.5
76×5	116	66	50	56	75	30	20	10
90×6	128	76	60	66	85	30	19	11
114×7	160	96	80	86	100	30	18	12
166×8	206	150	134	140	100	30	17	13

五、UPVC管连接

UPVC 管连接（见图 6-34）通常采用溶剂粘接，即把胶黏剂

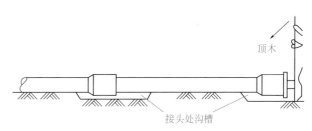

(a) ϕ150mm以下管子插接法

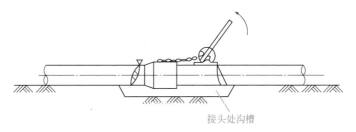

(b) ϕ200mm以上管子插接法

图6-34　UPVC管承插连接

管道粘接不宜在湿度很大的环境下进行，操作场所应远离火源、防止撞击和阳光直射。在 -20°C 以下的环境中不得操作。涂胶宜采用鬃刷，当采用其他材料时应防止与胶黏剂发生化学作用，刷子宽度一般为管径的 1/7 ～ 1/2。涂刷胶黏剂应先涂承口内壁再刷插口外壁，应重复二次。涂刷时动作迅速、均匀、适量，无漏涂。涂刷结束后应将管子立即插入承口，轴向需用力准确，应使管子插入深度符合所画标记，并稍加旋转。管道插入后应保持 1 ～ 2min，再静置以待完全干燥和固化。粘接后迅速擦净溢出的多余胶黏剂，以免影响外壁美观。管端插入深度不得小于表 6-18 的规定。

表6-18 管端插入深度

代号	1	2	3	4	5
管子外径 /mm	40	50	75	110	160
管端插入深度 /mm	25	25	40	50	60

六、铝塑复合管连接

铝塑复合管连接有两种：螺纹连接、压力连接。

（1）螺纹连接 螺纹连接如图 6-35 所示。

螺纹连接的方法如下：

① 用剪管刀将管子剪成合适的长度。

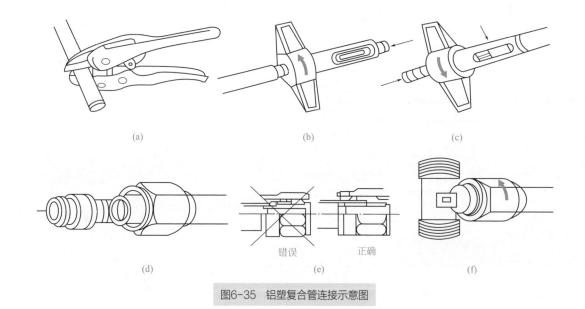

(a)　　　　　(b)　　　　　(c)

(d)　　　　　(e) 错误　正确　　　　　(f)

图6-35 铝塑复合管连接示意图

② 穿入螺母及 C 形铜环。

③ 将整圆器插入管内到底，用手旋转整圆器，同时完成管内圆倒角。整圆器按顺时针方向转动，对准管子内部口径。

④ 用扳手将螺母拧紧。

（2）压力连接　压制工具有电动压制工具与电池供电压制工具。

当使用承压管件和螺纹管件时，将一个带有外压套筒的垫圈压制在管末端，用 O 形密封圈和内壁紧固起来。压制过程分两种：使用螺纹管件时，只需拧紧旋转螺钉；使用承压管件时，需用压制工具和钳子压接外层不锈钢套管。

七、PPR管连接

PPR 管连接方式有热熔连接、电熔连接、丝扣（螺纹）连接与法兰连接，这里仅介绍热熔连接和丝扣连接。

（1）热熔连接　热熔连接工具如图 6-36 所示。

可调温数显PPR PB PE水管热熔器

图6-36　熔接器

热熔连接的方法如下：

① 用卡尺与笔在管端测量并标绘出热熔深度，如图 6-37（a）、（b）所示。

② 管材与管件连接端面必须无损伤、无油，保持清洁、干燥。

③ 热熔工具接通普通单相电源加热，升温时间约 6min，焊接温度自动控制在约 260℃，到达工作温度指示灯亮后方能开始操作。

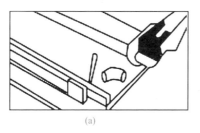
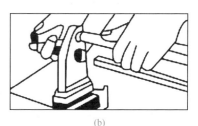
(a) (b)

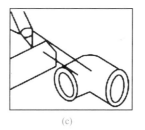
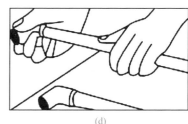
(c) (d)

图6-37　管道热熔连接示意图

④ 做好熔焊深度及方向记号，在焊头上把整个熔焊深度加热，包括管道和接头，如图 6-37（c）所示。无旋转地把管端导入加热套内，插入到所标志的深度，同时无旋转地把管件推到加热头上，达到规定标志处。

⑤ 达到加热时间后，立即把管材与管件从加热套与加热头上

同时取下，迅速无旋转地直线均匀插入到所标深度，使接头处形成均匀凸缘，如图6-37（d）所示。

⑥ 工作时应避免焊头和加热板烫伤，或烫坏其他物品；保持焊头清洁，以保证焊接质量。

⑦ 热熔连接技术要求见表6-19。

表6-19　热熔连接技术要求

公称直径 /mm	热熔深度 /mm	加热时间 /s	加工时间 /s	冷却时间 /min
20	14	5	4	3
25	16	7	4	3
32	20	8	4	4
40	21	12	6	4
50	22.5	18	6	5
63	24	24	6	6
75	26	2	10	8
90	32	40	10	8
110	38.5	50	15	10

（2）丝扣连接　PPR管与金属管件连接，应采用带金属嵌件的聚丙烯管件作为过渡，如图6-38所示。该管件与PPR管采用热熔连接，与金属管件或卫生洁具五金配件采用丝扣连接。

(a) 阳螺纹接头

(b) 阳螺纹弯头

(c) 阳螺纹三通

(d) 阴螺纹接头

(e) 阴螺纹弯头

(f) 阴螺纹三通

图6-38　聚丙烯管件

八、管道支架和吊架的安装

为了正确支承管道、满足管道补偿、限制热位移、控制管道振动和防止管道对设备产生推力等要求，管道敷设应正确设计施工管道的支架和吊架。

管道的支架和吊架形式和结构很多，按用途分为滑动支架、导向滑动支架、固定支架和吊架等。固定支架用于管道上不允许有任何位移的地方。固定支架要安装在牢固的房屋结构或专设的结构物上。为防止管道因受热伸长而变形和产生应力，均采取分段设置固定支架，在两个固定支架之间设置补偿器自然补偿的技术措施。固定支架与补偿器相互配套，才能使管道热伸长变形产生的位移和应力得到控制，以满足管道安全要求。固定支架除承受管道的重力（自重、管内介质质量及保温层质量）外，一般还要受到以下三个方面的轴向推力：一是管道伸长移动时活动支架上的摩擦力产生的轴向推力；二是补偿器本身结构或自然补偿管段在伸缩或变形时产生的弹性反力或摩擦力；三是管道内介质压力作用于管道，形成对固定支架的轴向推力。因此，在安装固定支架时一定要按照设计的位置和制造结构进行施工，防止由于施工问题出现固定支架被推倒或位移的事故。

　　滑动支架和一般吊架用在管道无垂直位移或垂直位移极小的地方。其中吊架用于不便安装支架的地方。支、吊架的间距应合理担负管道荷重，并保证管道不产生弯曲。滑动支架、吊架的最大间距见表6-20。在安装中，应按施工图等要求施工。考虑到安装的具体位置，支架间距应小于表6-20的规定值。

表6-20　滑动支架、吊架的最大间距

管道外径 × 壁厚 /mm×mm	不保温管道 /m	保温管道 /m		
		岩棉毡 ρ=100kg/m³	岩棉管壳 ρ=150kg/m³	微孔硅酸钙 ρ=250kg/m³
25×2	3.5	3.0	3.0	2.5
32×2.5	4.0	3.0	3.0	2.5
38×2.5	5.0	3.5	3.5	3.0
45×2.5	5.0	4.0	4.0	3.5
57×3.5	7.0	4.5	4.5	4.0
73×3.5	8.5	5.5	5.5	4.5

续表

管道外径 × 壁厚 /mm×mm	不保温管道 /m	保温管道 /m		
		岩棉毡 ρ=100kg/m³	岩棉管壳 ρ=150kg/m³	微孔硅酸钙 ρ=250kg/m³
89×3.5	9.5	6.0	6.0	5.5
108×4	10.0	7.0	7.0	6.5
133×4	11.0	8.0	8.0	7.0
159×4.5	12.0	9.0	9.0	8.5
219×6	14.0	12.0	12.0	11.0
273×7	14.0	13.0	13.0	12.0
325×8	16.0	15.5	15.5	14.0
377×9	18.0	17.0	17.0	16.0
426×9	20.0	18.5	18.5	17.5

　　为减少管道在支架上位移时的摩擦力，对滑动支架可在管道支架托板之间垫上摩擦系数小的垫片，或采用滚珠支架、滚柱支架（这两种支架结构较复杂，一般用在介质温度高和管径较大的管道上）。

　　导向滑动支架也称为导向支架，它是只允许管道作轴向伸缩移动的滑动支架。一般用于套筒补偿器、波纹管补偿器的两侧，确保管道洞中心线位移，以便补偿器安全运行。在方形补偿器两侧 $10R \sim 15R$ 距离处（R 为方形补偿器弯管的弯曲半径），宜装导向支架，以避免产生横向弯曲而影响管道的稳定性。在铸铁阀件的两侧，一般应装导向支架，使铸件少受弯矩作用。

　　弹簧支架、弹簧吊架用于管道具有垂直位移的地方。它是用弹簧的压缩或伸长来吸收管道垂直位移的。

　　支架安装在室内要依靠砖墙、混凝土柱、梁、楼板等承重结构用预埋支架或预埋件和支架焊接等方法加以固定。

第七章　水工操作技能

第一节　给水系统操作技能

一、水路走顶和走地的优缺点

水管最好走顶不走地，因为水管安装在地上会承受瓷砖和人的压力，有踩裂水管的危险。另外，走顶的好处在于检修方便，具体优缺点如下。

（1）水路走顶

优点：在地面不需要开槽，万一有漏水可以及时发现，避免祸及楼下。

缺点：如果是 PPR 管，因为它的质地较软，所以必须吊攀固定（间距标准为 60cm）。需要在梁上打孔，加之电线穿梁孔及中央空调开孔，对梁体有一定损害。一般台盆、浴缸等出水高度比较低，这样管线会比较长，对热量有损失。

（2）水路走地

优点：开槽后的地面能稳固 PPR 管，水管线路较短。

缺点：需要在地面开槽，比较费工。跟地面电线管会有交叉。万一发生漏水现象，不能及时发现，对施工要求较高。

（3）先砌墙再水电

优点：泥工砌墙相当方便，墙体晾干后放样比较准确，线盒定位都可以由电工一次统一到位。

缺点：泥工需要两次进场施工，会增加工时。材料也需要进场两次，比较麻烦。

（4）先水电再砌墙

优点：敲墙后马上就可进行水电作业，工期紧凑，泥工一次进场即可。

缺点：林立的管线会妨碍泥工砌墙，并影响墙体牢固度。底盒也只能由泥工边施工边定位。由于先水电后砌墙，缩短了墙体晾干期，有时会影响后期的油漆施工。

二、水路改造的具体注意事项

① 施工队进场施工前必须对水管进行打压测试（打 10kgf[❶] 水压 15min，如压力表指针没有变动，则可以放心改水管，反之则不得动用改管，必须先通知管理处，让管理处进行检修处理，待打压正常后方可进行改管）。

② 打槽不能损坏承重墙和地面现浇部分，可以打掉批荡层。承重墙上如需安装管路，不能破坏里面钢筋结构。

③ 水路改造完毕，需对水路再次进行打压试验，打压正常后用水泥砂浆进行封槽。埋好水管后的水管加压测试也是非常重要的。测试时，测试人员一定要在场，而且测试时间至少 30min，条件许可的，最好 1h。10kgf 加压，最后没有任何减少方可测试通过。

④ 冷热水管间的距离在用水泥瓷砖封之前一定要准确，而且一定要平行（现在大部分电热水器、分水龙头冷热水上水间距都是 15cm，也有个别的是 10cm）。如果已经买了，最好装上去，等封好后再卸下来。冷热水上水管口高度应一致。

⑤ 冷热水上水管口应垂直墙面，以后贴墙砖也应注意别让瓦工弄歪了（不垂直的话以后安装非常麻烦）。

⑥ 冷热水上水管口应高出墙面 2cm，铺墙砖时还应要求瓦工铺完墙砖后，保证墙砖与水管管口在同一水平。若尺寸不合适，以后安装电热水器、分水龙头等，很可能需要另外购买管箍、内丝等连接件才能完成安装。

⑦ 一般市场上普遍用的水管是 PPR 管、铝塑管、镀锌管等。

而家庭改造水路（给水管）最好用 PPR 管，因为它采用热熔连接，终生不会漏水，使用年限可达 50 年。

⑧ 建议所有龙头都装冷热水管，装修时多装一点（花费不会很高），不然事后想补救会很困难。

⑨ 阳台上如果需要可增加一个洗手池，装修时要预埋水管。阳台的水管一定要开槽走暗管，否则阳光照射，管内易生微生物。

⑩ 承重墙钢筋较多较粗时，不能把钢筋切断。业主进行水路改造时，考虑后期可能会增添用水电器，可以多预留 1～2 个出水口。当需要用时安装上水龙头即可。

⑪ 水管安排时除了考虑走向，还要注意埋在墙里接水龙头的水管高度，否则会影响如热水器、洗衣机的安装高度。

注意：装水龙头时浴缸和花洒的水龙头所连接的管子是预埋在墙里的，尺寸一定要准确，不要到时候装不上。如果冷热水管间距留了 15cm，可冷热水管不平行，安装时也会费很大力。如果能先装水龙头，就先装上。应该是先把水龙头买回来，再装冷热水管和贴瓷砖。

一般情况下，安装水管前不用把水龙头和台盆、水槽都买好，只要确定台盆水龙头、浴缸水龙头、洗衣机水龙头的位置就行了，99% 的水龙头都是符合国际规范的，只要工人不粗心，都没事。如果自己做台盆柜，台盆需要提前买好或看好尺寸。水槽在量台面前确定好尺寸，装台面前买好就行。

⑫ 水管尽量不要从地面走，最好在顶上走，方便将来维修，如果水管走地面，铺上瓷砖后很难维修，有时还需要地面开槽，包括做防水等。

⑬ 冷水管在墙里要有 1cm 的保护层，热水管是 1.5cm，因此

---

❶　kgf为公斤力，是力的一种常用单位，1千克力≈9.8牛顿。

槽要开得深。

⑭ 水暖施工时，为了把整个线路连接起来，要在锯好的水管上套螺纹。如果螺纹过长，在连接时水管旋入管件（如弯头）过深，就会造成水流截面变小，水流也随之变小。

⑮ 连接主管到洁具的管路大多使用蛇形软管。如果软管质量低劣或水暖工安装时把软管拧得紧，使用不久就会使软管爆裂。

⑯ 安装马桶时底座凹槽部位没有用油腻子密封，冲水时就会从底座与地面之间的缝隙溢出污水。

⑰ 装修完工的卫生间，洗面盆位置经常会移到与下水入口相错的地方，买洗面盆时配带的下水管往往难以直接使用。安装工人为图省事，一般又不做 S 弯，造成洗面盆与下水管道直通，以致洗面盆下水返异味，所以必须做 S 弯。

⑱ 家庭居室中除了厨房、卫生间的上下水管道之外，每个房间的暖气管更容易出现问题。由于管道安装不易检查，因此所有管道施工完毕后，一定要经过注水、加压检查，没有跑、冒、滴、漏才算过关，防止管道渗漏造成麻烦。

⑲ 一般水管采用 4 分❶ 水管就足够了（一般水管出口都是 4 分标准接口），对于别墅或高层楼房，有可能水压小，才需要考虑采用 6 分❷ 管。

⑳ 一般水路改造公司都是从水表之后进行全房间改造，一般不做局部改造（因为全部的水管改造成本低，同时以后出现问题也好分清责任）。

㉑ 水路改造时一般坐便器的位置需要留一个冷水管出口，脸盆、厨房水槽、淋浴或浴缸的位置都需要留冷热水两个出口。需要注意的是，不要出口留少了或者留错了。

㉒ 如果水管出水的位置改变了，那么相应的下水管也需要改变。

㉓ 水路改造涉及上水和下水，有些需要挪动位置的（包括水表位置、出水口位置、下水管位置等），最好在准备改造前咨询物业是否能够挪动。若决定要在墙上开槽走管，最好先问问物业走管的地方能不能开槽，要是不能则另寻其他方法。

㉔ 给洗澡花洒龙头留的冷热水接口，安装水管时一定要调正角度，最好把花洒提前买好试装一下。尤其注意在贴瓷砖前把花洒先简单拧上，贴好瓷砖以后再拿掉，到最后再安装。防止出现贴瓷砖时已经把水管接口固定，因为角度问题装不上而再刨瓷砖的情况。

㉕ 给马桶留的进水接口位置一定要和马桶水箱离地面的高度适配。如果留高了，到最后装马桶时就有可能冲突。

㉖ 卫生间除了给洗衣机留好出水龙头外，最好再留一个水龙头接口，这样若以后想接点水浇花等也方便。这个问题也可以通过购买带有出水龙头的花洒来解决。

㉗ 卫生间下水改动时要注意采用柜盆还是柱盆或半挂盆，柜盆原位不动下水不用改动，柱盆要看距离墙面多远，可能需要向墙面移动一些距离，半挂盆需要改成入墙的下水；此外，还要考虑洗衣机的下水位置，以避洗衣机排水造成前面的地漏反灌。

㉘ 洗手盆处要是安装柱盆，注意冷热水出口的距离不要太宽。从柱盆的正面看，能看到两侧有水管。

㉙ 建议在所有下水管上都安装地漏，不要图一时方便把下水管直接插入下水道。因为下水道的管径大于下水管，时间长了怪味会从缝隙冒出，夏天还可能有飞虫飞出。如果已经安装好浴室柜，并且没有地漏，那么可以在下水管末端捆绑珍珠棉（包橱柜、木门的保护膜）或者塑料袋，然后塞进下水道中，并与地面接缝处打玻

---

❶ "4分"是英制管道公称直径长度的叫法，即1/2英寸，DN15，等于公制的12.7mm。
❷ "6分"即3/4英寸，DN20，等于公制的19.05mm。

璃胶进行封堵，杜绝反味和飞虫困扰。

㉚水电路不能同槽，水管封槽采用水泥砂浆，水管暗埋淋浴口冷热水口距离 15cm 且水平，水口距基础墙面突出 2cm 或 2.5cm（视墙体的平整度）。水管封槽后一定不能比周边墙面凸出，否则无法贴砖。

㉛水电开槽一般都是以能埋进管路富余一点为准，开槽深度一般比管子直径深 1～3cm（这样才能把水管或者线管埋进墙里不致外露，便于墙面处理），开槽宽度视所埋管道决定，但宽度最好不超过 8cm，不然会影响墙体强度，电路有 20mm 和 16mm 的管路，水路有 20mm 和 25mm 的管路。

三、水管改造敷设的操作技能

（1）**定位**　首先要根据对水的用途进行水路定位，比如哪里放水盆、哪里放热水器、哪里放马桶等，水工会根据业主的要求进行定位。

（2）**开槽、打孔**　定位完成后，水工根据定位和水路走向开槽布管。管槽很有讲究，要横平竖直，不过按规范的做法，不允许开横槽，因为会影响墙的承受力。开槽深度：冷水埋管后的批灰层要大于 1cm，热水埋管后的批灰层要大于 1.5cm。当需要过墙时，可用电锤和电镐开孔，如图 7-1 所示。

（3）**布管**　根据设计过程裁切水管，并用热熔枪接管后将水管按要求放入管槽中，并用卡子固定，如图 7-2 所示。

在布管过程中，冷热水管要遵循左热右冷、上热下冷的原则进行安排。水平管道管卡的间距：冷水管卡间距不大于 60cm，热水管卡间距不大于 25cm。

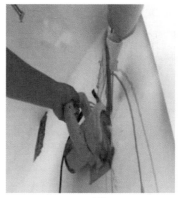

(a) 开槽　　　　　　　　(b) 开孔

图7-1　开槽、开孔过程示意图

（4）**接头**　安装水管接头时，冷热水管管头的高度应在同一个水平面上，可用水平尺进行测量，如图 7-3 所示。

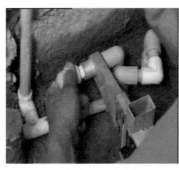
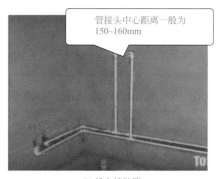

管接头中心距离一般为 150~160mm

(a) 热熔枪接管固定管路　　　(b) 排布墙壁管

图7-2

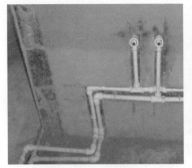
(c) 地管与墙壁管连接

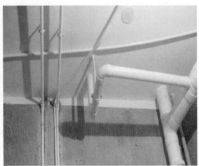
(d) 水走顶布管连接

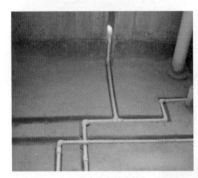
(e) 水走地布管连接

(f) 卫生间整体布管全貌

图7-2　布管过程

管接头中心距离一般为150~160mm

图7-3　固定安装管接头

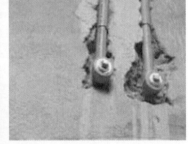

图7-4　封接管接头

（5）**封接头**　水管安装好后，应立即用管堵把管头堵好，不能有杂物掉进去，如图 7-4 所示。

（6）**打压试验**　水管安装完成后进行打压测试。打压测试就是为了检测所安装的水管有没有渗水或漏水现象，只有经过打压测试，才能放心封槽。打压时应先将管路灌满水，再连接打压泵打压，如图 7-5、图 7-6 所示。

打压测试时，打压机的压力一定要达到 0.6MPa 以上，等待 20 ～ 30min。如果压力表（图 7-7）的指针位置没有变化，就说明所安装的水管是密封的，再重点检查各接头是否有渗水现象（见图 7-8），如果没有就可以放心封槽了。

图7-5 用软管接好冷热水管密封接头

图7-6 连接打压泵

图7-7 打压压力表

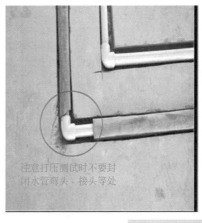
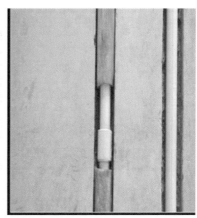

图7-8 检验是否有渗水现象

注意：水路施工中只要有渗水现象，一定要返工，绝对不能含糊。

四、下水管道的安装

在安装水路管道时，有时需要改造安装下水管道。

（1）**斜三通安装** 连接时用上斜三通既能引导下水方向，又便于后期疏通，如图 7-9 所示。

（2）**转角安装** 转角处用 2 个斜 45° 的转角也是为了下水顺畅和方便疏通，如图 7-10 所示。

（3）**返水弯的制作连接** 连接落水管（洗衣机、墩布池）应考虑返水弯，以防臭气上冒，如图 7-11 所示。

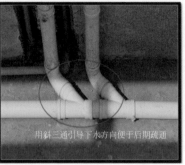

用斜三通引导下水方向便于后期疏通

图7-9 斜三通

图7-10 45°转角

图7-11 返水弯

第二节 地暖的敷设技能

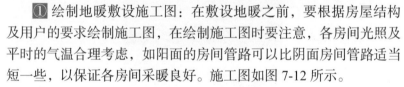
一、绘制地暖敷设施工图及敷设前的准备工作

① 绘制地暖敷设施工图：在敷设地暖之前，要根据房屋结构及用户的要求绘制施工图，在绘制施工图时要注意，各房间光照及平时的气温合理考虑，如阳面的房间管路可以比阴面房间管路适当短一些，以保证各房间采暖良好。施工图如图 7-12 所示。

② 整平清扫地面：地暖正式开始敷设之前，要先将室内的地面清理干净，保证地面的平整，排除地面的凹凸和杂物。如图 7-13 所示。然后，需要对整个家进行实地考察，确定壁挂炉以及分集水器的安装位置。

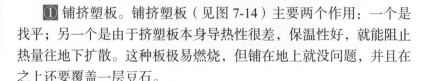
二、保温板反射膜及地暖管的敷设

① 铺挤塑板。铺挤塑板（见图 7-14）主要两个作用：一个是找平；另一个是由于挤塑板本身导热性很差，保温性好，就能阻止热量往地下扩散。这种板极易燃烧，但铺在地上就没问题，并且在之上还要覆盖一层豆石。

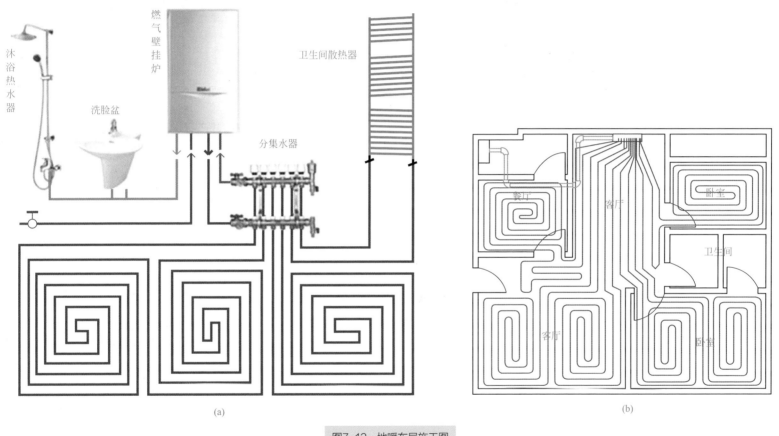

沐浴热水器

洗脸盆

燃气壁挂炉

卫生间散热器

分集水器

(a)

餐厅

客厅

卧室

客厅

卫生间

卧室

(b)

图7-12　地暖布局施工图

图7-13 平整地面和墙面

图7-15 找水平

③ 铺反射膜。反射膜敷设一定平整，不得有褶皱。遮盖严密，不得有漏保温板或地面现象。反射膜方格对称整洁，不得有错格现象发生，反射膜之间必须用透明胶带或铝箔胶带粘贴。优质的反射膜和规范的敷设可反射 99% 的热量。如图 7-16 所示。

图7-14 铺挤塑板

图7-16 铺反射膜

② 找水平。铺挤塑板时需要避开管道保证水平。图 7-15 是敷设时避开管道的效果图。

④ 盘管 铺完反射膜就可以开始盘管。管子上都标有长度（见图 7-17），这样方便在盘管前计算用量。施工时用两个工人，一人

负责把管子捋顺，另一人负责盘管上卡子，铺完一路再换过来，如图 7-18 所示。

敷设的管子用卡子固定，如图 7-19 所示。比较弯的地方除了用卡子外，还要用砖头压住。

图7-17　盘管（一）

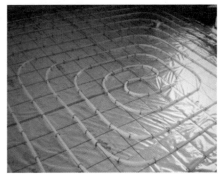

图7-19　敷设管子用卡子固定

盘完管子的房间各房间盘管效果如图 7-20 ～图 7-22 所示。

图7-18　盘管（二）

图7-20　主卧阳台的管子（成一个回路）

图7-21　阳台上的L形管子

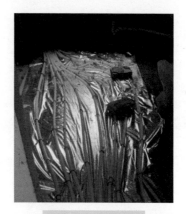

图7-23　厨房管路

图7-22　次卧的管子（分成了两个回路）

三、墙地交接贴保温层

盘完管后需要在墙地交接的地方贴一层双面胶保温层，主要防止热量从地上传导到墙面上去，如图 7-24 所示。在实际工作中，很多水工不做此步骤。

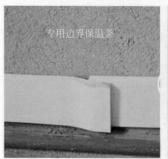
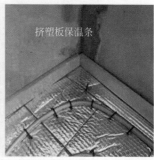

图7-24　保温条

厨房是管子是最密集的地方，如图 7-23 所示。橱柜下方一般都不用再放管子，靠门口这些管子就足够让厨房暖和了。

四、安装分集水器、连接地暖管

将组装好的分集水器按照预先根据用户家中实际情况确定的位置和标高，平直、牢固地紧贴于墙壁，并用膨胀螺栓固定好。为防止热量流失，必须要为分集水器到安装房间的这段管道套上专用保温套。将套好保温套的管道连接到分集水器处，并把管道的一头连在它的温控阀门上。管道铺好之后，把管道的这头套上再传回分集水器固定好，如图 7-25 所示。

分水器套件组成示意图

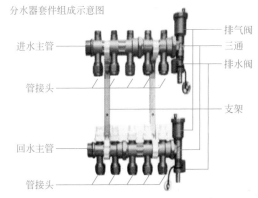

- 进水主管
- 管接头
- 回水主管
- 管接头
- 排气阀
- 三通
- 排水阀
- 支架

图7-25　安装分集水器

五、管路水压测试

地暖管敷设好之后，要对其进行水压试验，先对管道进行水压冲洗、吹扫等，保证管道内无异物。然后从注水排气阀注入清水，试验压力为工作压力的 1.5～2 倍，但不小于 0.6MPa，稳压 1h 内压降不大于 0.05MPa，且不渗不漏为合格。如图 7-26 所示。

图7-27 地面回填

图7-26 打压试验

图7-28 回填完成抹平

六、回填与抹平

打压测试完成后，地暖的铺装就算完成了，接下来就是回填了（见图 7-27）。回填完成后进行抹平，如图 7-28 所示。

地面回填后需要进行养护。每隔两三天给地面洒水，让地面阴干，如图 7-29 所示。

地暖回填注意事项如下：

① 地暖加热管安装完毕且水压试验合格后 48h 内完成混凝土填充层施工。

② 混凝土填充层施工应由有资质的土建施工方承担。

图7-29　洒水，让地面阴干

③ 在混凝土填充层施工中，加热管内水压不应低于 0.6MPa；在填充层养护过程中，系统水压不应低于 0.4MPa。

④ 填充层是用于保护塑料管和使地面温度均匀的构造层。一般为豆石混凝土，石子粒径不应大于 10mm，水泥砂浆体积比不小于 1∶3，混凝土强度等级不小于 C15。填充层厚度应符合设计要求，平整度不大于 3mm。

⑤ 地暖系统需要在墙体、柱、过门等与地面垂直交接处敷设伸缩缝，伸缩缝宽度不应小于 10mm；当地面面积超过 30m² 或边长超过 6m 时，也应设置伸缩缝，伸缩缝宽度不宜小于 8mm。上述伸缩缝在混凝土填充层施工前已敷设完毕，混凝土填充层施工时应注意保护伸缩缝不被破坏。

⑥ 在混凝土填充层施工中，严禁使用机械振捣设备；施工人员应穿软底鞋，采用平头铁锹。

七、安装壁挂炉与地暖验收

此步骤一般是在房屋装修完成后进行的，根据壁挂炉尺寸及安装前预留尺寸、烟道位置确定安装壁挂炉的位置，壁挂炉底下接口采用软管连接，注意各水管安装要正确。如图 7-30 所示。

连接管路

图7-30　安装壁挂炉

地暖施工完毕后，要让用户对整个地暖系统进行验收，验收分为材料验收、施工验收和调试验收，最后由业主亲自确认签字。

第三节　水龙头面盆和花洒的安装

一、面盆龙头的安装

1. 面盆安装施工流程

膨胀螺栓插入→捻牢→盆管架挂好→把脸盆放在架上找平整→下水连接→安装脸盆→调直→上水连接。

2.面盆安装施工要领

① 洗涤盆产品应平整无损裂。排水栓应有不小于 8mm 直径的溢流孔。

② 排水栓与洗涤盆镶接时，排水栓溢流孔应尽量对准洗涤盆溢流孔，以保证溢流部位畅通，镶接后排水栓上端面应低于洗涤盆底。

③ 托架固定螺栓可采用不小于 6mm 的镀锌开脚螺栓或镀锌金属膨胀螺栓，如墙体是多孔砖，则严禁使用膨胀螺栓。

④ 洗涤盆与排水管连接后应牢固密实，且便于拆卸，连接处不得敞口。洗涤盆与墙面接触部应用硅膏嵌缝。

⑤ 如洗涤盆排水存水弯和水龙头是镀铬产品，在安装时不得损坏镀层。

3.卫生间面盆安装

（1）安装洗脸盆 安装管架洗脸盆，应按照下水管口中位画出竖线，由地面向上量出规定的高度，在墙上画出横线，根据脸盆宽度在墙上画好印记，打直径为 120mm 深的孔洞。用水冲净洞内砖渣等杂物，把膨胀螺栓插入洞内，用水泥捻牢，精盆管架挂好，螺栓上套胶垫、眼圈，带上螺母，拧至适度松紧，管架端头超过脸盆固定孔。把脸盆放在架上找平整，将直径 4mm 的螺栓焊上一横铁棍，上端插入固定孔内，下端插入管架子内，带上螺母，拧至松紧适度。

（2）安装铸铁架脸盆 应按照下水管口中心画出竖线，由地面向上量出规定的高度，画一横线成十字线，按脸盆宽度居中在横线上画出印记，再各画一竖线，把盆架摆好，画出螺孔位置，打直径 15mm、长 70mm 孔洞。铅皮卷成卷插入洞内，用螺栓将盆架固定在墙上，把脸盆放于架上，将活动架的螺栓拧出，拉出活动架，

将架钩钩在脸盆孔内，再拧紧活动架螺栓，找平找正即可。

4.水龙头安装

面盆水龙头安装教程第一步：取出面盆水龙头，检查所有的配件是否齐全，安装前务必清除安装孔周围及供水管道中的污物，确保面盆水龙头进水管路内无杂质。为保护水龙头表层不被刮花，建议戴手套进行安装。如图 7-31 所示。

图7-31 检查面盆水龙头配件

面盆水龙头安装教程第二步：取出面盆水龙头橡胶垫圈，垫圈用于缓解水龙头金属表面与陶瓷盆接触的压力，保护陶瓷盆，然后插入一根进水管，并旋紧。如图 7-32 所示。

面盆水龙头安装教程第三步：把螺纹接头穿入第一根进水软管，然后再把第二根进水软管进水端穿过螺纹接头。如图 7-33 所示。

面盆水龙头安装教程第四步：把第二根进水软管旋入进水端口，注意方向正确，用力均衡，然后再旋紧螺纹接头。如图 7-34 所示。

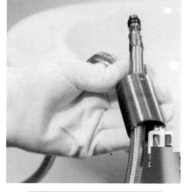

图7-32 插入水管（一）　　　　图7-33 插入水管（二）

面盆水龙头安装教程第五步：把两根进水软管穿入白色胶垫中。如图7-35所示。

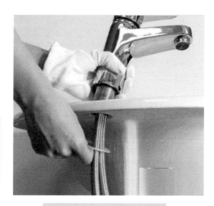

图7-34 拧紧面盆水龙头水管　　图7-35 加入下部垫圈

面盆水龙头安装教程第六步：套上锁紧螺母以固定龙头。如

图7-36所示。

面盆水龙头安装教程第七步：将套筒拧紧即可。如图7-37所示。

图7-36 安装锁紧螺母　　　　图7-37 拧紧锁紧螺母

面盆水龙头安装教程第八步：分别锁紧两根进水管与角阀接口，切勿用管钳全力扳扭，以防变形甚至扭断。注意冷热水的连接。用进水管的另一端连接出水角阀。如图7-38所示。

图7-38 连接水管与控制阀

261

5．双孔水龙头安装

双孔水龙头安装如图 7-39 所示。

安装步骤：

① 先确定台盆有两个 $\phi25 \sim 30mm$ 的通孔，且中心距离为 102mm（有些盆为三个孔，中间孔用于装提拉下水器）。

② 先将底片圈套入水龙头底部，再用固定配件组将水龙头与台盆固定。

③ 面对水龙头，左边进水口接热水，右边进水口接冷水。

6．安装下水器

① 拿出下水器，把下水器下面的固定件与法兰拆下。如图 7-40 所示。

图7-40　拆下法兰

② 拿起台盆，把下水器的法兰拿出，把下水器的法兰扣紧在盆上，如图 7-41 所示。

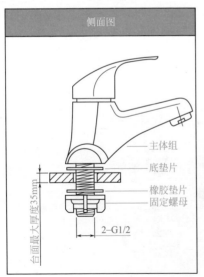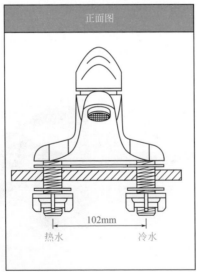

图7-39　双孔水龙头安装

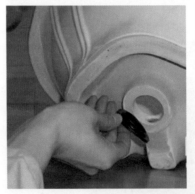

图7-41　安装法兰圈

③ 法兰放紧后，把盆放平在台面上。在下水器适当位置缠绕上生胶带，防止渗水。把下水器对准盆的下水口放进去。如图 7-42 所示。

图7-42　放入下水器

④ 把下水器对准盆的下水口。放平整。把下水器的固定器拿出，拧在下水器上用扳手把下水器固定紧。如图 7-43 所示。

图7-43　紧固下水器

⑤ 在盆内放水测试，检查是否下水漏水。如图 7-44 所示。

图7-44　放水测试

二、花洒的安装

① 在混水阀和花洒升降杆的对比下，用尺子测量好安装孔，再用黑笔描好孔距尺寸。如图 7-45 所示。

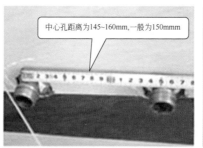

中心孔距离为145~160mm，一般为150mmm

图7-45

图7-45　做好安装标记

② 用钻孔机按照之前描好的尺寸进行钻孔，安装入 S 形接头，这种接头可以调节方向，方便与花洒龙头的连接。接头要缠生胶带，圈数不能少于 30 圈，可以防止水管漏水。安装好花洒升降座和偏心件，再盖上装饰盖。如图 7-46 所示。

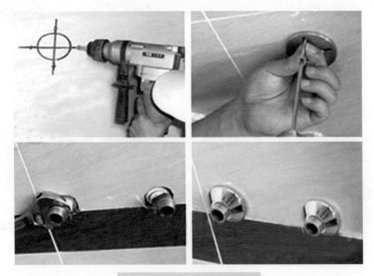

图7-46　安装花洒进水接头

③ 安装花洒的整个支架，取出花洒龙头，把脚垫套入螺母内，然后与 S 弯接头接上，用扳手将螺母充分拧紧。用水平尺测量龙头是否安装水平。安装花洒龙头前，必须先安装好滤网。滤网可以过滤水流带来的砂石，保护龙头最重要的部件——阀芯不受砂石摩擦的损害。如图 7-47 所示。

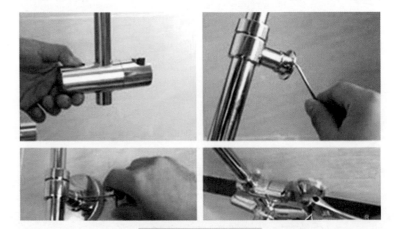

图7-47　安装花洒支架

④ 将小花洒的不锈钢软管与转换开关连接好，用手固定软管另一端与小花洒。如图 7-48 所示。

⑤ 将顶喷与支架顶端链接好，用扳手进行固定。安装过程及安装后效果如图 7-49 所示。

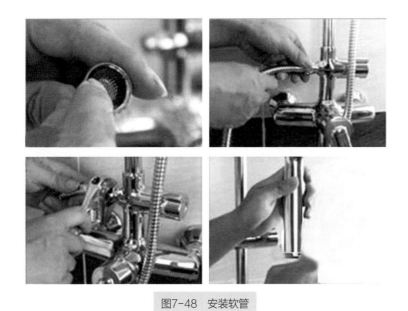

图7-48 安装软管

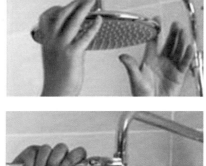

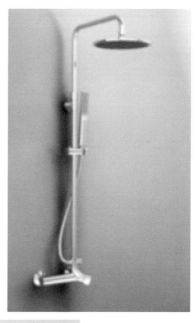

图7-49 安装顶喷及安装后的效果

附录

一　智能家居设备布线、安装与应用

本节结合施工实例，重点介绍智能家居的控制方式与组网、远程无线 Wi-Fi 手机 app 控制模块的安装与应用技术、多路远程控制接线、智能门禁系统、监控系统与报警系统的安装、布线、接线与控制技术，可以扫描二维码详细学习。

智能家居的控制方式与组网

远程无线Wi-Fi手机app控制模块的安装与应用

多路远程控制接线

智能门禁系统

监控系统

智能安防报警系统

二、电工常用进制换算与定义、公式

三、电工常用图形符号与文字符号

二　电工常用进制换算与定义、公式
（见上二维码）

三　电工常用图形符号与文字符号
（见上二维码）

参考文献

[1] 徐第，等. 安装电工基本技术. 北京：金盾出版社，2001.

[2] 白公，苏秀龙. 电工入门. 北京：机械工业出版社，2005.

[3] 王勇机. 家装预算我知道. 北京：机械工业出版社，2008.

[4] 张伯龙. 从零开始学低压电工技术. 北京：国防工业出版社，2010.

[5] 肖达川. 电工技术基础. 北京：中国电力出版社，1995.

[6] 曹振华. 实用电工技术基础教程. 北京：国防工业出版社，2008.

[7] 李显全，等. 维修电工（初级、中级、高级）. 北京：中国劳动社会保障出版社，1998.

[8] 金代中. 图解维修电工操作技能. 北京：中国标准出版社，2002.

[9] 郑凤翼，杨洪升，等. 怎样看电气控制电路图. 北京：人民邮电出版社，2003.

[10] 王兰君，张景皓. 看图学电工技能. 北京：人民邮电出版社，2004.